冲压工艺及模具设计

主　编　王　涛　苏玉珍
副主编　孔胜午
主　审　郭山国

北京理工大学出版社
BEIJING INSTITUTE OF TECHNOLOGY PRESS

模具是工业之母，冲压工艺及模具广泛应用于汽车制造、日用电器、农业机械、电子信息、航空航天、医疗器具、精密仪器等各类领域。本教材紧扣学生和企业人员的实际需求，产教融合选取教学素材。教学内容以任务驱动为教学理念，以典型案例为教学项目，由浅入深讲授常见冲压成形工艺和模具结构。教材以典型冲压工艺及其模具设计为任务主线，分为冲压成形工艺基础、冲裁工艺及模具设计、弯曲工艺及模具设计、拉深工艺及模具设计、其它成形工艺及模具、冲压模具图读审与布局、冲压模具装配等项目。在不同项目中，依据知识逻辑和难度差异细分为若干任务。有关任务既可独立使用，也可系统讲授。

教学内容既有企业实际案例，又有各类职业技能大赛案例，多层面满足使用者的实际需求。本教材适用于高等院校、高职院校、应用技术型本科院校教学需求，亦可用于各类企业培训、技能竞赛备赛等场合。

图书在版编目（CIP）数据

冲压工艺及模具设计 / 王涛，苏玉珍主编. -- 北京：北京理工大学出版社，2023.6

ISBN 978-7-5763-2470-9

Ⅰ. ①冲… Ⅱ. ①王… ②苏… Ⅲ. ①冲压-工艺-教材②冲模-设计-教材 Ⅳ. ①TG38

中国国家版本馆 CIP 数据核字(2023)第 106991 号

出版发行 / 北京理工大学出版社有限责任公司
社　　址 / 北京市海淀区中关村南大街 5 号
邮　　编 / 100081
电　　话 / (010) 68914775（总编室）
　　　　　(010) 82562903（教材售后服务热线）
　　　　　(010) 68944723（其他图书服务热线）
网　　址 / http://www.bitpress.com.cn
经　　销 / 全国各地新华书店
印　　刷 / 涿州市新华印刷有限公司
开　　本 / 787 毫米×1092 毫米　1/16
印　　张 / 15.5
字　　数 / 328 千字
版　　次 / 2023 年 6 月第 1 版　2023 年 6 月第 1 次印刷
定　　价 / 78.00 元

责任编辑 / 多海鹏
文案编辑 / 多海鹏
责任校对 / 周瑞红
责任印制 / 李志强

图书出现印装质量问题，请拨打售后服务热线，本社负责调换

前　言

冲压工艺及模具设计有关知识和技能是模具设计员、模具工、产品检验和质量管理员等岗位的核心能力。模具是工业之母，冲压工艺及其模具广泛应用于汽车制造、日用电器、农业机械、电子信息、航空航天、医疗器具、精密仪器等各类领域。随着产业对该技术需求的增大，很多机械类专业均将本课程作为专业核心课程或专业拓展课程。同时，各类企业人员也迫切需要有关专业知识和技能的提升。

本教材依托全国示范性职业教育集团培育单位、河北省装备制造职业教育集团牵头单位、河北省职业教育模具设计与制造专业教学资源库主持单位的优势，紧扣学生和企业人员的实际需求，产教融合选取教学素材。教材以任务驱动为教学理念，以典型案例为教学项目，由浅入深讲授常见冲压成形工艺和模具结构。

本教材以典型冲压工艺及其模具设计为任务主线，分为冲压成形工艺基础知识、冲裁工艺及模具设计、弯曲工艺及模具设计、拉深工艺及模具设计、其他成形工艺及模具、冲压模具图读审与布局、冲压模具装配 7 个项目（学习阶段），并在不同项目依据知识逻辑和难度差异细分为 27 个任务，有关任务既可独立使用，也可系统讲授。教学内容既有企业实际案件，又有各类职业技能大赛案例，多层面满足教材使用者的实际需求。

本教材适用于高等职业院校、应用技术型本科院校教学需求，还可用于各类企业培训、技能大赛备赛等场合。

全书由河北机电职业技术学院王涛、苏玉珍担任主编，并完成统稿、定稿工作，其中王涛编写项目一、项目六、项目七，苏玉珍编写项目四、项目五，孔胜午编写项目二、项目三。此外，杨锋、侯巧红、胡丽华、顾豪等老师在资料收集、案例选取等方面提供了帮助。

本书由河北机电职业技术学院郭山国担任主审，邢台冰泰塑胶制品有限公司王冰策等工程技术人员对本书的技术问题给予了支持。

由于编者水平所限，书中难免有疏漏之处，恳请广大读者批评指正。

编　者

目　　录

项目一　冲压成形工艺基础知识

学习笔记

任务1.1　认识冲压加工

任务引入

图1-1-1所示为生活和工作中常见制品，这些制品采用什么方法加工成形？实现此加工方法需要哪些基本物质条件？

图1-1-1　常见冲压制品

任务分析

图1-1-1中产品形状差异较大，尺寸有大有小。进一步观察发现，上述制品可重复生产，且每次生产时其尺寸和形状均可复制。冲压模具是能够完成这一重复生产过程的机械装置，其对应的加工方法称为冲压成形工艺。

- **知识目标**

1. 掌握冲压加工的概念；
2. 掌握冲压加工的特点；
3. 了解冲压技术的应用范围与发展方向。

- **能力目标**

具有判别日常生活中哪些产品是冲压制品的能力。

- **素质目标**

1. 提升学生创新思维和爱岗敬业精神；
2. 培养学生科技爱国热情。

知识链接

一、冲压加工的概念

冲压加工是借助于常规或专用冲压设备的动力，使板料在模具里直接受到变形力并进行变形，从而获得一定形状、尺寸和性能零件的生产技术。它是金属塑性加工（或压力加工）的主要方法之一，有时也可加工一些非金属材料。

板料、模具和设备是冲压加工的三要素。合适的板料是冲压加工的基础，精准的模具是冲压加工的保障，优良的设备是提高冲压生产效率的重要因素。

图 1－1－2 所示为冲压用板料，图 1－1－3 所示为冲压模具，图 1－1－4 所示为与冲压模具配套的冲压机。

图 1－1－2　冲压用板料

图 1－1－3　冲压模具

学习笔记

图 1－1－4　冲压机

二、冲压加工的特点

冲压加工可使材料发生塑性变形从而制造复杂形状的工件，这是其区别于其他加工工艺的主要特点之一。另外，在技术和经济等方面冲压加工亦有其独特的特点。

1. 材料利用率高

冲压是一种少、无切削的加工方法，不仅能够做到少废料和无废料生产，而且在某些情况下利用边角余料也可以制成其他形状的零件，不至于造成浪费。图 1－1－5 所示为冲制钳口冲片的排样图，余料还可以冲制转子片，材料使用更加充分，提高了材料的利用率。

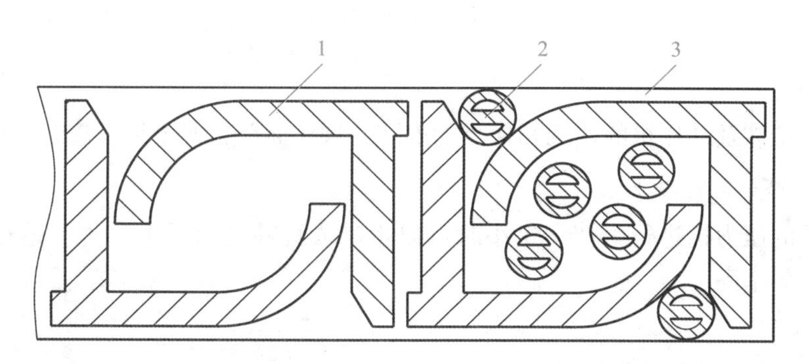

图 1－1－5　钳口冲片排样图

1—钳口冲片；2—转子片；3—余料

2. 制品有较好的互换性

冲压件的尺寸、公差由模具来保证，具有“一模一样”的特性，具有良好的互换性，不需要进行额外的加工。图 1－1－6 所示为通过冲压工艺批量生产的组件，其各组成部分形状、尺寸基本稳定。

学习笔记

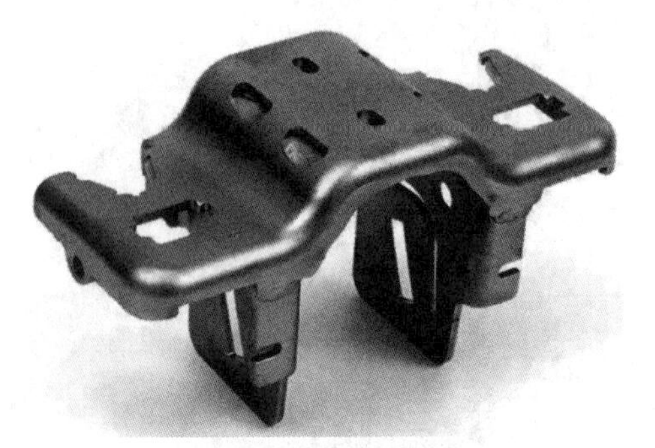

图 1－1－6　批量生产的冲压组件

3. 可加工较复杂零件

冲压加工可加工形状较复杂的零件，而且质量稳定。图 1－1－7 所示为形状相对复杂的冲压制品。

图 1－1－7　相对复杂的冲压制品

4. 操作简单

冲压加工涉及冲压机的使用和模具的安装，操作简单，便于组织连续生产。

5. 生产效率高

用普通的压力机进行生产，每小时可以生产成百甚至上千个零件，适用于大批量加工，生产效率高。

6. 成本低

生产批量越大，成本越低。

三、冲压加工的应用范围

由于冲压成形具有前述优越性，故其在国民经济的各个领域应用范围相当广泛。例如，在宇航、航空、军工、机械、农机、电子、信息、铁道、邮电、交通、化工、医疗器具、日用电器及轻工等部门里都有冲压加工的应用。

学习笔记

1. 汽车车身及零部件加工

汽车的车身、车架及车圈等零部件都是依靠冲压加工获得。如图 1－1－8 所示。

图 1－1－8　汽车车身

2. 电器零件冲压加工

伴随电器、家电等产业的发展，该类配套加工公司的制造工艺逐步提升。如图 1－1－9 所示。

图 1－1－9　电器冲压零件

3. 日用品冲压加工

生活中常见的一些手工艺品、餐具均可由冲压工艺获得。如图 1－1－10 所示。

图 1－1－10　日用品冲压件

4. 医疗用品生产

随着技术的发展，生产医疗设备需要更先进和复杂的部件，这正需要精密冲压技术。如图 1－1－11 所示。

图 1－1－11　医疗连接器端子

5. 特种冲压制品

冲压生产在航空航天、轨道交通等特种行业发挥着重要的作用，例如加工飞机蒙皮、火车门板等。

四、冲压及其模具技术的发展趋势

冲压加工属于传统加工工艺，但是随着产业升级，该工艺也迎来新的要求。冲压加工技术的发展应该为适应模具产品“交货期短、精度高、质量好、价格低”的要求服务。要达到上述要求，冲压及其模具技术急需快速发展，以下几个发展方向具有一定的代表意义。

1. 全面推广计算机辅助制造

模具 CAD/CAM/CAE 技术是模具设计制造的发展方向，各企业将逐步加大有关技术培训的推广和使用力度。同时，计算机和网络的发展正使 CAD/CAM/CAE 技术跨地区、跨企业、跨院所地在整个行业中推广，实现了技术资源的重新整合，使虚拟制造成为可能，大大缩短了生产成本和生产周期。

2. 提高模具标准化程度

我国模具标准化程度正在不断提高，标准件使用覆盖率正在逐年提升，但距离国外发达国家 80% 左右的标准件覆盖率还有差距。标准化程度的提高，有利于行业交流，可提高模具生产效率，减少成本。

3. 先进表面处理技术

选用表面处理技术来提高模具的寿命十分必要。模具热处理和表面处理是充分发挥模具钢材料性能的关键环节。有些模具材料需要表面高强度、内部强韧性，通过先进的表面改性技术，可以实现内韧外刚，也可降低材料成本。

4. 提升模具研磨抛光技术

模具表面的质量对模具使用寿命、制件外观质量等方面均有较大的影响，模具的研磨抛光是比较耗费人力的一项工作，同时，由于工作人员水平不一，造成产品质量不能达到完全统一。研究自动化、智能化的研磨与抛光方法替代现有手工操作，以提高模具表面质量是重要的发展趋势。

5. 模具扫描及数字化系统

高速扫描机和模具扫描系统提供了从模型或实物扫描到加工出期望的模型所需的

学习笔记

诸多功能，大大缩短了模具的研发制造周期。有些快速扫描系统，可快速安装在已有的数控铣床及加工中心上，实现快速数据采集，以及自动生成各种不同数控系统的加工程序、不同格式的 CAD 数据，用于模具制造业的“逆向工程”。模具扫描系统已在汽车、摩托车、家电等行业得到成功应用。

6. 推广冲压和模具智能化生产

从制造业的发展历程来看，我国正处于工业化过程中，生产手段必然要经历机械化、自动化、智能化、信息化的变革，工业制品也将经历数量、质量、柔性低成本的发展阶段。目前机床、模具制造业普遍需要技术和设备升级改造，以增强竞争力，提高经济效益，尤其是汽车零部件冲压制造领域，其工业机器人装配量近年来增长快速。

一、实现成形的方法

如图 1 –1 –1 所示制品均为生活和工作常见的制品，该类产品可用冲压成形工艺加工获得，该方法可快速制造重复形状和尺寸稳定的金属制品。

例如图 1 –1 –1 中的汽车车身即为冲压制品。汽车覆盖件，也就是汽车的外壳即由冲压成形获得。此外，汽车的底盘、油箱、散热器片等各类零件也是由冲压成形工艺获得。

二、实现冲压成形的基本物质条件

板料、模具和设备是冲压加工的三要素，即基本物质条件。如图 1 –1 –1 所示制品要完成加工也需合适的金属板料、冲压模具和冲压机，如图 1 –1 –2 ~ 图 1 –1 –4 所示。同时，为了提高生产效果，还可以为其配备合适的工业机器人，实现智能化生产。图 1 –1 –12 所示即为某企业加装了工业机器人的冲压生产设备。

图 1 –1 –12　加装工业机器人的冲压生产设备

评价项目	分值	得分
能够阐述冲压加工的概念和特点	40 分	
说出冲压加工的三要素	30 分	
观察身边的金属产品，找出 3 个冲压制品	30 分	

课后思考

（1）什么是冲压成形？

（2）冲压加工有什么特点？

（3）为何要推广冲压成形智能化生产？

拓展任务

（1）上网查阅资料，了解冲压加工的现状及发展历程，完成调查报告。

（2）请参观有代表性的冲压工厂或学校实训室，现场了解各种冲压加工模具、产品，增加感性认识，为学习好本课程打好基础。

任务1.2 冲压基本工序的认识

图 1－2－1 所示为圆筒冲压件，材料为低碳钢，试选择合理的冲压工序使其成形。该类工序有何特点？

图 1－2－1　圆筒冲压件

学习笔记

任务分析

冲压利用压力机和冲模对材料施加压力，使其分离或产生塑性变形，以获得一定形状和尺寸的制品。图1-2-1中制品一般由平板冲压为立体的圆筒，在此过程中没有出现材料破坏，只是产生了塑性变形，形状变动比较大。这种方法是冲压工序的一种，而冲压工序的种类则有很多。

学习目标

● 知识目标

1. 掌握冲压基本工序；
2. 掌握每种工序的特征。

● 能力目标

具备合理选择冲压工序的能力。

● 素质目标

1. 提升学生创新思维；
2. 培养学生精益求精的职业精神。

知识链接

一、工序的概念

工序是指一个（或一组）工人在一个工作地对一个（或几个）劳动对象连续进行生产活动的综合，是组成生产过程的基本单位。根据性质和任务的不同，可分为工艺工序、检验工序和运输工序等。

二、冲压工序的分类

冲压工序的种类很多，可以依据不同角度开展分类。冲压产品对应的批量、尺寸、精度、形状各不相同，其对应的工序也分为很多种。

1. 按变形性质分类

按变形性质可分为分离工序和塑性成形工序。

1）分离工序

分离工序是指在冲压过程中，使材料沿着特定的轮廓线相互分离开来的工序。分离工序主要包括冲裁（落料、冲孔）、剪切、切边、切口和剖切等，它们的变形机理都是一样的。分离工序的名称、图例和简介如表1-2-1所示。

表1-2-1　分离工序

工序	图例	简介
落料	工件 废料	用模具沿封闭线冲切板料，冲下的部分为工件，其余部分为废料
冲孔	废料 工件	用模具沿封闭线冲板材，冲下的部分是废料
剪切		用剪刀或模具切断板材，切断线不封闭
切口		在坯料上将板材部分切开，切口部分发生弯曲
切边		将拉深或成形后的半成品边缘部分的多余材料切掉
剖切		将半成品切开成两个或几个工件，常用于成双冲压

2）塑性成形工序

塑性成形工序是指材料在不被破坏的条件下产生塑性变形，从而得到特定形状、尺寸和精度工件的工序。它包含弯曲、拉深、翻边、扩口、胀形等。塑性成形工序的名称、图例和简介如表1-2-2所示。

表 1-2-2 塑性成形工序

工序		图例	简介
弯曲		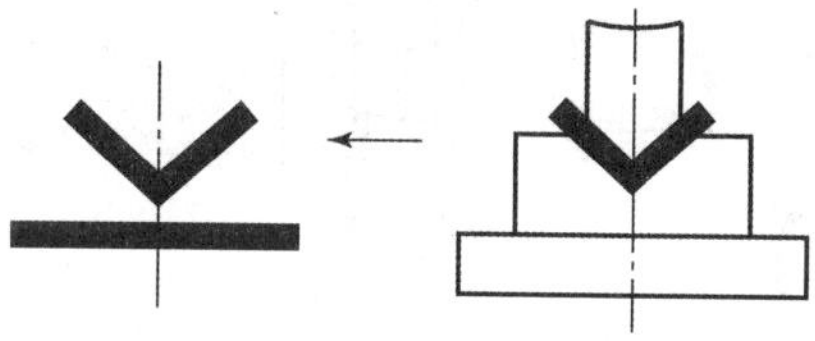	用模具使材料弯曲成一定形状
卷圆		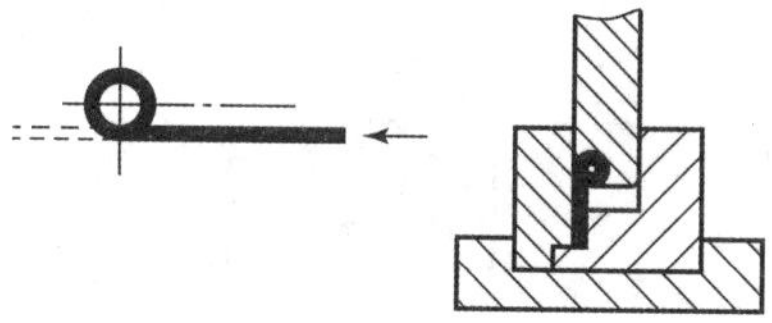	将板料端部卷圆
扭曲		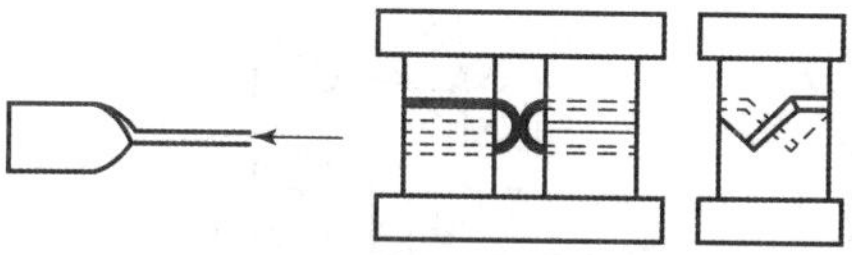	将平板毛坯的一部分相对于另一部分扭转一个角度
拉深		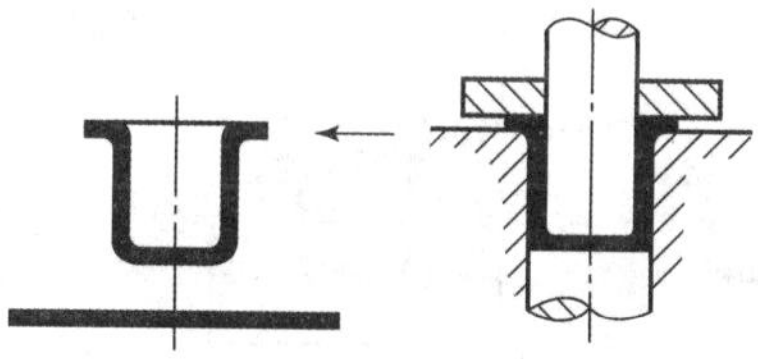	用减小壁厚、增加工件高度的方法来改变空心件的尺寸，得到要求的底厚、壁薄的工件
变薄拉深		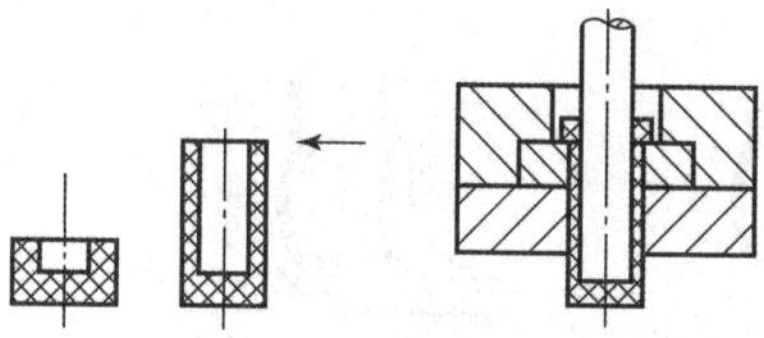	凸、凹模的间隙小于空心毛坯厚度，从而缩减壁厚，获得薄壁制件
翻边	孔的翻边	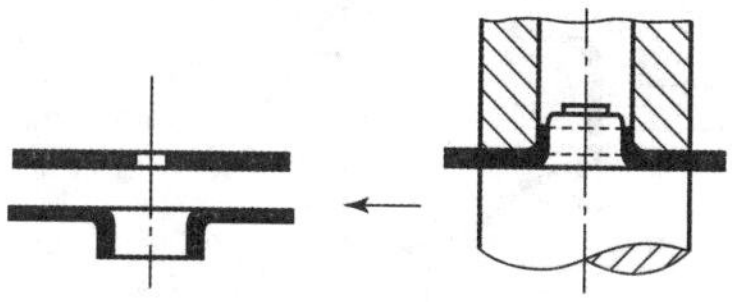	将板料或工件上有孔的内边缘翻边成竖立边缘
	外缘翻边	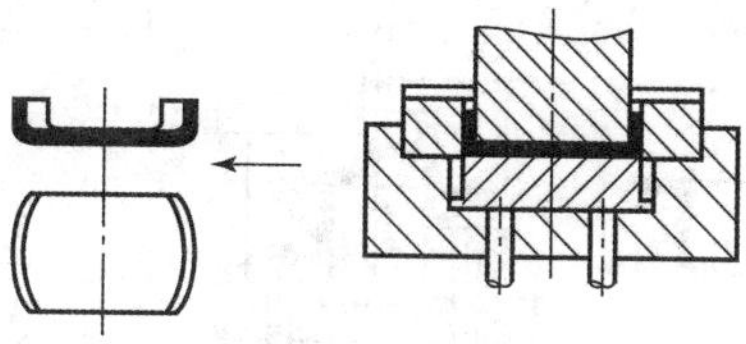	将工件的外缘翻边起圆弧或曲线状的竖立边缘

学习笔记

学习笔记

续表

工序	图例	简介
缩口	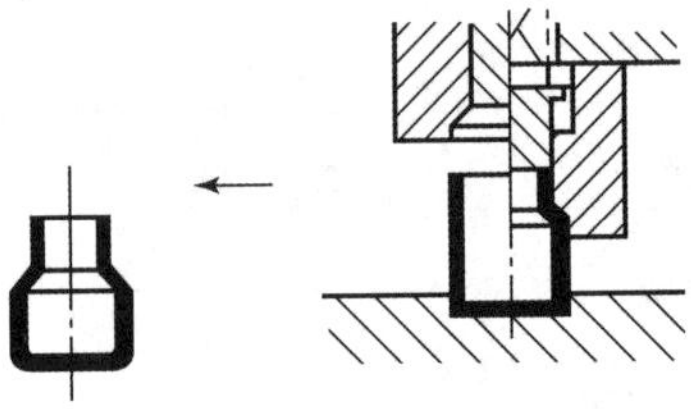	将空心件的口部缩小
扩口	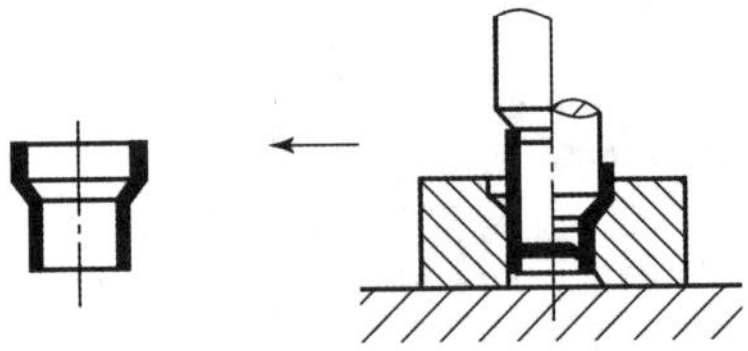	将空心件的口部扩大，常用于管子
起伏	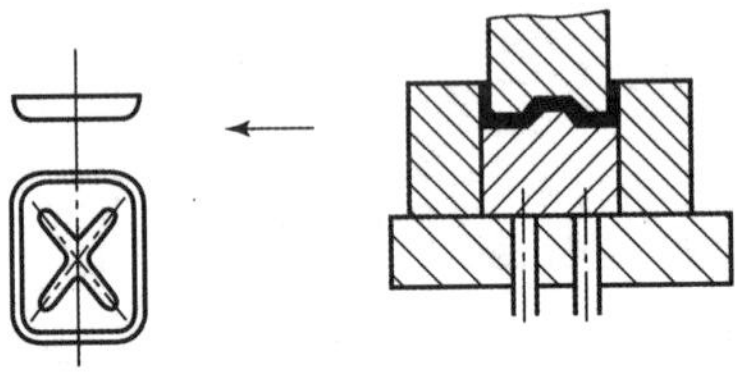	在板料或工件上压出肋条、花纹或文字，在起伏处的整个厚度上都有变薄
卷边	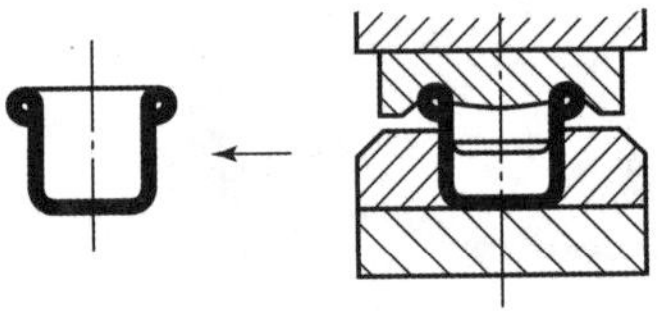	将空心件的边缘卷边一定的形状
胀形	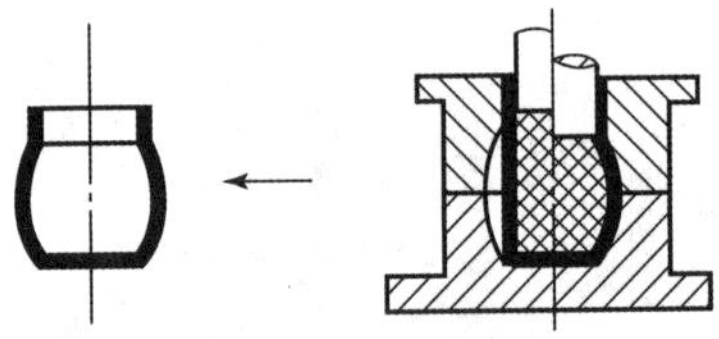	使空心件（或管料）的一部分沿径向扩张，呈凸肚形
旋压	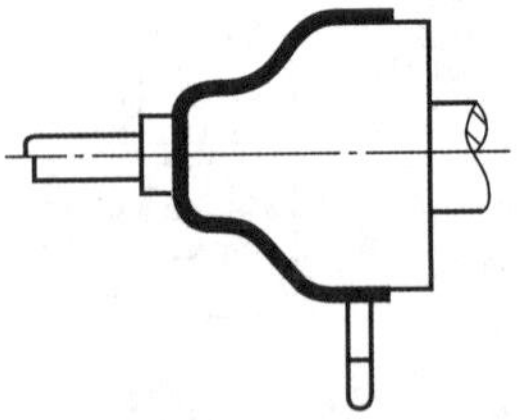	利用擀棒或滚轮将板料毛坯压成一定形状（分变薄与不变两种）
整形	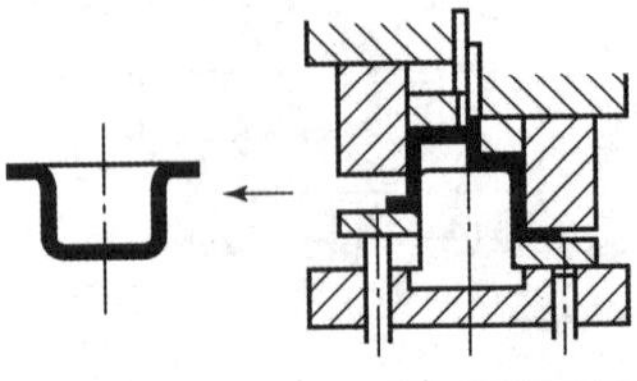	把形状不太准确的工件校正成形

续表

工序	图例	简介
校平		将毛坯或工件不平的面或弯曲予以压平
压印		改变工件厚度，在表面上压出文字或花纹

学习笔记

2. 按变形区受力性质分类

1）伸长类成形

该类成形的变形区最大应力是拉应力，特征为变形区材料变薄，如表 1-2-2 中的胀形。

2）压缩类成形

该类成形的变形区最大应力是压应力，特征为变形区材料变厚，如表 1-2-2 中的拉深。

3. 按基本变形方式分类

1）冲裁

冲裁是指使材料沿特定轮廓线断开分离。

2）弯曲

弯曲是指使材料在不被破坏的前提下沿特定轮廓线产生塑性变形。

3）拉深

拉深是指在压应力作用下，材料由平板状态变为空间立体形状。

4）成形

成形包含翻孔、翻边、胀形、压印、扩口等。

4. 按工序组合形式分类

1）单工序冲压

单工序冲压在冲压的一次行程中完成一个冲压工序，其模具称为单工序模，也称为简单模。如表 1-2-1 和表 1-2-2 中落料、冲裁、拉深等工序均为常见的单工序冲压。

2）级进冲压

级进冲压在条料的送进方向上，具有 2 个或 2 个以上工位，并在压力机一次行程中，在不同的工位上完成两道或两道以上冲压工序，其模具称为级进模，如图 1-2-2 所示。图 1-2-2（a）中在条料送进方向上有 2 个工位，2 个工位上分别完成冲孔、落料工序；图 1-2-2（b）中在条料送进方向上有 3 个工位，在 3 个工位上分别完成冲孔、切断、弯曲工序。

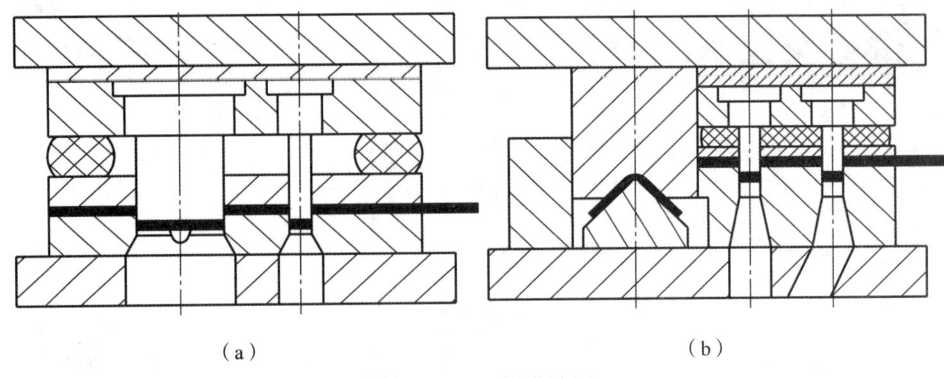

图 1－2－2　级进冲压

3）复合冲压

复合冲压只有一个工位，并在压力机的一次行程中同时完成 2 个或 2 个以上冲压工序，其模具称为复合模，如图 1－2－3 所示。图 1－2－3（a）中只有 1 个工位，在 1 个工位上同时完成冲孔、落料 2 个工序；图 1－2－3（b）中只有 1 个工位，在 1 个工位上同时完成切断、弯曲、冲孔 3 个工序。

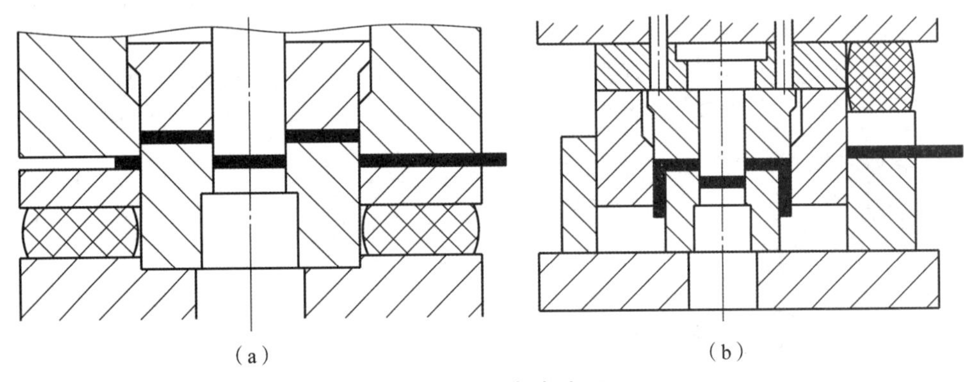

图 1－2－3　复合冲压

任务实施

一、选择合适的冲压工序

如图 1－2－1 所示圆筒的材料为低碳钢薄板，低碳钢往往伴随有较好的塑性，需先将制件由平板变形为圆筒，且具有一定深度。通过对以上冲压成形特点的分析，宜采用拉深工序，属于塑性成形工序，该工艺简介详见表 1－2－2。该产品的成形过程如图 1－2－4 所示。

二、该工艺的特点

拉深是利用拉深模具将冲裁好的平板毛坯压制成各种开口的空心件，或将已制成的开口件加工成其他形状空心件的一种冲压加工方法。该工序的特点是：用减小壁厚、增加工件高度的方法来改变空心件的尺寸，得到要求底厚、壁薄的工件。

学习笔记

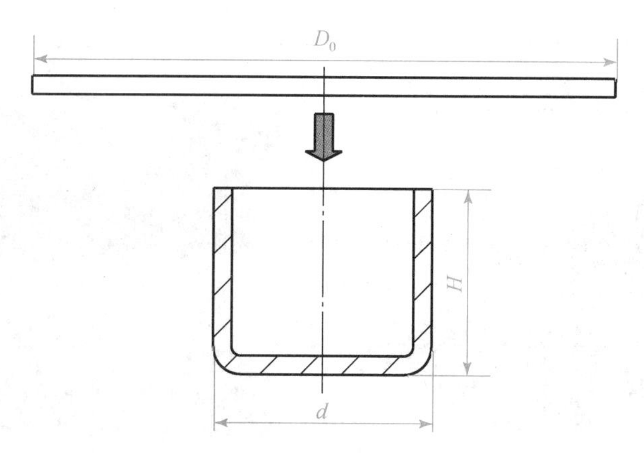

图 1-2-4　工序示意图

此外，拉深加工过程涉及多个尺寸的计算和系数的确定，此部分内容将在后续任务中讲解。

任务评价 

评价项目	分值	得分
能够为图 1-2-1 所示制件选择合适的冲压工序	40 分	
列举 3 种以上分离工序	30 分	
列举 3 种以上塑性成形工序	30 分	

课后思考 

（1）观察身边有哪些制品通过分离工序获得？

（2）观察身边有哪些制品通过塑性成形工序获得？

拓展任务 

上网查阅资料，观看冲压工序的动画或现场加工视频。

任务1.3　冲压材料的认知

任务引入

某高校要举办模具工比赛，冲压制件如图 1-3-1 所示，冲压模具如图 1-3-2 所示，如何正确选择冲压制件材料和冲压模具零件材料？

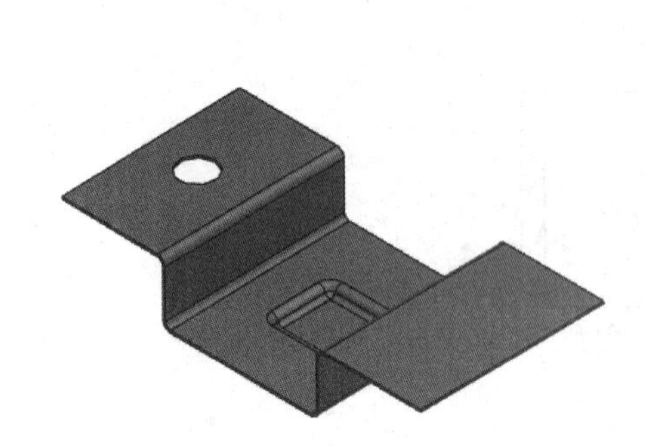

图 1-3-1　冲压制件

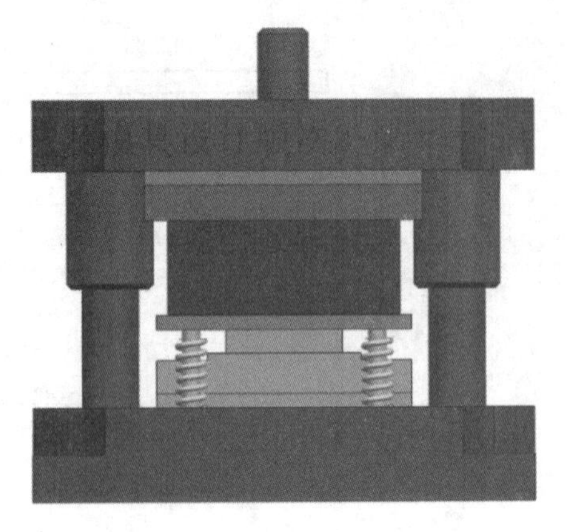

图 1-3-2　冲压模具

任务分析

大赛负责人要根据制件和模具零件图所标注的材料，对每个零件材质进行核对，并提出相应的规格、尺寸、牌号进行备料，有时还要进行材料的替换。因而必须熟悉材料的特性，才能做到既满足使用要求，又充分考虑到加工性能、节约成本、提高生产效率。

学习目标

- **知识目标**

1. 掌握冲压模具工作零件、结构零件常用材料及热处理；
2. 掌握冲压产品常用金属材料的规格及性能。

- **能力目标**

1. 能选择合适的冲压模具零件材料；
2. 能选择合适的冲压制件材料。

- **素质目标**

1. 培养学生精益求精的职业精神；
2. 培养学生环保意识。

知识链接

一、模具零件组成及作用

不论冲压模具的组成零件数目有多大、结构有多复杂，通常均可以将冲压模具分为上模座和下模座。上模座固定在压力机的滑块上，并随滑块一起运动，下模座固定在压力机的工作台上。

图 1-3-3 展示了图 1-3-2 所示冲压模具的组成。

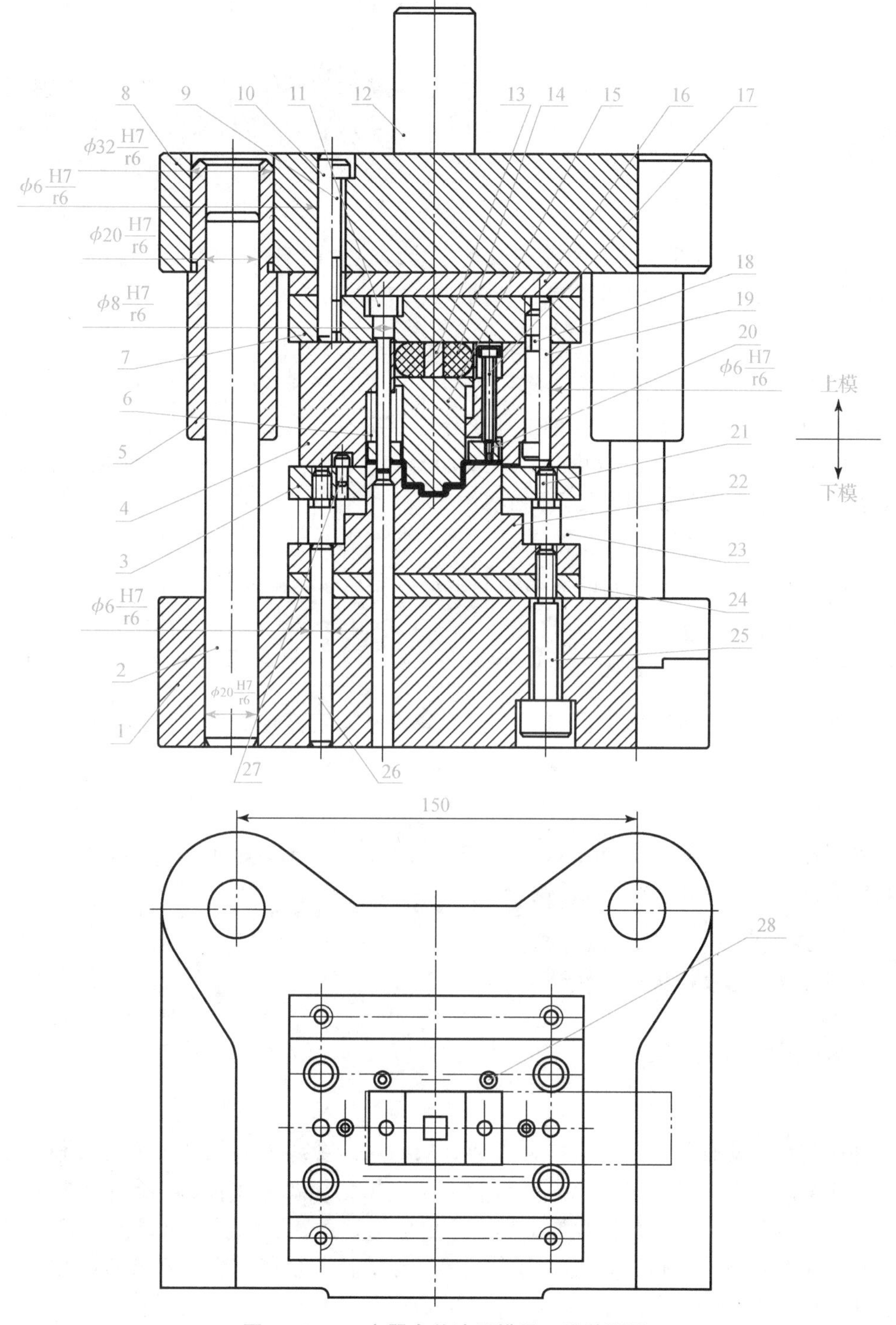

图 1-3-3 电器盒盖冲压模具二维装配图

1—下模座；2—导柱；3—卸料板；4—落料凹模；5—导套；6，23—弹簧；7—固定板；8—上模座；9，17，18，25—内六角螺钉；10，26—圆柱销；11—冲孔凸模；12—模柄；13—定位块；14—橡胶元件；15—凸模；16—上垫板；19—定位销；20—压边圈；21—卸料板螺钉；22—凸凹模；24—下垫板；27—挡料销；28—导料销

学习笔记

一般而言，冲压模具的组成零件分类及作用如下。

1. 工作零件

工作零件是直接进行冲压工作并与坯料直接接触的零件，是冲压模中最重要的组成部分，包括凸模、凹模、凸凹模等。如图1－3－3所示中落料凹模4、冲孔凸模11、凸凹模22等。

2. 定位零件

定位零件是确定坯料或工序件在模具中合理位置的零件，包括导料销、导料板、定位钉等。如图1－3－3中圆柱销26、挡料销27等。

3. 压料、卸料零件

该类零件在冲压进行时起压料作用，冲压终了时把卡在凸模上和凹模孔内的废料或制件卸掉或推（顶）出，以保证冲压工作能够继续进行，包括刚性卸料板、弹性卸料板、弹性元件（如弹簧或橡皮）以及卸料螺钉、刚性推件装置、弹性顶件装置等。如图1－3－3中卸料板3和橡胶元件14等。

4. 导向零件

导向零件是保证冲压进行时凸模与凹模保持均匀间隙的零件，包括导柱、导套等。如图1－3－3中导柱2、导套5等。

5. 支承零件

支承零件用于连接冲压模具与压力机或者用来固定其他零件，包括上模座、下模座、模柄等。如图1－3－3中下模座1、上模座8、模柄12等。

6. 紧固零件

紧固零件用于连接、紧固不同的零件，包括螺母、螺钉、销钉等。如图1－3－3中六角螺钉9、17、18、25，圆柱销26等。

7. 其他零件

如弹性件和自动模传动零件等。

二、冲压件常用材料

1. 冲压件材料的种类

冲压材料主要有两类：金属材料和非金属材料。金属材料包括黑色金属和有色金属。冲压常用的金属材料以黑色金属板材为主，黑色金属包括普通非合金结构钢、优质非合金结构钢、合金结构钢、弹簧钢、非合金工具钢、不锈钢、硅钢、电工纯铁等，有色金属包括纯铜、黄铜、青铜、白铜、铝合金等；非金属材料包括各种纸板、纤维板、塑料板、皮革、胶合板等。

2. 冲压件材料的规格和性能

金属材料以板料和卷料（带料）为主，另外还有块料。板料的尺寸较大，一般用于大型零件的冲压，条料根据冲压件的排样尺寸由板料裁剪而成，主要用于中小型零件的冲压；卷料（带料）有各种宽度和长度规格，成卷供应的主要是薄料，常用于自动送料的大批量生产，以提高生产率；块料一般用于单件小批量生产和价值昂贵的有色金属的冲压生产，并且广泛用于冷挤压。为了提高材料利用率，在生产量大的情况下可优先选用卷料，以便根据需要在开卷剪切下料线上裁成合适的长度。卷料既可裁切成矩形，也可裁切成平行四边形、梯形、三角形等形状。国家标准 GB/T 708—2019 规定了冷轧钢板和钢带的尺寸、外形、重量及允许偏差，国家标准 GB/T 711—2017 规定了优质碳素结构钢热轧钢板和钢带的尺寸、外形、重量、技术要求等。

学习笔记

关于金属材料的牌号、规格和性能，可查阅有关设计资料和标准。表 1－3－1 列出了部分冲压件常用金属材料的力学性能。

表 1－3－1　冲压件常用金属材料的力学性能

材料名称	牌号	材料状态	力学性能				
			抗剪强度 τ/MPa	抗拉强度 σ_b/MPa	屈服强度 σ_s/MPa	伸长率 δ_{10}/%	弹性模量 $E/\times10^3$MPa
工业纯铁	DT1、DT2、DT3	已退火	177	225	—	26	—
电工硅钢	D11、D12、D21、D31、D32、D41～D43	退火	441	—	—	—	—
		未退火	549	—	—	—	—
碳素结构钢	Q195	未退火	255～314	314～392	195	28～33	—
	Q215		265～333	333～412	215	26～31	—
	Q235		304～373	432～461	235	21～25	—
	Q255		333～412	481～511	255	19～23	—
	Q275		392～490	569～608	275	15～19	—
优质碳素结构钢	10F	已退火	216～333	275～410	186	30	—
	15F		245～363	315～450	—	28	—
	08		255～333	295～430	196	32	186
	10		255～353	295～430	206	29	194
	15		265～373	335～470	225	26	198
	20		275～392	355～500	245	25	206
	25		314～432	390～540	275	24	195
	30		353～471	450～590	294	22	197
	35		392～511	490～635	315	20	197
	40		412～530	510～650	333	18	209
	45		432～549	540～685	353	16	200
	65（65 Mn）	正火	588	>716	412	12	207

续表

材料名称	牌号	材料状态	力学性能				
			抗剪强度 τ/MPa	抗拉强度 σ_b/MPa	屈服强度 σ_s/MPa	伸长率 δ_{10}/%	弹性模量 $E/\times10^3$MPa
不锈钢	1Cr13	退火	314～372	392～461	412	21	206
	1Cr13Mo		314～392	392～490	441	20	206
	1Cr17Ni8		451～511	569～628	196	35	196
黄铜	68 黄铜(H68)	软	235	294	98	40	108
		半硬	275	343	—	25	108
		硬	392	392	245	15	113
	62 黄铜(H62)	软	255	294	—	35	98
		半硬	294	373	196	20	—
		硬	4 112	412	—	10	—
铝	1 070 A、1 060、1 050 A、1 035、1 200	退火	78	74～108	49～78	25	71
		冷作硬化	98	118～147	—	4	71
	2Al12	退火	103～147	147～211	—	12	—
		冷作硬化	275～314	392～451	333	10	71
工业纯钛	TA2	退火	353～471	441～588	—	25～30	—
镁合金	MB1	冷态	118～137	167～186	118	3～5	39
	MB8		147～177	225～235	216	14～15	40
	MB1	300 ℃	29～49	19～49	—	50～52	39
	MB8		49～69	49～69	—	58～62	40
锡青铜	QSn4－4－2.5	软	255	294	137	38	98
		硬	471	539	—	35	95

三、冲压模具常用材料

1. 冲压模具零件的选材要求

冷作模具钢在工作时，由于被加工材料的变形抗力比较大，模具的工作部分承受很大的压力、弯曲力、冲击力及摩擦力。因此，冷作模具钢应具有以下基本性能要求：

（1）高硬度和高强度。冷作模具钢应具有高硬度和高强度，以保证在承受高应力时不容易产生微量塑性变形或破坏。

（2）高的耐磨性能。冷作模具钢应具有高的耐磨性，在高的磨损条件下能保证模具的尺寸精度，这点对拉深模和冷挤压模显得更加重要。例如，在冷态下冲制螺钉、螺帽、硅钢片、面盆等，被加工的金属在模具中会产生很大的塑性变形，模具的工作部分承受很大的压力和强烈的摩擦，要求有高的硬度和耐磨性，通常要求硬度为58～64 HRC，以保证模具的耐磨性和使用寿命。

（3）足够的韧性。冷作模具在工作时会承受很大的冲击和负荷，甚至有较大的应力集中，因此要求其工作部分有较高的强度和韧性，以保证尺寸的精度并防止崩刃。

（4）热处理变形要小。冷作模具钢在模具制造过程中主要通过恰当的热处理来确保模具的使用性能和使用寿命。因大多数模具具有复杂的型腔和较高的精度，故热处理的变形很难用修磨加工来消除，此外有些冷变形模具还应有足够的耐热性能。

2. 选择模具材料应考虑的因素

冷作模具种类较多，形状结构差异较大，工作条件和性能要求不一样，因此冷作模具选择比较复杂，必须综合考虑才能合理选材。

冷作模具选材时，首先应满足模具的使用性能，同时兼顾材料的工艺性和经济性。具体考虑因素如下：

1）按模具的大小考虑

模具尺寸不大时可选用高碳工具钢，尺寸较大时可选用高碳合金工具钢，尺寸大时可选用高合金耐磨钢。

2）按模具形状和受力情况考虑

模具形状简单、不易变形、截面尺寸不大、载荷较小时，可选用高碳工具钢或高碳低合金钢；模具形状复杂、易变形、截面尺寸较大、载荷较大时，可选用高耐磨性模具钢，如Crl2、Crl2MoV、Cr6WV和Cr4W2MoV钢等。

3）按模具的使用性能考虑

通常要求冷作模具耐磨性很高，当淬火变形较小时，可选用高碳钢或高碳中铬钢，也可选用基体钢和高速钢制造；对载荷冲击较大的模具，可选用冲击韧度较高的中碳合金模具钢，如GD、CH－1、H11、H13、5CrNiMo、4CrMnSiMoV钢等。

4）按模具的生产批量考虑

当模具压制产品的批量小或中等时，常选用成本较低的碳素工具钢或高碳低合金钢制造；当生产批量大，要求模具使用寿命长时，可选用高耐磨、高淬透性及变形小的高碳中铬钢、高碳高铬钢、高速钢、基体钢或高强韧性低合金冷作模具钢制造；当生产批量特别大，要求使用寿命特别长时，可选用硬质合金或钢结硬质合金制造。

5）按模具的用途来选材

冷作模具包括冷拉、弯模、冷镦模、冷挤压模、冷冲裁模等，其用途不同，选择的钢材也不同。

综上所述，在选择模具材料时，应根据被加工工件的材料种类、尺寸和形状、模具受力情况、生产批量、复杂程度、精度要求及用途等因素，合理进行选材。表1－3－2列出了冲压模具工作零件常用材料及硬度，表1－3－3列出了冲压模具其他零件常用材料及硬度。

学习笔记

表 1－3－2　冲压模具工作零件常用材料及硬度

模具类型	冲压件与冲压工艺	选用材料	热处理硬度	
			凸模	凹模
冲裁模	形状简单、精度较低，冲裁料厚不大于 3 mm，中等批量	T10A、9Mn2V	56～60 HRC	58～62 HRC
	形状复杂，料厚不大于 3 mm	9CrSi、CrWMn、Cr12、Cr12MoV、W6Mo5Cr4V2	58～62 HRC	60～64 HRC
	大批量	Cr12MoV、Cr4W2MoV	58～62 HRC	60～64 HRC
		YG15、YG20	≥86 HRA	≥84 HRA
		超细硬质合金	—	
弯曲模	形状简单，中小批量	T10A	56～62 HRC	
	形状复杂	GrWMn、Cr12、Cr12MoV	60～64 HRC	
	大批量	YG15、YG20	≥86 HRA	≥84 HRA
	加热弯曲	5CrNiMo、5CrNiTi、5CrMnMo	52～56 HRC	
		4Cr5MoSiV1	40～45 HRC，表面渗氮≥900 HV	
拉深模	一般拉深	T10A	56～60 HRC	58～62 HRC
	形状复杂	Cr12、Cr12MoV	58～62 HRC	60～64 HRC
	大批量	Cr12MoV、Cr4W2MoV	58～62 HRC	60～64 HRC
		YG15、YG20	≥86 HRA	≥84 HRA
		超细硬质合金	—	
	变薄拉深	Cr12MoV	58～62 HRC	—
		W18Gr4V、Cr12MoV、W6Mo5Cr4V2	—	60～64 HRC
		YG15、YG20	≥86 HRA	≥84 HRA
	加热拉深	5CrNiTi、5CrNiMo	52～56 HRC	
		4Cr5MoSiV1	40～45 HRC，表面渗氮≥900 HV	
大型拉深模	中小批量	HT250、HT300	170～260 HBW	
		QT600－20	197～269 HBW	
	大批量	镍铬铸铁	火焰淬硬 40～45 HRC	
		钼铬铸铁、钼钒铸铁	火焰淬硬 50～55 HRC	

表 1-3-3　冲压模具其他零件常用材料及硬度

零件名称及使用情况		选用材料	热处理硬度/HRC
上模座 下模座	一般负荷	HT200、HT250	—
	负荷较大	HT250、Q235-A	—
	负荷特大，受高速冲击	45	调质 28～32
	用于滚动导柱模架	QT500-7、ZG310-570	—
	用于大型模架	HT250、ZG310-570	—
模柄	压入式、旋入式、凸缘式	Q235-A、Q275	—
	通用互换性模柄	45、T8A	43～48
	带球面的活动模柄、垫块	45	43～48
导柱 导套	大量生产	20	渗碳淬火 56～60
	单件生产	T10A	56～60
	滚动配合	Gr12、Gr15	62～64
固定板、卸料板、定位板		45、Q235-A	—
垫板	一般用途	45	43～48
	单位压力特大	T8A	52～55
推板 顶板	一般用途	Q235-A	—
	重要用途	45	43～48
推杆 顶杆	一般用途	45	43～48
	重要用途	GrWMn	56～60
导料板		45、Q235-A	43～48
导板模用导板		45、50	—
侧刃、挡块		T8A（45）	56～60（43～48）
定位钉、定位块、挡料销		45	43～48
废料切刀		Gr12、T8A	58～60
导正销	一般用途	T8A、9Mn2V	56～60
	高耐磨	Cr12MoV	60～62
斜楔、滑块		CrWMn	58～62
圆柱销、销钉		T7A（45）	50～55（43～48）
螺钉		45	头部淬硬 35～40

学习笔记

续表

零件名称及使用情况	选用材料	热处理硬度/HRC
弹簧	65Mn、60Si2Mn	42～48
限位块	45	43～48
承料板	Q235－A	—
拉深模压边圈	T8A（45）	54～58（43～48）

一、冲压制件的材料

冲压制件的材料，需要满足使用要求、冲压工艺要求和后续加工的要求。如图1－3－1所示冲压制件的材料可选择紫铜。紫铜具有良好的加工特性，可满足冲压、弯曲等工艺设计要求。

二、冲压模具零件的材料

一般而言，冲压模具零件的材料因需要承受较大的冲击载荷或较高的压力，故应具有足够的强度、刚度和韧性，同时又有高的硬度和耐磨性。本次要做的模具和生产的制件，是为了完成模具工大赛对参赛选手职业技能的评比，制件的生产量不大，对模具的强度和刚度要求不是太高。

图1－3－2对应的模具二维图如图1－3－3所示。整套模具共有28种零部件，考虑到制件生产为少量，模具结构不复杂，为了选手搬运轻便，上、下模座选择了硬铝2A12（LY12），工作零件及结构零件（除了标准件）选择比较经济实惠的45钢。表1－3－4所示为订料表。

表1－3－4　订料单

序号	零件名称	数量	材料	规格/mm	备注
1	下模座	1	2A12	200×160×40	
2	导柱	2		$\phi20$	
3	卸料板	1	45	110×90×6	
4	落料凹模	1	45	100×100×40	
5	导套	2			
6	弹簧	4			
7	固定板	1	45	120×100×15	
8	上模座	1	2A12	200×160×30	

续表

序号	零件名称	数量	材料	规格/mm	备注
9	内六角螺钉	4		M8	
10	圆柱销	2		ϕ6	
11	冲孔凸模	1	45	ϕ13.5×56	调质 HRC28~32
12	模柄	1	2A12	ϕ22×60	
13	定位块	1	45	ϕ8	
14	橡胶元件	1			
15	凸模	1	45	37.2×31×24	
16	上垫板	1	45	120×100×6	
17	内六角螺钉	4		M4	
18	内六角螺钉	4		M8	
19	定位销	2		ϕ6	
20	压边圈	1	45	56×48×4	
21	卸料板螺钉	4		M8	
22	凸凹模	1	45	110×60×35	
23	弹簧	4			
24	下垫板	1	45	110×60×6	
25	内六角螺钉	4		M8	
26	圆柱销	2		ϕ6	
27	挡料销	1	45	ϕ6	
28	导料销	2	45	ϕ6	

任务评价

评价项目	分值	得分
能够为图 1-3-2 所示模具正确确定上、下模座所使用的材料	30 分	
能够为图 1-3-2 所示模具正确确定工作零件所使用的材料	40 分	
能够为图 1-3-2 所示模具正确确定结构零件（除了标准件）所使用的材料	30 分	

课后思考

（1）常用的冲压件材料有哪些？

（2）选择模具材料应考虑的因素有哪些？

拓展任务

上网查阅资料，学会查找与冲压材料相关的资料（性能、规格、表面质量、厚度公差、标记等）。

任务1.4　冲压设备及选用

任务引入

如图1－3－2所示模具的部分尺寸如图1－4－1所示。试根据冲裁工艺、冲压工艺总压力及模具结构等要求，合理选择冲压生产中相适应的冲压设备。

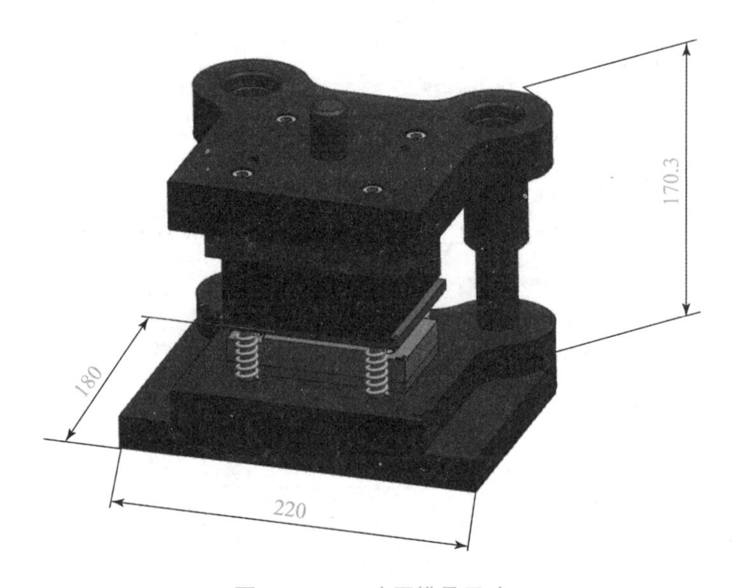

图1－4－1　冲压模具尺寸

任务分析

冲压是利用压力设备和冲模对材料施加压力，使其分离或产生塑性变形，以获得一定形状和尺寸制品的一种加工工艺。冲压设备的正确选择及合理使用将决定冲压生产能否顺利进行，并与产品质量、模具寿命、生产效率和生产成本等密切相关。

学习笔记

冲压设备的选用主要包括选择压力机的类型和确定压力机的规格。冲压机的类型较多，其刚度、精度、用途各不相同，应根据冲压工艺的性质、生产批量、模具大小、制件精度等正确选用。

- **知识目标**

1. 了解冲压设备的分类、工作原理及技术参数；
2. 掌握模具与冲压设备的关系。

- **能力目标**

1. 具备合理选择冲压设备的能力；
2. 具备判定所选成形设备与模具适应性的能力。

- **素质目标**

培养学生科技爱国热情。

知识链接

一、冲压设备的分类和型号

在冲压生产中，不同的冲压工艺应采用相应的冲压设备，这些冲压设备都具有其特有的结构形式及作用特点。

1. 冲压设备的分类

冲压压力机主要有曲柄压力机、摩擦压力机和液压机三类。其中曲柄压力机和摩擦压力机属于机械压力机，以曲柄压力机最为常用。冲压加工中常用的压力机分类见表1－4－1。

表1－4－1　压力机分类及字母代号

类别	机械压力机	液压机	自动锻压（成形）机	锤	锻机	剪切与切割机	弯曲矫正机	其他、综合类
字母代号	J	Y	Z	C	D	Q	W	T
注：对于有两类特性的机床，以主要特性分类为准。								

2. 冲压设备的型号表示方法

压力机的规格型号是按照压力机的类别、列、组编制的，分别用字母和数字表示。按照GB/T 28761—2012《锻压机械 型号编制方法》的规定，其型号表示方法如图1－4－2所示。

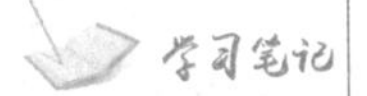

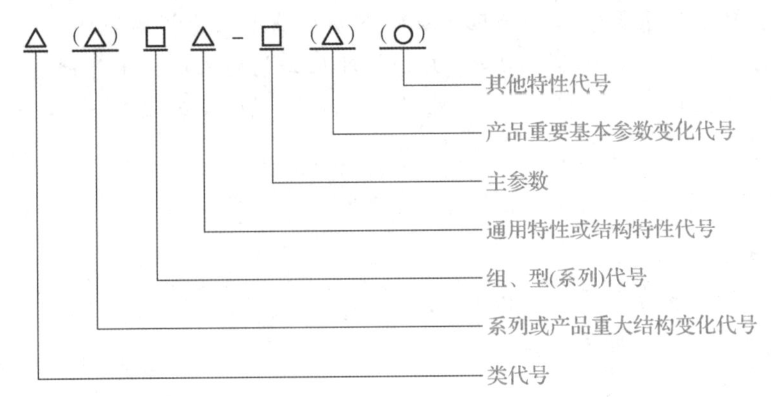

图1-4-2　压力机规格型号

注：有“（）”的代号，如无内容时则不表示，有内容时则无括号；

有“△”符号的，为大写汉语拼音字母；

有“□”符号的，为阿拉伯数字；

有“○”符号的，为大写汉语拼音字母或/和阿拉伯数字。

图1-4-2中型号或标记示例如下：

JC21Z-200D表示经第三次重大改进，行程可调，带自动送料装置的2 000 kN开式固定台压力机的型号；

J75GM-160表示1 600 kN闭式单点高速精密压力机的型号；

W67KY-100/3200L5表示1 000 kN/3 200 mm五轴数控液压板料折弯机的型号；

YA32-315表示标称压力为3 150 kN，经过一次变形的四柱立式万能液压机。

二、常用压力机的类型结构

1. 曲柄压力机

曲柄压力机是冲压加工中应用最广泛的一种，能完成各种冲压工序，如冲裁、弯曲、拉深、成形等。

1）曲柄压力机的工作原理和结构组成

曲柄压力机的工作原理如图1-4-3所示，曲柄压力机的结构组成如图1-4-4所示。

曲柄压力机主要由床身、曲柄连杆机构、操作机构、传动系统、能源系统等基本部分组成，此外还有润滑系统、保险装置、计数装置、气垫等辅助装置。工作时，曲柄压力机通过传动系统把电动机的运动和能量传递给曲轴，使曲轴做旋转运动，并通过连杆使滑块产生往复运动，运动的传递路线为电动机→小带轮→传动带→大带轮→传动轴→小齿轮→大齿轮→离合器→曲轴→连杆→滑块。

2）曲柄压力机的主要类型

曲柄压力机可以按照不同的方式进行分类。

（1）按照机身结构划分。

按照机身结构可分为开式压力机和闭式压力机。图1-4-4所示为开式压力机，图1-4-5所示为闭式压力机。开式压力机指床身结构为C型，操作者可以从前、左、

学习笔记

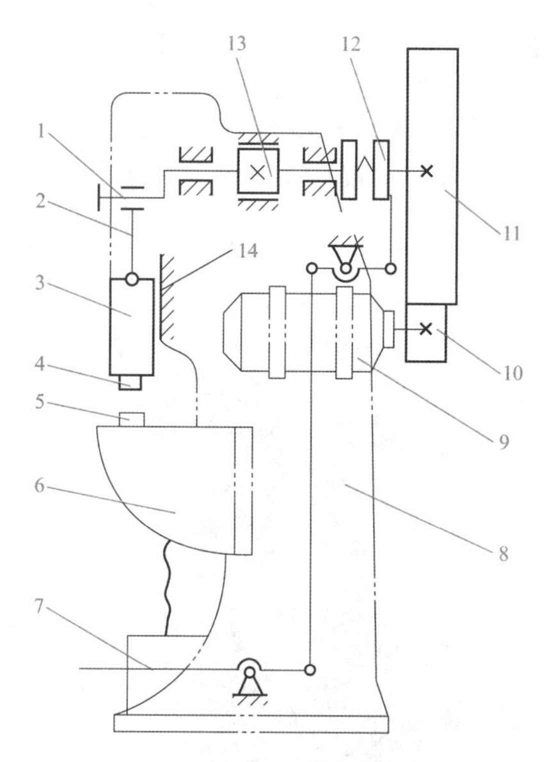

图 1-4-3　曲柄压力机工作原理图

1—曲轴；2—连杆；3—滑块；4—上模；5—下模；6—工作台；7—脚踏板；8—机身；9—电动机；10—小齿轮；11—大齿轮；12—离合器；13—制动器；14—导轨

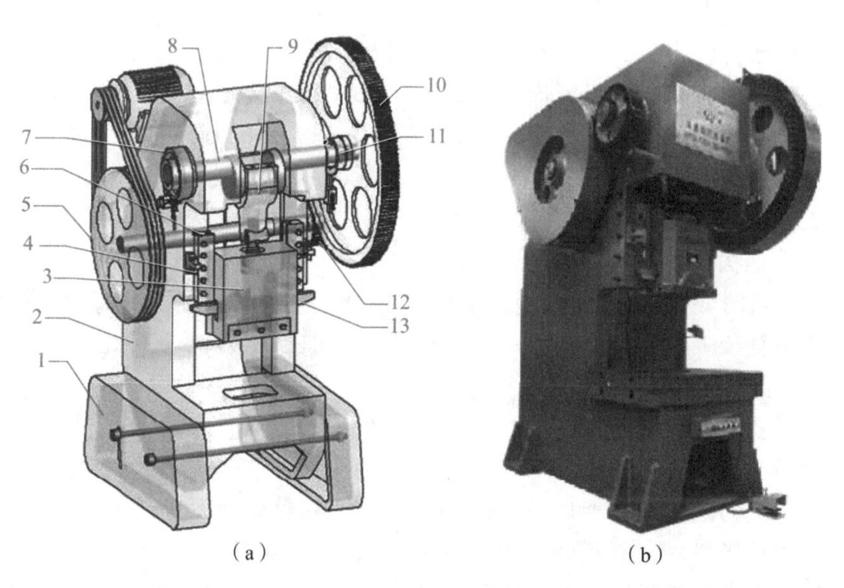

（a）　　　　（b）

图 1-4-4　曲柄压力机的结构组成示意图及实物图

（a）结构图；（b）实物图

1—底座；2—床身；3—滑块；4—限位螺钉；5—大带轮；6—导轨；7—制动器；8—曲轴；9—连杆；10—大齿轮；11—离合器；12—小齿轮；13—横杆

右接近工作台，操作空间大，可左、右送料的压力机，但机身刚度较差，压力机在工作负荷下易产生角变形，影响精度，小型压力机多采用这种形式。闭式压力机指床身为左右封闭的压力机，床身为框架式或龙门式，操作者只能从前后两个方向接近工作台，操作空间小，只能前后送料。但是这种床身有较高的强度和刚度，因此大、中型压力机都采用这种结构。

图1-4-5　闭式压力机

(2) 按照连杆数目划分。

按照连杆数目分为单点、双点和四点压力机。单点压力机只有一个连杆，而双点与四点压力机分别有两个和四个连杆。曲柄连杆数目的设置主要根据滑块面积的大小和吨位而定，点数越多，滑块承受偏心载荷的能力越大，压力机的吨位也就越大。

(3) 按照工作台结构划分。

按照工作台结构分为固定式，可倾式和升降台式三种，其中以固定式最为常用。

(4) 按照压力机滑块数目划分。

按照压力机滑块数目分为单动压力机、双动压力机和三动压力机。双动和三动压力机主要用于复杂工件的拉深。单动压力机是通用曲柄压力机，是目前使用最多的一种压力机。

3) 曲柄压力机的主要技术参数

(1) 公称压力。

曲柄压力机的压力是指滑块下压时的冲击力。在整个行程中压力是变化的，压力机的公称压力是指滑块上所允许承受的最大作用力。标称压力是压力机的一个主要技术参数，我国压力机的标称压力已经系列化。

(2) 滑块行程。

滑块行程是指滑块从上止点到下止点所经过的距离，一般为曲柄半径的两倍。

(3) 行程次数。

行程次数是指滑块每分钟从上止点到下止点，然后再回到上止点所往复的次数。

（4）闭合高度。

闭合高度是指滑块在下止点时，滑块下平面到工作台上平面的距离。当闭合高度调节装置将滑块调整到最上端的位置时，闭合高度最大，称为最大闭合高度；将滑块调整到最下端的位置时，闭合高度最小，称为最小闭合高度。闭合高度从最大到最小可以调节的范围，称为闭合高度调节量。

（5）连杆调节长度。

连杆调节长度又称为装模高度调节量。当工作台面上装有工作垫板，并且滑块在下止点时，滑块下平面到垫板上平面的距离称为装模高度。装模高度与闭合高度之差为垫板厚度。改变连杆长度可以改变压力机的闭合高度，以适应不同闭合高度模具的安装。

（6）工作台面尺寸和工作台孔尺寸。

压力机的工作台面尺寸是压力机工作空间的平面尺寸。工作台孔是用于向下出料或安装模具顶件装置的，有方形或圆形两种。

（7）模柄孔尺寸。

小、中型压力机滑块下端开出模柄孔，用来安装固定模具的上模，其尺寸用“直径×孔深”来表示。大型压力机没有模柄孔，有T形槽，通常通过T形螺栓来紧固上模。

表1－4－2所示为开式双柱可倾压力机（部分）主要技术参数，适用于冲裁、弯曲、小工件浅拉深、成形、挤压等冲压工序。

表1－4－2 开式双柱可倾压力机（部分）主要技术参数

参数 型号	公称压力/kN	滑块行程/mm	行程次数/次/min	最大闭合高度/mm	连杆调节长度/mm	工作台尺寸/前后mm×左右mm	电动机功率/kW	模柄孔尺寸/mm
J23－6.3	63	35	170	150	35	200×310	0.75	$\phi30\times55$
J23－10	100	45	145	180	35	240×370	1.1	$\phi30\times55$
J23－16	160	55	120	220	45	300×450	1.5	$\phi40\times60$
J23－25	250	65	55	270	55	370×560	2.2	$\phi40\times60$
JC23－35	350	80	50	280	60	380×610	3	$\phi50\times70$
JG23－40	400	100	80	300	80	420×630	5.5	$\phi50\times70$
JB23－63	630	100	40	400	80	570×860	7.5	$\phi50\times70$
J23－80	800	130	45	380	90	540×800	7.5	$\phi60\times80$
J23－100	1000	130	38	480	100	710×1 080	10	$\phi60\times75$
J23－125	1250	140	38	480	110	710×1 080	10	$\phi60\times80$

2. 摩擦压力机

摩擦压力机是利用摩擦盘与飞轮之间相互接触，传递动力，并根据螺杆与螺母的相对运动，使滑块产生上、下往复运动的锻压机械。它具有结构简单、制造容易、维

修方便、生产成本低等特点。摩擦压力机工作时灵活性大，其作用力的大小可以根据需要通过操作来调节，超负荷时摩擦轮打滑而不会损坏模具及设备，适用于弯曲大而厚的工件以及校正、压印、成形和挤压等工序。其缺点是飞轮轮缘磨损大，生产率和精度较低。图 1-4-6 所示为摩擦压力机的传动示意图和实物图。

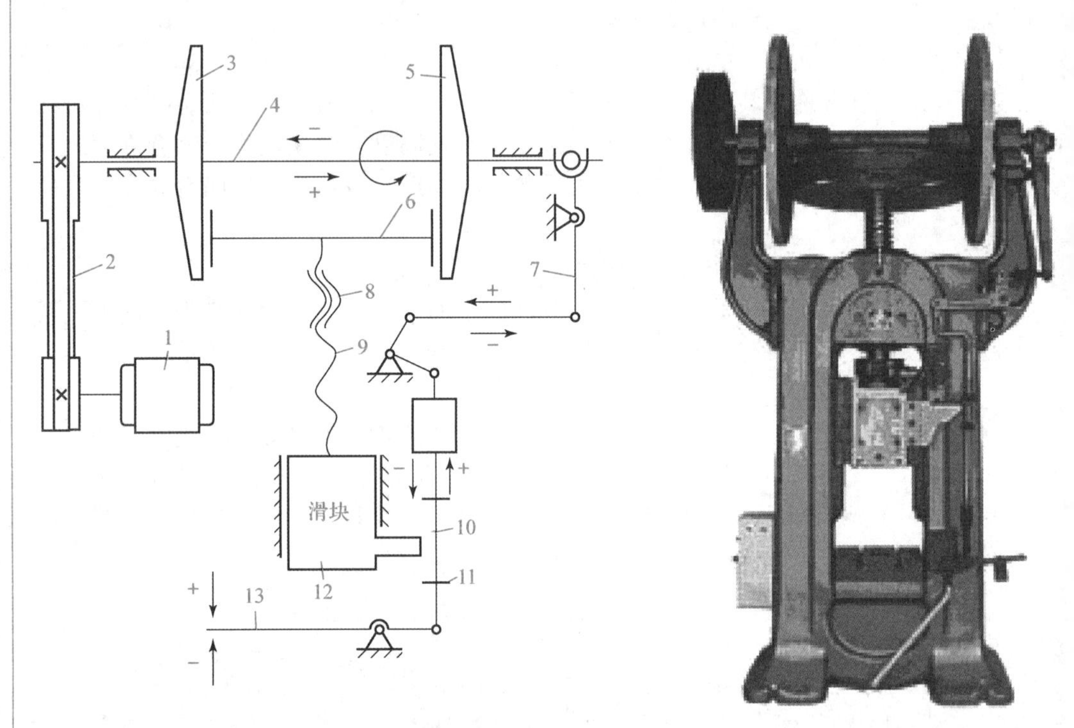

图 1-4-6　摩擦压力机的传动示意图和实物图

1—电动机；2—V 形传动带；3，5—摩擦盘；4—轴；6—飞轮；7—杠杆；8—螺母；9—螺杆；10—连杆；11—挡块；12—滑块；13—手柄

3. 液压机

液压机是静压作用的机器，靠液体静压力使工件产生变形，这是其与其他锻压设备的不同点。液压机的工作行程长，在全行程中的任意位置都能施加标称压力，不会发生超负荷的危险，所以它在生产中得到了广泛应用，主要适用于深拉深、成形、冷挤压等变形工序。如果不采取特殊措施，则液压机不能用于冲裁工序。图 1-4-7 所示为典型液压机实物图。

三、冲压设备的选用

冲压设备的选择是冲压工艺及模具设计中的一项重要内容，它直接关系到冲压设备的安全使用、冲压工艺能否顺利实现和模具寿命、产品质量、生产效率、成本高低等重要问题，主要包括选择压力机的类型和确定压力机的规格。

1. 冲压设备类型的选择

(1) 在大批量生产或形状复杂零件的生产中，尽量选用高速压力机或多工位自动压力机。

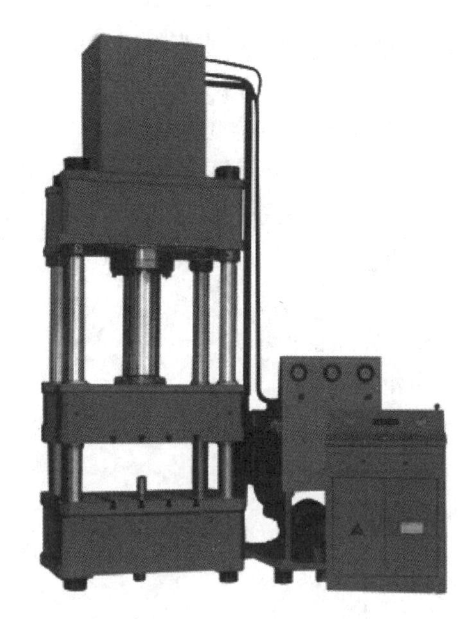

图 1-4-7　典型液压机实物图

（2）在小批量生产，尤其是大型厚板冲压件的生产中，多采用液压机，液压机没有固定的行程，不会因为板料厚度变化而超载。其在需要很大的施力行程加工时，与机械压力机相比具有明显的优点，但是液压机的速度慢，生产效率低，而且零件的尺寸精度有时受到操作因素的影响而不是十分稳定。摩擦压力机具有结构简单、不易发生超负荷损坏等特点，所以在小批量生产中常用来完成弯曲、成形等冲压工作。但是，摩擦压力机的行程次数较少，生产率低，而且操作也不太方便。

（3）对于中、小型的冲裁件、弯曲件或拉深件等，主要选用开式机械压力机。开式压力机虽然刚性差，在冲压力的作用下床身的变形能够破坏冲裁模的间隙分布，降低模具寿命和冲压件表面质量，但是由于它提供了极为方便的操作调节条件和具有易于安装机械化附属装置的特点，所以目前仍是中、小型冲压件生产的主要设备。另外，在中、小型冲压件生产中，若采用导板模或工作时要求导柱、导套不脱离的模具，则应选用行程较小的偏心压力机。

（4）对于大、中型冲裁件，多采用闭式结构型式的机械压力机。在大型拉深件的生产中，应尽量选用双动拉深压力机，其可使所用的模具结构简单、调整方便。

2. 冲压设备规格的选用

在冲压设备类型选择以后，下一步根据变形力的大小、冲压件尺寸和模具尺寸来确定设备的规格。

（1）压力机的公称压力必须大于冲压工序所需的压力，同时在冲床的全部行程中，滑块的作用力都不能超出冲床的允许压力与行程关系曲线的范围。

（2）压力机滑块行程应满足制件的取出与毛坯的安放。对于拉深件，压力机的行程应大于零件高度的两倍。

（3）压力机的行程次数应符合生产率和材料变形速度的要求。

（4）工作台面尺寸必须保证模具能正确安装到台面上，每边一般应大于模具底座

学习笔记

50～70 mm；工作台底孔尺寸一般应大于工件或废料尺寸，以便于工件或废料从底孔中通过。

（5）模柄孔的尺寸与滑块的配合尺寸应相适应。

（6）压力机的闭合高度与模具的闭合高度（模具闭合时上模上端面到下模下端面之间的距离）应符合式（1－4－1）的关系，如图1－4－8所示。

$$H_{max}-5 \geqslant H+H_1 \geqslant H_{min}+10 \quad (1-4-1)$$

式中 H——模具的闭合高度；

H_{max}——压力机的最大闭合高度；

H_{min}——压力机的最小闭合高度；

H_1——压力机的垫板厚度。

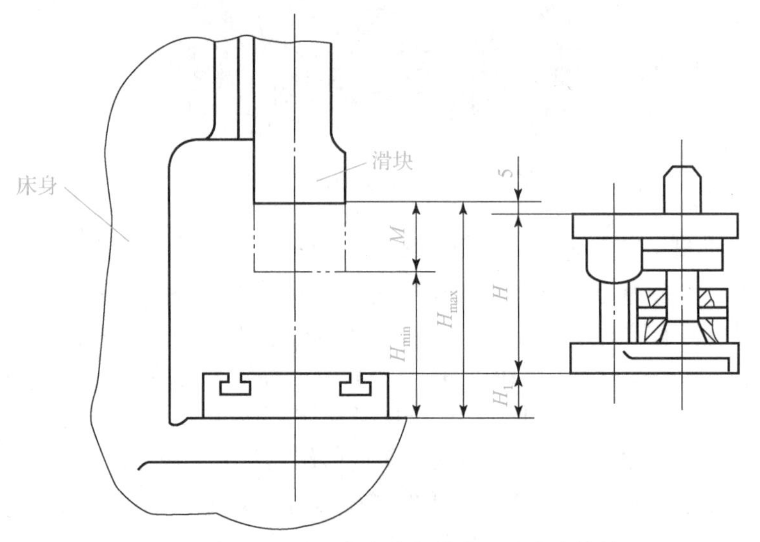

图1－4－8　压力机闭合高度与模具闭合高度的关系

一、初选压力机型号

由图1－4－1可知，该模具闭合高度为170.3 mm，下模座边界尺寸为长220 mm×宽180 mm。这里需要计算冲裁力、弯曲力、拉深力、推件力、卸料力，然后确定总冲压力，假如总冲压力计算为80 kN，则应选取的压力机标称压力为 $P_0 \geqslant 1.3 \times 80 = 104$（kN），根据表1－4－2可初选压力机型号为J23－16。

二、闭合高度校核

查表1－4－2得到该压力机最大闭合高度为220 mm，最小闭合高度为175 mm，根据公式（1－4－1），计算得到 $215 \geqslant H+H_1 \geqslant 185$，$H$ 为170.3 mm，需加垫板满足装模高度要求。例如，可加装垫板厚度 H_1 为20 mm，则 $215 \geqslant H+H_1=190.3 \geqslant 185$，满足要求。

学习笔记

三、工作台面尺寸校核

压力机工作台面的长、宽尺寸一般应大于模具下模座尺寸，并要求每边留出 60 ~ 100 mm，以便于安装固定模具。

查表 1 - 4 - 2，J23 - 16 压力机的工作台面尺寸为 300 mm × 450 mm，该模具下模座边界尺寸为长 220 mm × 宽 180 mm，可以安装固定模具，符合要求。

四、以工件冲压工艺估算行程

该模具对应产品的高度为 9.5 mm，如图 1 - 4 - 9 所示。冲床行程一般是冲压件高度 2 ~ 3 倍的距离。J23 - 16 压力机的滑块行程为 55 mm，符合要求。

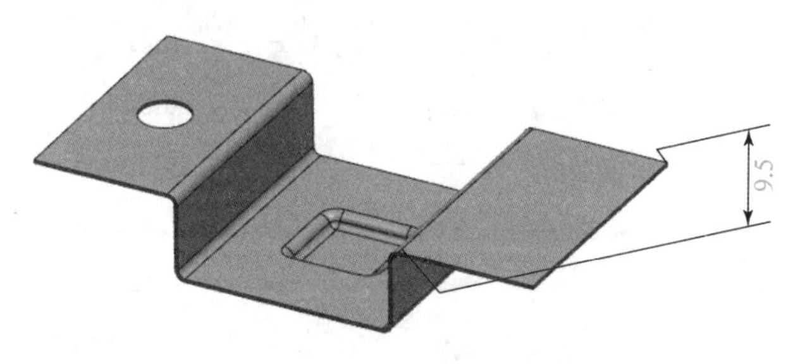

图 1 - 4 - 9　冲压制品高度

任务评价

评价项目	分值	得分
如果冲压力为 120 kN，试着确定压力机型号	40 分	
正确校核闭合高度	30 分	
正确校核工作台面尺寸	30 分	

课后思考

（1）常见的冲压设备有哪些？
（2）曲柄压力机的主要技术参数有哪些？
（3）选择冲压设备时要考虑哪些问题？

拓展任务

（1）上网查阅资料，了解冲压设备的现状及发展历程，完成调查报告。
（2）查阅国家标准网，了解压力机现行标准，如图 1 - 4 - 10 所示。

#	标准号	标准中文名称	发布日期	实施日期	标准状态
1	GB/T 37902-2019	数控高速压力机	2019-08-30	2020-03-01	现行
2	GB 27607-2011	机械压力机 安全技术要求	2011-12-05	2012-10-01	现行
3	GB/T 34383-2017	半闭式压力机	2017-09-29	2018-04-01	现行
4	GB 28242-2012	螺旋压力机 安全技术要求	2012-03-09	2013-01-01	现行
5	GB/T 34382-2017	数控回转头压力机	2017-10-14	2018-05-01	现行
6	GB/T 26483-2011	机械压力机 噪声限值	2011-05-12	2012-01-01	现行
7	GB/T 23482-2009	开式压力机 术语	2009-04-02	2009-11-01	现行
8	GB/T 23280-2009	开式压力机 精度	2009-03-16	2009-11-01	现行
9	GB/T 37903-2019	数控压力机可靠性评定方法	2019-08-30	2020-03-01	现行
10	GB/T 35093-2018	数控闭式多连杆压力机 精度	2018-05-14	2018-12-01	现行
11	GB/T 29548-2013	闭式高速精密压力机 精度	2013-06-09	2014-01-01	现行
12	GB/T 29547-2013	开式高速精密压力机 精度	2013-06-09	2014-01-01	现行
13	GB/T 5091-2011	压力机用安全防护装置技术要求	2011-09-14	2012-10-01	现行
14	GB/T 29546-2013	闭式压力机静载变形测量方法	2013-06-09	2014-01-01	现行
15	GB/T 14347-2009	开式压力机 型式与基本参数	2009-04-02	2009-11-01	现行

图 1-4-10　压力机部分国家标准

学习笔记

项目二　冲裁工艺及模具设计

任务2.1　冲裁工艺性分析

任务引入

图2-1-1所示为一种机床冲裁件，是薄板类零件，尺寸如图2-1-1所示。为确定08F钢板是否符合冲裁要求、零件形状是否可以利用冲裁工艺进行加工，试对该工件进行工艺性分析。

材料：08F钢板。

生产纲领：大批量生产。

精度要求：IT11。

工件厚度为：2 mm。

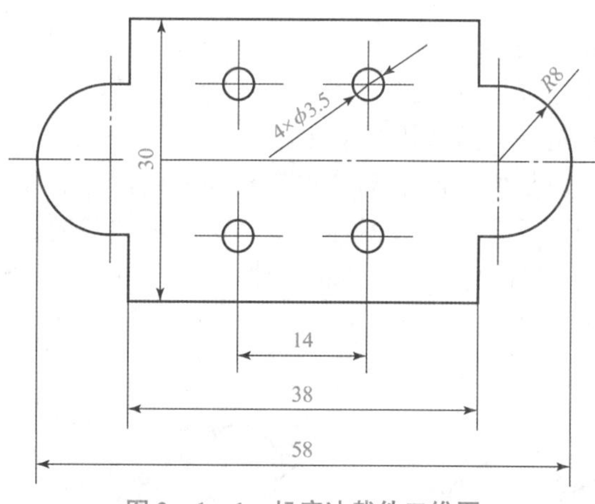

图2-1-1　机床冲裁件二维图

任务分析

冲裁是利用冲模使部分材料或工（序）件与另一部分材料、工（序）件或废料分离的一种冲压工序。冲裁工艺分析是指分析冲裁件结构、形状、尺寸和材料等对冲裁工艺的适用性，此过程需要对照冲裁工艺的要求对工件进行分析。

机床冲裁件材料为08F，生产纲领为大批量生产，形状整体呈长方形，两边分别有

学习笔记

半圆形凸起，工件中间对称分布 4 个直径为 3.5 mm 的小孔，整体厚度为 2 mm。冲裁成功与否要考虑工件材料的性能、尺寸是否合适等多项内容。

学习目标

- **知识目标**

1. 掌握冲裁工艺的概念；
2. 掌握冲裁工艺性分析的方法。

- **能力目标**

1. 具备正确判别工件冲裁工艺性的能力；
2. 具备搜集、查阅国标相关文件的能力。

- **素质目标**

通过学习冲裁工艺性分析，培养学生严谨的工作态度。

一、冲裁过程分析

冲裁是利用冲模使部分材料或工序件与另一部分材料、工（序）件或废料分离的一种冲压工序。其是剪切、落料、冲孔、冲缺、冲槽、剖切、凿切、切边、切舌、切开、整修等分离工序的总称。

冲裁是利用冲模的刃口使板料沿一定的轮廓线产生剪切变形并分离，从板料上分离出所需形状和尺寸的零件或毛坯的冲压方法，冲裁在冲压生产中所占的比例最大。在冲裁过程中，除剪切轮廓线附近的金属外，板料本身并不产生塑性变形，所以由平板冲裁加工的零件仍然是一平面形状的零件。

板料经过冲裁后，被分离成冲落部分和带孔部分两部分。如果冲裁的目的是得到封闭轮廓线以内的部分，那么这个过程称为落料；如果冲裁的目的是得到封闭轮廓线以外的部分，那么这个过程称为冲孔。落料和冲孔的变形性质完全相同，但各自的目的有着本质的区别。如图 2－1－2 所示，图 2－1－2（a）所示为落料，图 2－1－2（b）所示为冲孔。

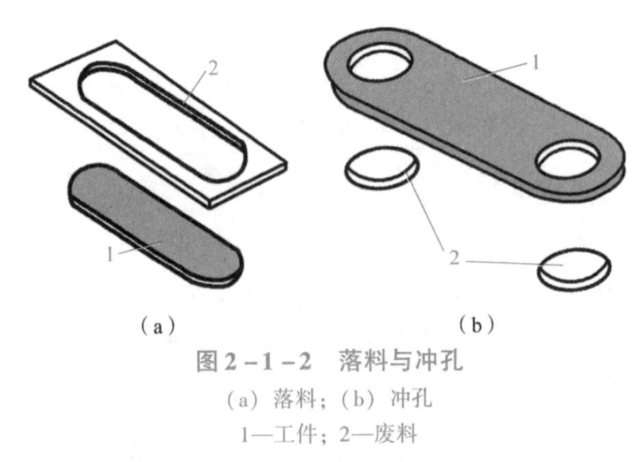

图 2－1－2 落料与冲孔

（a）落料；（b）冲孔

1—工件；2—废料

学习笔记

1. 冲裁变形过程

冲裁过程从凸模接触板料到板料相互分离几乎是在一瞬间完成的。当凸模和凹模间隙正常时，冲裁变形过程可以分为三个阶段，如图 2-1-3 所示。

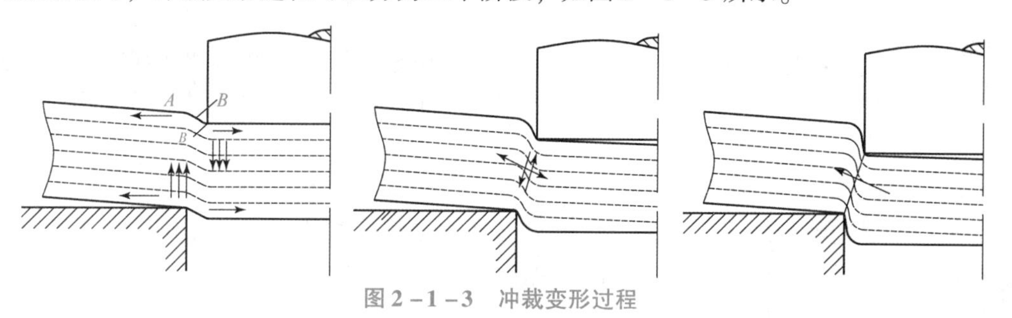

图 2-1-3　冲裁变形过程

(a) 弹性变形阶段；(b) 塑性变形阶段；(c) 断裂分离阶段

1）弹性变形阶段

板料在凸模压力作用下，产生弹性压缩、弯曲、拉深等变形，此时凸、凹模分别略微挤入板料内，凸模端部下面的材料略有弯曲，凹模刃口上面的材料开始上翘。冲裁间隙越大，这种弯曲和上翘就越严重。在这一阶段中，材料内部应力尚未超过弹性极限，故外力卸载后，板料可恢复原状。

2）塑性变形阶段

当凸模继续下压，材料内的应力达到屈服极限时，便开始发生塑性剪切变形，凸、凹模刃口不断切入板料的内部，直到刃口附近产生应力集中、出现微裂纹为止。

3）断裂分离阶段

随着凸模的进一步下降，在凸、凹模刃口附近产生的微裂纹不断扩展，并上、下重合，板料的断面分离，整个冲裁过程结束。

2. 冲裁件质量分析

冲裁件质量是指断面质量、尺寸精度和形状误差。在实际冲裁过程中，由于冲裁工艺的特点，冲出的断面和工件上下表面并不完全垂直，且比较粗糙。如图 2-1-4 所示，断面中存在圆角带、光亮带、断裂带和毛刺区四个区域。

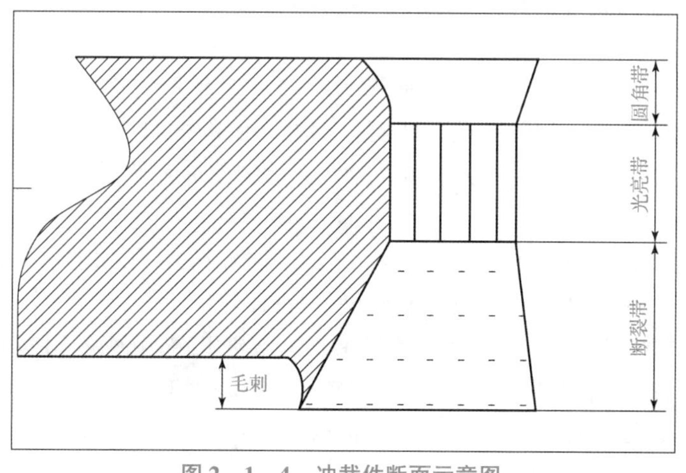

图 2-1-4　冲裁件断面示意图

1）圆角带（塌角）

当凸模下降，刃口刚压入板料时，刃口附近产生弯曲和伸长变形，刃口附近的材料被带进模具间隙。

2）光亮带

光亮带发生在塑性变形阶段，其是由于在金属板料产生塑性剪切变形时，材料在和模具侧面接触中被模具侧面挤光而形成的光亮垂直的断面，通常占全断面的1/2～1/3。

3）断裂带

断裂带是在断裂阶段形成的，是由刃口处的微裂纹在拉应力的作用下，不断扩展而形成的撕裂面，其断面粗糙，且带有斜度。

4）毛刺区

毛刺的形成是由于在塑性变形阶段后期，凸模和凹模的刃口切入被加工材料一定深度时，刃口正面材料被压缩，使裂纹起点不会在刃尖处发生，而是在模具侧面距刃尖不远的侧面上，在拉应力作用下，裂纹加长，材料断裂而产生毛刺。当间隙不合适或刃口变钝时，会产生大的毛刺。

3. 影响断面质量的因素

1）材料力学性能

材料塑性好，冲裁时裂纹出现得较迟，材料被剪切的深度较大，所得断面光亮带所占的比例就大，圆角也大。塑性差的材料，容易拉裂，材料被剪切不久就会出现裂纹，使断面光亮带所占的比例小、圆角小，其大部分是粗糙的断裂面。

2）模具间隙的影响

当凸、凹模间隙合适时，凸、凹模刃口附近沿最大切应力方向产生的裂纹在冲裁过程中能会合成一条线，此时尽管断面与材料表面不垂直，但还是比较平直、光滑，毛刺较小，制件的断面质量较好。

当间隙过小时，最初从凹模刃口附近产生的裂纹指向凸模下面的高压应力区，裂纹成长受到抑制而成为滞留裂纹。当凸模继续下压时，在上、下裂纹中间将产生二次剪切，在光亮带中部夹有残留的断裂带，部分材料被挤出材料表面形成高而薄的毛刺。这种毛刺比较容易去除。

当间隙过大时，材料的弯曲和拉伸增大，接近于胀形破裂状态，容易产生裂纹，使光亮带所占比例减小。材料在凸、凹模刃口处产生的裂纹会错开一段距离而产生二次拉裂，断面的垂直度差，毛刺大而厚，难以去除，使冲裁件断面质量下降。

3）模具刃口状态的影响

刃口越锋利，拉力越集中，毛刺越小。当刃口磨损后，压缩力增大，毛刺也增大。毛刺按磨损后的刃口形状，成为根部很厚的大毛刺。

为了提高冲裁件断面质量，可以通过增加光亮带的高度或采用整修工序来实现。增加光亮带高度的关键是延长塑性变形阶段，推迟裂纹的产生，要求材料的塑性好，对硬质材料要尽量进行退火；要选择合理的模具间隙值，并使间隙均匀分布，保持模具刃口锋利。

学习笔记

二、冲裁件工艺性要求

冲裁件的工艺性是指毛坯对冲裁工艺的适应性，指材料进行冲裁加工的难易程度。良好的冲裁工艺性可以保证节省材料、工时，结构简单，还可以降低成本，且操作安全方便等。因此，冲裁件的工艺性对冲裁件质量、生产效率、模具寿命都有较大的影响。

在一般情况下，对冲裁件工艺性影响最大的是几何形状尺寸和精度要求。良好的工艺性应能满足材料较省、工序较少、模具加工容易、寿命长、操作方便及产品质量稳定等性能和要求。

1. 冲裁件的几何形状要求

（1）冲裁件的几何形状不宜过大。冲裁件是利用模具在机械或液压压力机上工作产生的，其外形尺寸大小受到压力机工作台大小的限制，厚度受到压力机出力总吨位的限制。所以，一次完成的封闭曲线，当边线长度超过 1 500 mm、厚度超过 10 mm 时，就有必要考虑采用其他加工方式。

（2）冲裁件各直线或曲线的连接处宜有适当的圆角半径 r。工件的圆角半径若设计过小或不带圆角，则会给模具加工带来困难。尖角过渡会使凹模热处理时发生淬裂，同时，在冲压时尖角也容易磨损、崩缺，严重影响工件的加工精度和模具寿命。只有在采用少、无废料排样或在镶拼模结构时才不要圆角。

（3）冲裁件形状应尽可能设计得简单、对称，使排样时废料最少，冲裁件凸出或凹入部分宽度不宜太小，应避免过长的悬臂与狭槽。

（4）如无特殊要求，冲裁材料为中碳钢时，悬臂与狭槽宽度应大于或等于 2 倍料厚；冲裁材料为黄铜、纯铜、铝、软钢时，其宽度应大于或等于 1.5 倍料厚，材料厚度不足 1 mm 时，按 1 mm 计算。

（5）腰圆形冲裁件，如果允许圆弧出现，则半径 R 应大于条料宽度的一半，否则会有台肩产生。如果限定圆弧半径等于工件宽度的一半，就不能采用少废料排样，否则同样会有台肩产生，整个工件必须在一个冲次中完成。

（6）冲孔时，由于受到凸模强度的限制，故孔的尺寸不宜过小，其数值与孔的形状、材料的力学性能、材料的厚度等有关。

2. 冲裁件尺寸精度要求

冲裁件的精度一般可分为精密级与经济级两类。精密级是指冲压工艺在技术上所允许的最高精度，而经济级是指模具到达最大许可磨损时，其所完成的冲压加工在技术上可以实现，而在经济上又最为合理的精度，即“经济精度”。为了降低冲压成本，获得最佳的技术经济效果，在不影响冲裁件使用要求的前提下，应尽可能采用“经济精度”。

冲裁件的经济公差等级不高于 IT11 级，一般要求落料件公差等级最好低于 IT10 级，冲孔件最好低于 IT9 级。表 2－1－1 所示为冲裁件外形与内孔尺寸公差。

表 2-1-1　冲压件外形与内孔尺寸公差　mm

材料厚度 t	般精度的工件				较高精度的工件			
	工件尺寸							
	<10	10-50	50-150	150-300	<10	10-50	50-150	150-300
0.2~0.5	0.08 0.05	0.10 0.08	0.14 0.12	0.20	0.025 0.02	0.03 0.04	0.05 0.08	0.08
0.5~1	0.12 0.05	0.16 0.08	0.22 0.12	0.30	0.03 0.02	0.04 0.04	0.06 0.08	0.10
1~2	0.18 0.06	0.22 0.10	0.30 0.16	0.50	0.03 0.03	0.06 0.06	0.08 0.10	0.12
2~4	0.24 0.08	0.28 0.12	0.40 0.20	0.70	0.06 0.04	0.08 0.08	0.10 0.12	0.15
4~6	0.30 0.10	0.31 0.15	0.50 0.25	1.0	0.08 0.05	0.12 0.10	0.15 0.15	0.20

通常，在冲裁工艺加工过程中，冲孔精度一般比落料精度高一级，这样有利于得到质量更好的产品制件。

3. 冲裁材料性能要求

用于冲裁的材料，应具有足够的塑性、较低的硬度，以提高冲裁断面质量及尺寸精度。其中，软料的冲裁性能良好，硬料（如不锈钢、碳钢）的冲裁断面质量较差，脆性材料在冲裁时容易产生撕裂等现象。

任务实施

任务实施分别从材料、工件结构形状和尺寸精度等方面考虑其冲裁工艺性。

（1）机床冲裁件材料为08F钢板，经查，该材料为优质碳素结构钢，具有足够的塑性、较低的硬度，符合冲裁对材料的要求，该材料可进行冲压工艺。

（2）工件形状对称、结构相对简单，但冲裁件内、外形应尽量避免有尖锐的角出现，防止产品形状过于锐利，导致工作人员被划伤等，同时，为提高模具寿命和美观程度，建议将所有90°的角改为 $R1$ mm 的圆角。

（3）尺寸精度，零件图中所有尺寸按IT11级确定工件尺寸公差。经查公差表，各尺寸公差（单位 mm）为：58 -0.19、38 -0.16、30 -0.13、14 ±0.055、3.5 +0.075、$R8$ -0.09。该精度满足工件基本条件，且符合经济要求，故尺寸精度符合要求。

综上所述，说明此机床冲裁件可以冲裁。

另外，为了得到较高的产品质量和更好的经济效益，对该冲压过程有以下要求。

（1）该零件的生产纲领为大批量，因此在制定方案时，应充分考虑如何提高生产率，节省冲裁成本。

（2）该零件形状对称，冲裁时毛坯对称安装，冲裁力给到工件重心位置。

（3）该零件精度等级为 IT11，因此，模具的制造精度等级为 IT7 级。

任务评价

评价项目	分值	得分
准确辨别冲裁件工艺性	40 分	
快速查表	30 分	
正确识图	30 分	

课后思考

（1）日常生活中常见的冲裁件有哪些？

（2）冲裁变形过程是什么？

（3）冲裁件断面形态特征有哪些？

拓展任务

（1）上网查阅资料，了解有哪些常用冲裁件，完成调查报告。

（2）试对图 2－1－5 所示落料件进行工艺性分析

生产纲领：大批量。

材料：30 钢。

材料厚度：0. 3 mm。

制件精度：IT14 级。

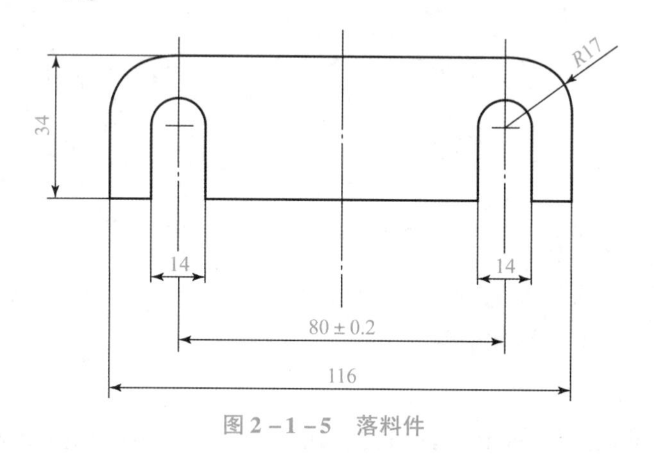

图 2－1－5　落料件

学习笔记

任务2.2 冲裁工艺计算

任务引入

图2-1-1所示为一种机床冲裁件，材料为08F钢板，尺寸如图2-1-1所示，生产纲领为大批量生产，精度要求为IT11，工件厚度为2 mm。对工件进行冲裁加工时，冲压机要给多大的压力才能够完成工作？压力中心放在什么位置？试对该工件进行工艺计算，确定冲裁力大小和压力中心位置。

任务分析

冲裁工艺计算包括冲裁力和压力中心的计算。冲裁力涵盖卸料力、推件力和顶件力。为了防止冲裁过程中出现翘曲，要准确地找出机床冲裁件的压力中心。

根据产品材料、生产纲领和形状特征，冲裁成功与否要考虑给予坯料多大的冲裁力和冲裁力的作用点。

学习目标

- **知识目标**

1. 掌握冲裁力的计算方法；
2. 掌握压力中心的确定方法。

- **能力目标**

1. 具备计算冲裁力的能力；
2. 具备确定冲裁件压力中心的能力。

- **素质目标**

通过学习冲裁工艺计算，培养学生认真严谨的学习态度。

知识链接

一、冲压力的计算

为了选择合适的冲压设备，使冲裁顺利进行，需要计算出冲裁所需要的冲压力。冲压力包含冲裁力、卸料力和推件力。

1. 冲裁力

冲裁力是指冲裁过程中凸模对板料施加的压力，它是随凸模进入材料的深度（凸模行程）而变化的。通常说的冲裁力是指冲裁力的最大值，它是选用压力机和设计模具的重要依据之一。

用普通平刃口模具冲裁时，其冲裁力 F 一般按下式计算：

$$F = KLt\tau_b \quad (2-2-1)$$

式中 F——冲裁力；

L——冲裁周边长度；

t——材料厚度；

τ_b——材料抗剪强度；

K——系数。

系数 K 是要考虑到实际生产情况时，模具间隙值的波动和不均匀、刃口的磨损、材料力学性能和厚度波动等因素的影响而给出的修正系数，一般取 $K=1.3$。

为计算简便，也可按下式计算冲裁力：

$$F \approx LtR_m \quad (2-2-2)$$

式中 R_m——材料的抗拉强度

表 2-2-1 所示为冲压常用金属材料的力学性能，通过该表可以查取常用金属在退货前后的抗剪强度和抗拉强度等力学性能。

表 2-2-1 冲压常用金属材料的力学性能

项目			力学性能			
			抗剪强度 /MPa	抗拉强度 /MPa	屈服点 /MPa	伸长率 /%
普通碳素钢	Q195	未经退火	255~314	315~390	195	28~33
	Q235		303~372	375~460	235	26~31
	Q275		392~490	490~610	275	15~20
碳素结构钢	08F	已退火	230~310	275~380	180	27~30
	08		260~360	215~410	200	27
	10F		220~340	275~410	190	27
	10		220~340	295~430	210	26
	15		270~380	335~470	230	25
	20		280~400	355~500	250	24
	35		400~520	490~635	320	19
	45		440~560	530~685	360	15
	50		440~580	540~715	380	13
不锈钢	LCr13	已退火	320~380	440~470	120	20
	LCr18Ni9Ti	经热处理	46~520	560~640	200	40

2. 卸料力、推件力和顶件力的计算

卸料力、推件力和顶件力是由压力机和模具卸料装置或顶件装置传递的，所以在

学习笔记

选择设备的公称压力或设计冲模时，应分别予以考虑。影响这些力的因素较多，主要有材料的力学性能、材料的厚度、模具间隙、凹模洞口的结构、搭边大小、润滑情况、制件的形状和尺寸等。所以要准确地计算这些力是困难的，生产中常用下列经验公式计算：

卸料力：

$$F_{卸} = K_{卸}F \qquad (2-2-3)$$

推件力：

$$F_{推} = nK_{推}F \qquad (2-2-4)$$

顶件力：

$$F_{顶} = K_{顶}F \qquad (2-2-5)$$

式中 F——冲裁力；

$K_{卸}, K_{推}, K_{顶}$——卸料力、推件力、顶件力系数，需查表 2-2-2 得到；

n——同时卡在凹模内的冲裁件数，即

$$n = h/t \qquad (2-2-6)$$

式中 h——凹模洞口的直刃壁高度；

t——板料厚度。

表 2-2-2 卸料力、推件力和顶件力系数

料厚		卸料力系数$K_{卸}$	推件力系数$K_{推}$	顶件力系数$K_{顶}$
钢	≤0.1	0.065～0.075	0.1	0.14
	>0.1～0.5	0.045～0.055	0.063	0.08
	>0.5～2.5	0.04～0.05	0.055	0.06
	>2.5～6.5	0.03～0.04	0.045	0.05
	>6.5	0.02～0.03	0.025	0.03
铝、铝合金		0.025～0.08	0.03～0.07	
纯铜、黄铜		0.02～0.06	0.03～0.09	

3. 压力机公称压力的确定

压力机的公称压力必须大于或等于各种冲压工艺力的总和，其计算应根据不同的模具结构分别对待。

采用弹性卸料装置和下出料方式的冲裁模时：

$$F_{总} = F + F_{卸} + F_{推} \qquad (2-2-7)$$

采用弹性卸料装置和上出料方式的冲裁模时：

$$F_{总} = F + F_{卸} + F_{顶} \qquad (2-2-8)$$

采用刚性卸料装置和下出料方式的冲裁模时：

$$F_{总} = F + F_{推} \qquad (2-2-9)$$

4. 降低冲裁力的方法

为实现小设备冲裁大工件，或使冲裁过程平稳以减少压力机振动，常用下列方法

来降低冲裁力。

1）阶梯凸模冲裁

在多凸模的冲裁中，常将凸模设计成不同长度，使工作端面呈阶梯式布置，这样，各凸模冲裁力的最大峰值不同时出现，从而达到降低冲裁力的目的。

在几个凸模直径相差很大，相距又很近的情况下，为了能避免小直径凸模由于承受材料流动的侧压力而产生折断或倾斜现象，应该采用阶梯布置，即将小凸模做短一些。

凸模间的高度差 H 与板料厚度 t 有关，即

$$t<3\ \text{mm},\ H=t$$

$$t>3\ \text{mm},\ H=0.5t$$

阶梯凸模冲裁的冲裁力，一般只按产生最大冲裁力的那个阶梯进行计算。

2）斜刃冲模

用平刃口模具冲裁时，沿刃口整个周边同时冲切材料，故冲裁力较大。若将凸模（或凹模）刃口平面做成与其轴线倾斜一个角度的斜刃，则冲裁时刃口就不是全部同时切入，而是逐步地将材料切离，这样就相当于把冲裁件整个周边长分成若干小段进行切断分离，因而能显著降低冲裁力。

斜刃冲裁时，会使板料产生弯曲。因而，斜刃配置的原则是：必须保证工件平整，只允许废料发生弯曲变形。因此，落料时凸模应为平刃；冲孔时则凹模应为平刃，凸模为斜刃。斜刃还应当对称布置，以免冲裁时模具承受单向侧压力而发生偏移，啃伤刃口。向一边斜的斜刃，只能用于切舌或切开。

斜刃冲模虽有降低冲裁力使冲裁过程平稳的优点，但模具制造复杂，刃口易磨损，修磨困难，冲件不够平整，且不适于冲裁外形复杂的冲件，因此在一般情况下尽量不用，只用于大型冲件或厚板的冲裁。

最后应当指出，采用斜刃冲裁或阶梯凸模冲裁时，虽然降低了冲裁力，但凸模进入凹模较深，冲裁行程增加，因而这些模具省力而不省功。

3）加热冲裁（红冲）

金属在常温时其抗剪强度是一定的，但是，当金属材料加热到一定的温度之后，其抗剪强度显著降低，所以加热冲裁能降低冲裁力。但加热冲裁易破坏工件表面质量，同时会产生热变形，精度低，因此应用比较少。

二、模具压力中心的确定

模具压力中心是指冲压时诸冲压力合力的作用点位置。为了确保压力机和模具正常工作，应使冲模的压力中心与压力机滑块的中心相重合。否则会使冲模和压力机滑块产生偏心载荷，使滑块和导轨间产生过大的磨损，模具导向零件加速磨损，降低模具和压力机的使用寿命。冲模的压力中心可按下述原则来确定。

（1）对称形状的单个冲裁件，冲模的压力中心就是冲裁件的几何中心，如图 2－2－1 所示。

（2）工件形状相同且分布位置对称时，冲模的压力中心与零件的对称中心相重合，如图 2－2－2 所示。

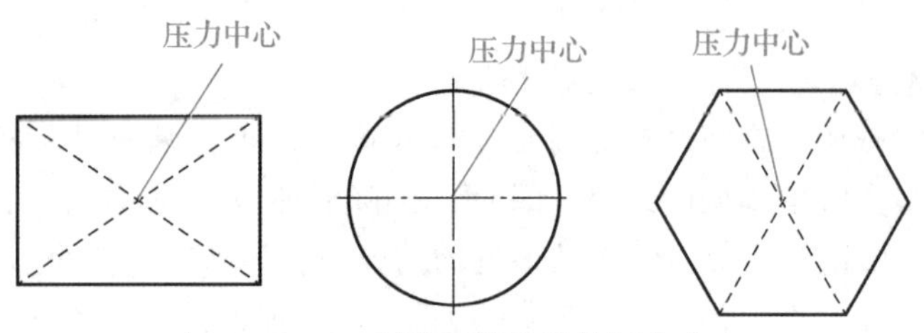

图 2-2-1　对称形状冲裁件压力中心

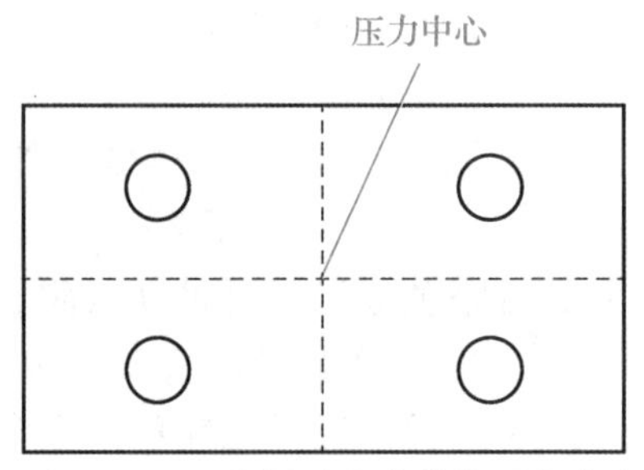

图 2-2-2　位置对称冲裁件压力中心

(3) 形状复杂的零件、多孔冲模、级进模的压力中心可用解析计算法求出冲模压力中心。解析法的计算依据是：各分力对某坐标轴的力矩之代数和等于诸力的合力对该轴的力矩。求出合力作用点的坐标位置 (x，y)，即为所求模具的压力中心，如图 2-2-3 所示，其计算公式为

$$x=\frac{L_1X_1+L_2X_2+L_3X_3+\cdots+L_nX_n}{L_1+L_2+L_3+\cdots+L_n} \tag{2-2-10}$$

$$y=\frac{L_1Y_1+L_2Y_2+L_3Y_3+\cdots+L_nY_n}{L_1+L_2+L_3+\cdots+L_n} \tag{2-2-11}$$

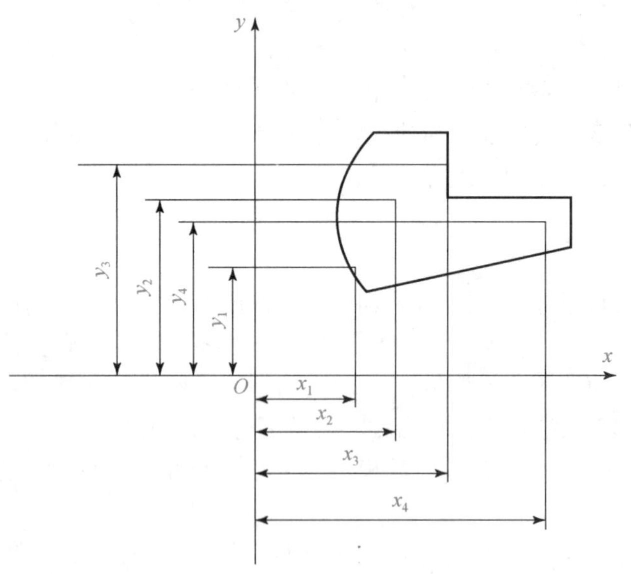

图 2-2-3　复杂形状冲裁件压力中心

式中 L_n——冲裁单元的周边长度；

X_n——冲裁单元的压力中心 X 轴坐标；

Y_n——冲裁单元的压力中心 Y 轴坐标；

x——冲裁件的压力中心 X 轴坐标；

y——冲裁件的压力中心 Y 轴坐标。

学习笔记

一、工艺计算

分别计算出总冲压力、冲裁力、卸料力和顶件力。查表 2－2－1 得 08F 钢材的抗剪强度$\tau_b=300$ MPa，K 取 1.3；查表 2－2－2，由于料厚为 2 mm，$K_{卸}$取 0.05，$K_{顶}$取 0.06，代入公式进行计算。

考虑到安全性，将所有尺寸都算入周长得：冲裁件的周长 $L\approx210$ mm（其中：外形 $L_1=162.3$ mm，4 孔 $L_2=47.7$ mm）。

冲裁力：

$$F=KLt\tau_b=1.3\times210\times2\times300/10\ 000=16.38(\text{kN})$$

卸料力：

$$F_{卸}=K_{卸}F=0.05\times16.38=0.819(\text{kN})$$

顶件力：

$$F_{顶}=K_{顶}F=0.06\times16.38=0.982\ 8(\text{kN})$$

总冲裁力：

$$F_{总}=F+F_{卸}+F_{顶}=16.38+0.819+0.982\ 8=18.181\ 8(\text{kN})$$

二、压力中心的确定

因为零件上下对称，左右对称，且采用复合模，故压力中心在几何中心上，无须进行计算。

任务评价

评价项目	分值	得分
冲压力计算	40 分	
压力中心的确定	30 分	
快速查表	30 分	

（1）总冲裁力由哪几部分组成？

（2）复杂工件压力中心如何寻找？

（3）选择冲压机，除了掌握正确的冲压力以外，还需要考虑什么？

拓展任务

（1）上网查阅资料，尝试完成某一冲压件的工艺计算，并完成调查报告。
（2）图书馆借书，查看其他零件的冲裁工艺计算过程。

任务2.3 排样设计

任务引入

图 2-1-1 所示为一种机床冲裁件，材料为 08F 钢板，尺寸如图 2-1-1 所示，生产纲领为大批量生产，精度要求为 IT11，工件厚度为 2 mm。在保证生产质量的前提下，企业为了提高材料利用率，应如何布局？试对该工件进行排样设计，以节省成本。

任务分析

布局就是排样，工件排样是冲压工件及模具设计的重要环节，它直接影响到材料的利用率、工件的质量、生产率、模具制造难易程度和模具寿命等。

机床冲裁件材料为 08F，生产纲领为大批量生产，形状整体呈长方形，两边分别有半圆形凸起，工件中间对称分布 4 个直径为 3.5 mm 的小孔，整体厚度是 2 mm。由于是大批量生产，故排样的合理与否直接关系到产品利润的高低。

排样过程中，首先要确定毛坯料的带宽、搭边值等关键信息，可以利用图纸绘制多种排样类型，分别来计算其材料利用率，选出最优。

- **知识目标**

1. 掌握冲裁件的排样方法；
2. 掌握选择料宽、搭边值尺寸的方法。

- **能力目标**

1. 具备对工件正确排样的能力；
2. 具备计算料宽和毛坯料使用效率的能力。

- **素质目标**

培养学生艰苦朴素、精益求精等职业精神。

知识链接

学习笔记

一、排样设计

排样实际为冲裁件在条料、带料或板料上的布置方法。合理的排样可以提高材料利用率、降低成本（在冲压生产中，材料的费用约占制件成本的60%以上，贵重金属占80%以上），是保证冲件质量及模具寿命的有效措施。排样方案是模具结构设计的重要依据之一。

1. 排样方法

根据材料的合理利用情况，条料排样方法可分为三种，分别为有废料排样、少废料排样和无废料排样，见表2-3-1。

表2-3-1 排样方法

排样形式	有废料排样		少、无废料排样	
	简图	应用	简图	应用
直排	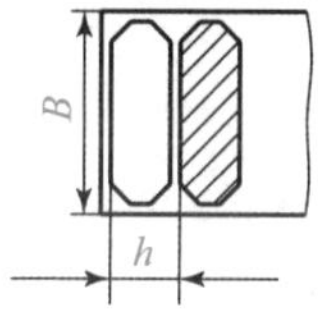 B h	适用于方形、圆形、矩形的零件	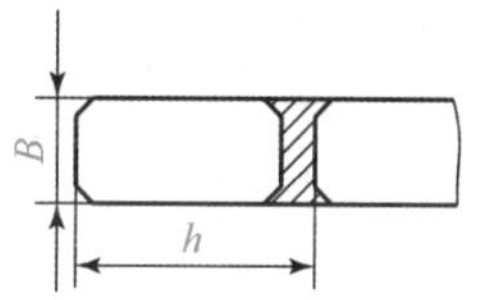 B h	适用于方形或矩形的零件
斜排	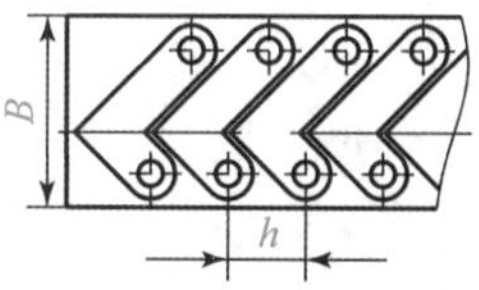 B h	适用于椭圆形、T形、L形、S形、十字形的零件	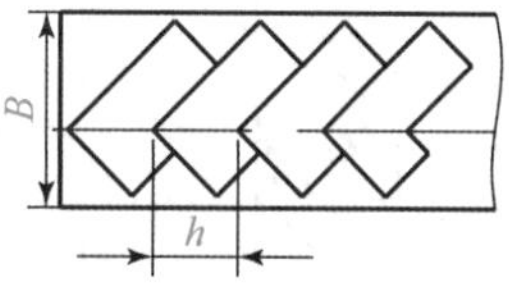 B h	适用于椭圆形、T形、L形、S形、十字形的零件，在外形上允许有少量的缺陷
直对排	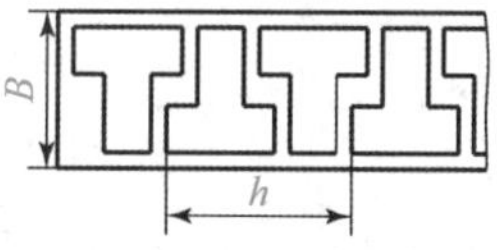 B h	适用于梯形、三角形、半圆形、山形、T形、Π形的零件	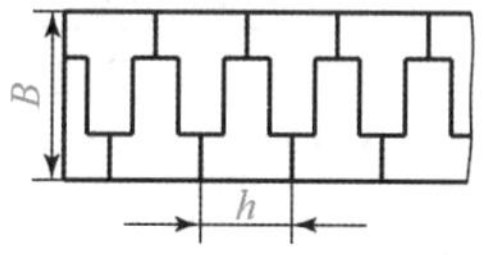 B h	适用于梯形、三角形、山形、T形、Π形的零件，在外形上允许有少量的缺陷
斜对排	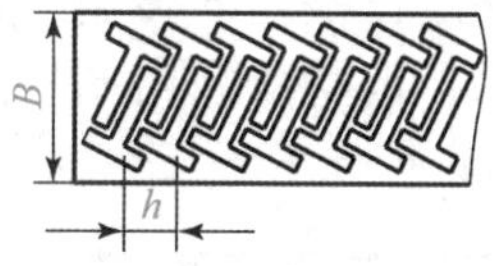 B h	适用于椭圆形、T形、L形、S形的零件	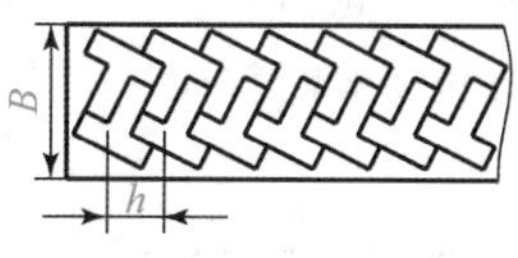 B h	适用于椭圆形、T形、L形、S形的零件
混合排	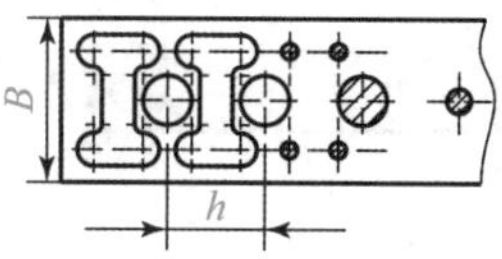 B h	适用于材料与厚度相同的两种以上零件	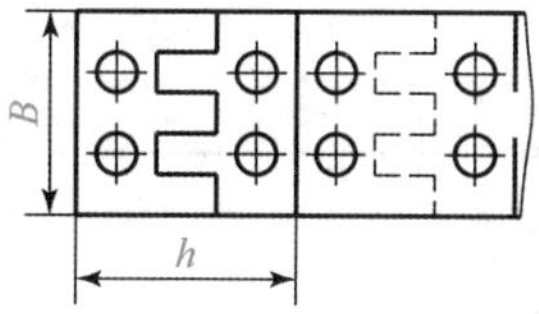 B h	适用于大批量生产中尺寸不大的六角形、方形、矩形的零件

续表

排样形式	有废料排样		少、无废料排样	
	简图	应用	简图	应用
多排		适用于大批量生产中尺寸不大的圆形、六角形、方形、矩形的零件		适用于大批量生产中尺寸不大的六角形、方形、矩形的零件
冲裁搭边		适用于大批量生产中小而窄的工件（表针类的工件）或带料的连续拉深		适用于宽度均匀的条料或带料进行长形零件的冲裁

1）有废料排样

有废料排样如图 2－3－1 所示，沿冲件全部外形冲裁，冲件与冲件之间、冲件与条料之间都存在有搭边废料，冲件尺寸完全由冲模来保证，因此精度高，模具寿命也高，但材料利用率低。

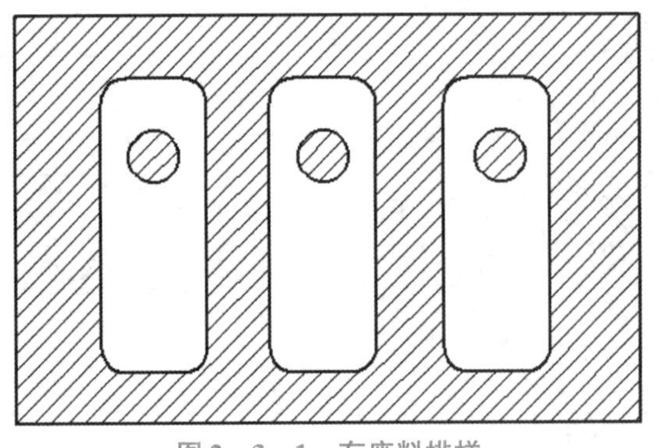

图 2－3－1　有废料排样

2）少废料排样

少废料排样如图 2－3－2 所示，沿冲件部分外形切断或冲裁，只在冲件与冲件之间或冲件与条料侧边之间留有搭边。因受剪裁条料质量和定位误差的影响，其冲件质量稍差，同时边缘毛刺被凸模带入间隙也会影响模具寿命，但材料利用率稍高，冲模结构简单。

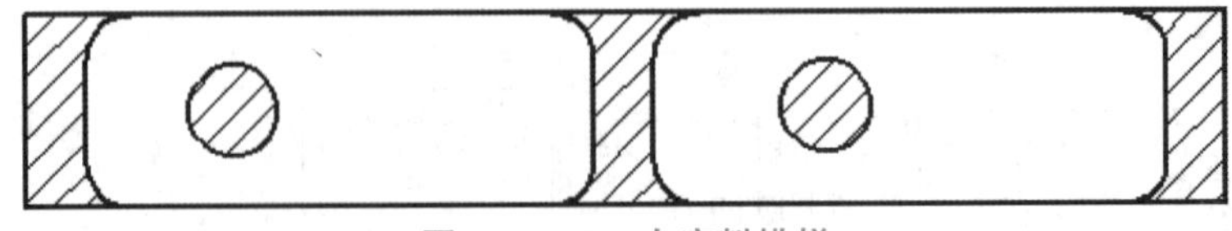

图 2－3－2　少废料排样

3）无废料排样

无废料排样如图 2－3－3 所示，冲件与冲件之间或冲件与条料侧边之间均无搭边，沿直线或曲线切断条料而获得冲件。冲件的质量和模具寿命更差一些，但材料利用率最高。另外，当送进步距为两倍零件宽度时，一次切断便能获得两个冲件，有利于提高劳动生产率。采用少、无废料的排样可以简化冲裁模结构，减小冲裁力，提高材料利用率。但是，因条料本身的公差以及条料导向与定位所产生的误差影响，冲裁件公差等级低。同时，由于模具单边受力（单边切断时），不但会加剧模具磨损，降低模具寿命，而且也会直接影响冲裁件的断面质量。为此，排样时必须统筹兼顾、全面考虑。

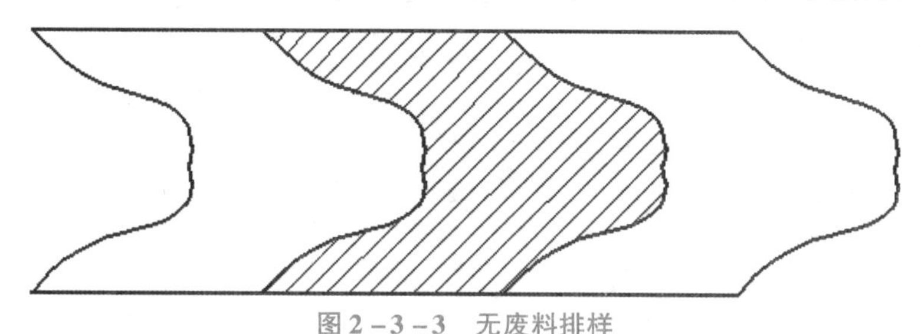

图 2-3-3　无废料排样

2. 搭边、步距及条宽的确定

1）搭边值的确定

搭边为排样时制件之间以及制件与条料侧边之间留下的工艺废料。保有一定的搭边值可以补偿定位误差，确保冲出合格零件；增加条料刚度，方便条料送进，提高劳动生产率。

搭边值过大，材料利用率低；搭边值小，材料的利用率高，但过小，冲裁时容易拉断造成送料困难，使工件产生毛刺，有时还会拉入凸、凹模间隙中，损坏模具刃口，降低模具寿命。

影响搭边值大小的因素：

（1）材料的力学性能：塑性好的材料，搭边值要大一些；硬度高与强度大的材料，搭边值可小一些。

（2）材料的厚度：材料越厚，搭边值越大。

（3）工件的形状和尺寸：工件外形越复杂，圆角半径越小，搭边值越大。

（4）排样的形式：对排的搭边值大于直排的搭边值。

（5）送料及挡料方式：用手工送料，有侧压板导向的搭边值可小一些。

搭边值大小一般可通过查表 2-3-2 得到。

表 2-3-2　最小搭边值经验数据

mm

料厚 t	圆形或圆角 $r>2t$ 的工件		矩形件边长 $l\leqslant 50$		矩形件边长 >50 或圆角 $\leqslant 2t$	
	工件间	侧边	工件间	侧边	工件间	侧边
0.25 以下	1.8	2.0	2.2	2.5	2.8	3.0
0.25~0.5	1.2	1.5	1.8	2.0	2.2	2.5
0.5~0.8	1.0	1.2	1.5	1.8	1.8	2.0
0.8~1.2	0.8	1.0	1.2	1.5	1.5	1.8

学习笔记

续表

料厚 t	圆形或圆角 $r>2t$ 的工件		矩形件边长 $l\leqslant50$		矩形件边长 >50 或圆角 $\leqslant2t$	
	工件间	侧边	工件间	侧边	工件间	侧边
1.2~1.6	1.0	1.2	1.5	1.8	1.8	2.0
1.6~2.0	1.2	1.5	1.8	2.5	2.0	2.2
2.0~2.5	1.5	1.8	2.0	2.2	2.2	2.5
2.5~3.0	1.8	2.2	2.2	2.5	2.5	2.8
3.0~3.5	2.2	2.5	2.5	2.8	2.8	3.2
3.5~4.0	2.5	2.8	2.5	3.2	3.2	3.5
4.0~5.0	3.0	3.5	3.5	4.0	4.0	4.5
5.0~12	0.6t	0.7t	0.7t	0.8t	0.8t	0.9t

2）步距的确定

步距是指料板在每次冲裁完成后，往进给方向上移动的距离。合理的步距在满足冲裁加工的基础上，还能够提高材料利用率等。步距的大小等于两个相邻工件对应点之间的距离，如图 2－3－4 中距离 S。

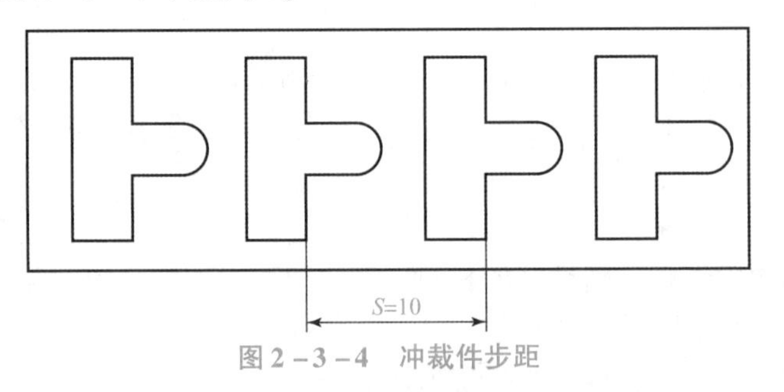

图 2－3－4　冲裁件步距

3）条宽的确定

在排样方案和搭边值确定之后，就可以确定条料的宽度和导料板之间的距离。

(1) 有侧压装置时条料的宽度。

有侧压装置的模具，如图 2－3－5 所示，能使条料始终紧靠同一侧导料板送进，因此只需在条料与另一侧导料板间留有间隙。

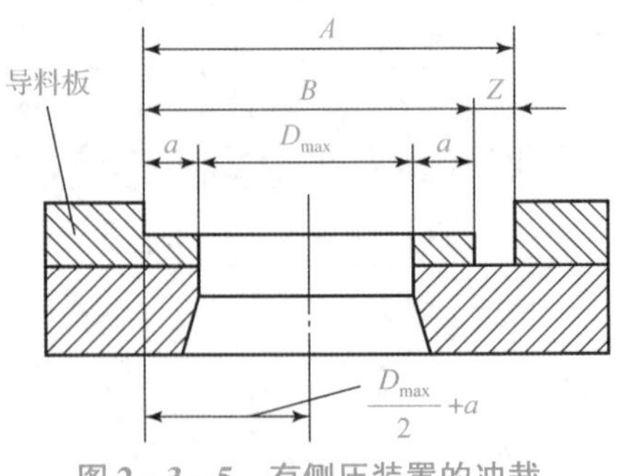

图 2－3－5　有侧压装置的冲裁

条料宽度：

$$B^{0}_{-\Delta}=(D_{max}+2a)^{0}_{-\Delta} \quad (2-3-1)$$

导料板间距：

$$A=B+Z=D_{max}+2a+Z \quad (2-3-2)$$

式中 D_{max}——条料宽度方向冲裁件最大尺寸；

a——侧搭边值，可查表 2-3-2；

Δ——条料宽度的单向偏差，可查表 2-3-3；

Z——导料板与最宽条料之间的间隙，其最小值可查表 2-3-4。

表 2-3-3　条料宽度偏差 Δ 参考　mm

条料宽度 b	条料厚度 t					
	≤0.5	>0.5~1	≤1	>1~2	>2~3	>3~5
≤20	0.05	0.08	—	0.10	—	—
>20~30	0.08	0.10	—	0.15	—	—
>30~50	0.10	0.15	—	0.20	—	—
≤50	—	—	0.4	0.5	0.7	0.9
>5~100	—	—	0.5	0.6	0.8	1.0
>100~150	—	—	0.6	0.7	0.9	1.1
>150~220			0.7	0.8	1.0	1.2
>220~300			0.8	0.9	1.1	1.3

表 2-3-4　导料板与条料之间的最小间隙 Z_{min}　mm

条料厚度 t	无侧压装置			有测压装置	
	调料宽度 B			条料宽度 B	
	≤100	>100~200	>200~300	≤100	>100
≤0.5	0.5	0.5	1	5	8
>0.5~1	0.5	0.5	1	5	8
>1~2	0.5	1	1	5	8
>2~3	0.5	1	1	5	8
>3~4	0.5	1	1	5	8
>4~5	0.5	1	1	5	8

（2）无侧压装置时条料的宽度。

无侧压装置的模具，如图 2-3-6 所示，应考虑在送料过程中因条料的摆动而使

学习笔记

侧面搭边减少。

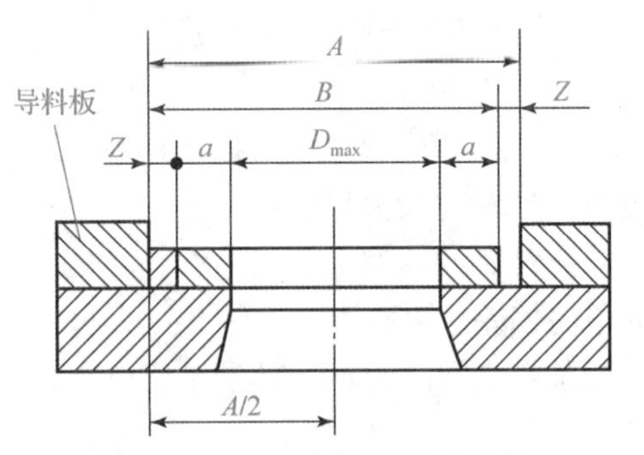

图 2-3-6 无侧压装置的冲裁

条料宽度：

$$B_{-\Delta}^{\ 0}=(D_{max}+2a+Z)_{-\Delta}^{\ 0} \tag{2-3-3}$$

导料板间距：

$$A=B+Z=D_{max}+2a+Z \tag{2-3-4}$$

（3）有侧刃定距时条料的宽度。

当条料的送进步距用侧刃定位时，如图 2-3-7 所示，条料宽度必须增加侧刃切去的部分。

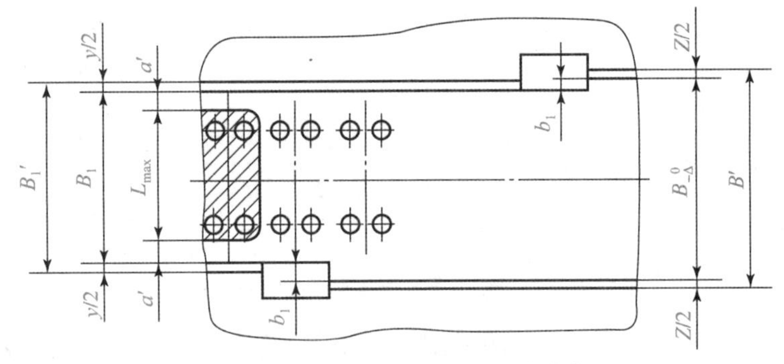

图 2-3-7 有侧刃定距装置的冲裁

条料宽度：

$$B_{-\Delta}^{\ 0}=(L_{max}+2a'+nb_1)_{-\Delta}^{\ 0} \tag{2-3-5}$$

导料板间距：

$$B'=B+Z=L_{max}+1.5a+nb_1+Z \tag{2-3-6}$$

$$B'=L_{max}+1.5a+y \tag{2-3-7}$$

式中 L_{max}——条料宽度方向冲裁件的最大尺寸；

a——侧搭边值；

n——侧刃数；

b_1——侧刃冲切的料边宽度，$b_1=1.5\sim2.5$ mm；

Z——冲切前的条料宽度与导料板间的间隙；

y——冲切后的条料宽度与导料板间的间隙，$y=0.1\sim0.2$ mm。

学习笔记

3. 材料的合理使用

材料合理使用实际为毛坯料经过冲裁加工后的材料使用率，一般常用的计算方法是：一个进距内的实际面积与所需板料面积之比的百分率，一般用 η 表示：

$$\eta = \frac{S}{S_0} \times 100\% = \frac{S}{A \cdot B} \times 100\% \qquad (2-3-8)$$

式中 A——在送料方向，排样图中相邻两个制件对应点的距离；

B——条料宽度；

S——一个进距内之间的实际面积；

S_0——一个进距内所需毛坯面积。

对于特定形状的冲裁件，冲裁过程中伴有一定的废料几乎是不可避免的，但充分利用毛坯是可能的，如图 2-3-8 所示，冲裁件形状在改进前［见图 2-3-8（a）］和改进后［见图 2-3-8（b）］材料的使用率得到了很大的提高。

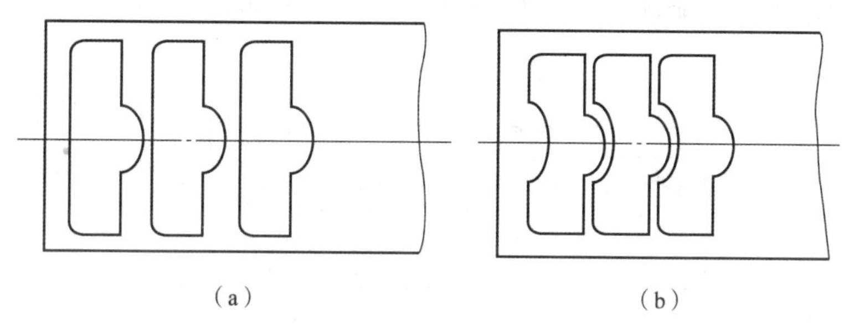

图 2-3-8　冲裁件材料的合理使用

任务实施

一、确定毛坯及搭边值

首先选择合适的板料进行冲裁，由于板料都是成批成块上货，这里选择 2 000 mm × 1 250 mm 的毛坯进行加工。此机床冲裁件要求精度等级为 IT11，精度要求较高，故只能采用有废料排样方式，因为无废料和少废料冲裁难以达到这个精度。

查表 2-3-2 可得，在圆上的搭边值 $a=1.5$ mm，矩形上的搭边值分别为 2.0 mm 和 2.2 mm。为保证精度，搭边值为横向为 2.2 mm、纵向为 2.0 mm。

二、排样

1. 排样分类

根据零件和毛坯形状，将排样分为以下四种情况：

（1）横裁短直排，毛坯长边在制件宽度方向上，制件在毛坯上从上到下依次排开，如图 2-3-9 所示。

（2）纵裁短直排，毛坯长边在制件长度方向上，制件在毛坯上从左到右依次排开，如图 2-3-10 所示。

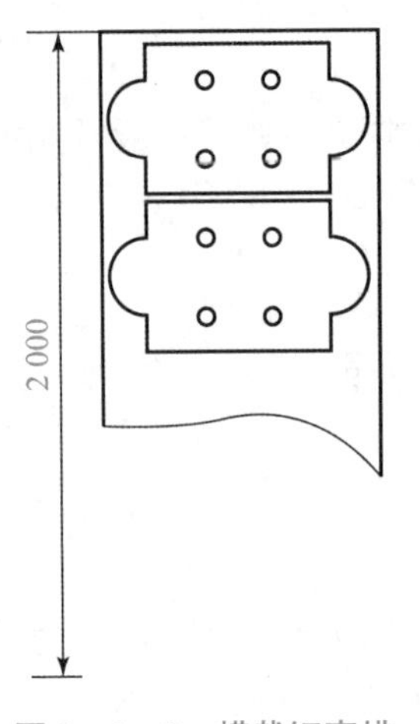

图 2－3－9　横裁短直排

图 2－3－10　纵裁短直排

(3) 横裁长直排，制件的长边在毛坯长边上，由左向右依次排开，如图 2－3－11 所示。

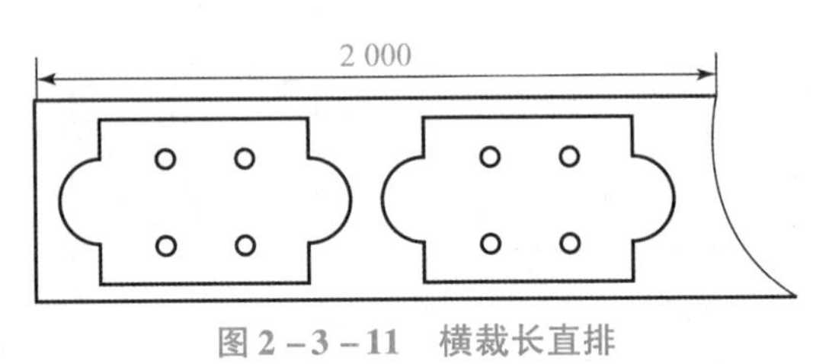

图 2－3－11　横裁长直排

(4) 纵裁长直排，制件的长边在毛坯短边上，由左向右依次排开，如图 2－3－12 所示。

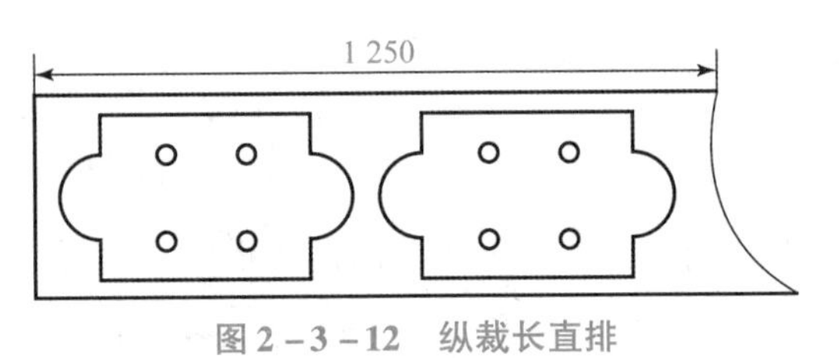

图 2－3－12　纵裁长直排

2. 排样分析

采用坯料为 2 000 mm × 1 250 mm 的钢板，分别用上述四种排样方式排样，计算出每种排样方式在该钢板上分别可以冲裁多少个产品。

1）横裁短直排

条料数为　　　$1\ 250 \div 62.4 = 20$(条)

每条条料可冲　　　$2\ 000 \div 32 = 62$

零件总数为　　　$20 \times 62 = 1\ 240$(件)

2）纵裁短直排

条料数为　　　$2\ 000 \div 62.4 = 32$(条)

每条条料可冲　　　$1\ 250 \div 32 = 39$

学习笔记

零件总数为　　　　　　$32 \times 39 = 1\ 248$(件)

3）横裁长直排

条料数为　　　　　　$2\ 000 \div 34 = 58$(条)

每条条料可冲　　　　　$1\ 250 \div 60.2 = 20$

零件总数为　　　　　　$20 \times 58 = 1\ 160$(件)

4）纵裁长直排

条料数为　　　　　　$2\ 000 \div 60.2 = 33$(条)

每条条料可冲　　　　　$1\ 250 \div 34 = 36$

零件总数为　　　　　　$33 \times 36 = 1\ 188$(件)

通过比较，方案二可以冲裁出1 248个产品，产出量最高，故选择方案二进行排样最为妥当。

任务评价

评价项目	分值	得分
确定排样形态	40分	
确定搭边值	30分	
确定料宽	30分	

课后思考

（1）排样分为哪几种类型？

（2）料宽如何确定比较合适？

（3）不同形状冲裁件排样搭边值如何确定？

拓展任务

（1）上网查阅资料，了解冲裁件排样后的冲裁过程，完成调查报告。

（2）自行查找一个冲裁件，设计排样形态，完成报告。

任务2.4　冲裁模具工艺方案制定

任务引入

图2-1-1所示为一种机床冲裁件，材料为08F钢板，尺寸如图2-1-1所示，生产纲领为大批量生产，精度要求为IT11，工件厚度为2 mm。该制件中有四个小孔需要进行冲孔工序，根据零件的形态，最后还需要进行落料工序，针对各个工序，我们应该怎

样来安排其加工顺序，工序又应该怎样进行组合？试制定该工件冲裁加工工艺方案。

工艺方案确定是在对冲压件的工艺性分析之后应进行的重要环节。确定工艺方案主要是确定各次冲压加工的工序性质、工序数量、工序顺序、工序的组合方式等。冲压工艺方案的确定要考虑多方面的因素，有时还要进行必要的工艺计算，因此实际中通常提出几种可能的方案，进行分析比较后确定最佳方案。

机床冲裁件材料为08F，生产纲领为大批量生产，形状整体呈长方形，两边分别有半圆形凸起，工件中间对称分布4个直径为3.5 mm的小孔，整体厚度是2 mm。合理的冲裁方案是冲裁成功的重要前提条件。

学习目标

● 知识目标

1. 掌握冲裁工艺方案制定的方法；
2. 掌握冲裁模具的分类。

● 能力目标

1. 具备正确制定冲裁工艺方案的能力；
2. 具备识别冲裁模具类型的能力。

● 素质目标

通过学习冲裁工艺方案的制定，培养学生能够合理安排工作的素质。

一、冲裁模具的分类

冲裁是利用冲模使部分材料或工序件与另一部分材料、工（序）件或废料分离的一种冲压工序。冲裁是剪切、落料、冲孔、冲缺、冲槽、剖切、凿切、切边、切舌、切开、整修等分离工序的总称。冲裁模是冲裁工序所用的模具。冲裁模的结构形式很多，为研究方便，对冲裁模可按不同的特征进行分类。

（1）按工序性质可分为落料模、冲孔模、切断模、切口模、切边模、剖切模等。

（2）按工序组合方式可分为单工序模、复合模和级进模。

（3）按上、下模的导向方式可分为无导向的开式模和有导向的导板模、导柱模、导筒模等。

（4）按凸、凹模的材料可分为硬质合金冲模、钢皮冲模、锌基合金冲模、聚氨酯冲模等。

（5）按凸、凹模的结构和布置方法可分为整体模和镶拼模，以及正装模和倒装模。

（6）按自动化程度可分为手工操作模、半自动模和自动模。

除此之外，分类的方法还有多种，上述的各种分类方法从不同的角度反映了模具结构的不同特点。下面以工序组合方式进行分类，分别介绍各类冲裁模的结构及其特点。

学习笔记

1. 单工序冲裁模

单工序冲裁模指在压力机一次行程内只完成一个冲压工序的冲裁模，如落料模、冲孔模、切断模、切口模、切边模等。

1）落料模

落料模常见的有以下三种形式：

（1）无导向的敞开式落料模，其特点是上、下模无导向，结构简单，制造容易，冲裁间隙由冲床滑块的导向精度决定。其可用边角余料冲裁，常用于料厚而精度要求低的小批量冲件的生产。

（2）导板式落料模，是在凸模与导板间（又是固定卸料板）选用 H7/h6 的间隙配合，且该间隙小于冲裁间隙。其在回程时不允许凸模离开导板，以保证对凸模的导向作用。它与敞开式模相比，精度较高，模具寿命长，但制造要复杂一些，常用于料厚大于 0.3 mm 的简单冲压件，如图 2-4-1 所示。

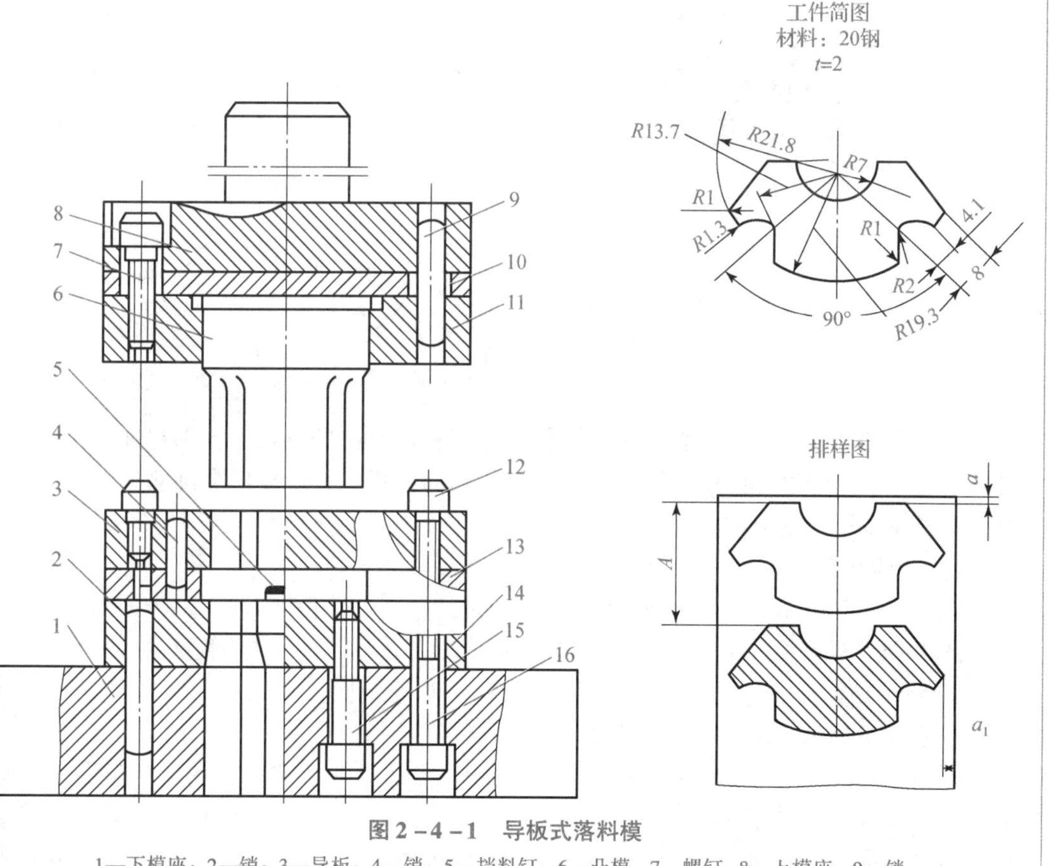

图 2-4-1　导板式落料模

1—下模座；2—销；3—导板；4—销；5—挡料钉；6—凸模；7—螺钉；8—上模座；9—销；10—垫板；11—凸模固定板；12—螺钉；13—导料板；14—凹模；15—螺钉

（3）图 2-4-2 所示为带导柱的弹顶落料模。上下模依靠导柱导套导向，间隙容易保证，并且该模具采用弹压卸料和弹压顶出的结构，冲压时材料被上下压紧完成分

学习笔记

离。零件的变形小，平整度高。该种结构广泛用于材料厚度较小，且有平面度要求的金属件和易于分层的非金属件。

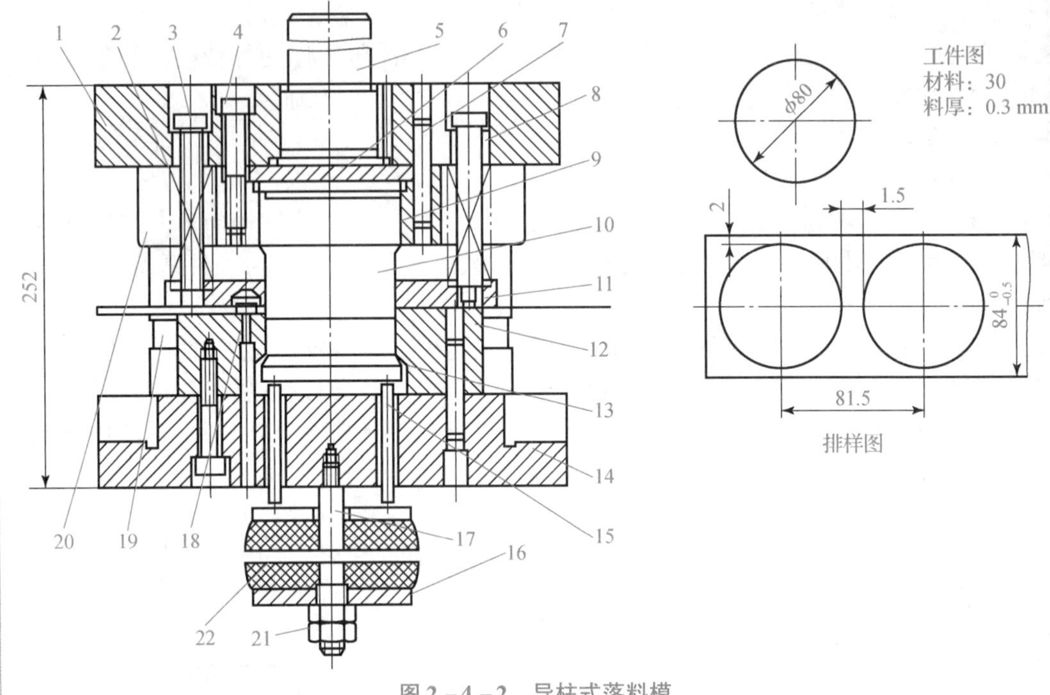

图 2－4－2　导柱式落料模

1—上模座；2—卸料弹簧；3—卸料螺钉；4—螺钉；5—模柄；6—防转销；7—销；8—垫板；9—凸模固定板；10—落料凸模；11—卸料板；12—落料凹模；13—顶件板；14—下模座；15—顶杆；16—板；17—螺栓；18—固定挡料销；19—导柱；20—导套；21—螺母；22—橡皮

2. 冲孔模

冲孔模的结构与一般落料模相似，但冲孔模有其自己的特点，特别是冲小孔模具，必须考虑凸模的强度和刚度，以及快速更换凸模的结构。在已成形零件侧壁上冲孔时，要设计凸模水平运动方向的转换机构。

1）冲侧孔模

图 2－4－3 所示为在成形零件的侧壁上冲孔。

图 2－4－3（a）所示为悬臂式凹模结构，其可用于圆筒形件的侧壁冲孔、冲槽等，毛坯套入凹模体 3，由定位销 7 控制轴向位置，此种结构可在侧壁上完成多个孔的冲制。在冲压多个孔时，结构上要考虑分度定位机构。

如图 2－4－3（b）所示是依靠固定在上模的斜楔 1 来推动滑块 4，使凸模 5 做水平方向移动，完成筒形件或 U 形件的侧壁冲孔、冲槽、切口等工序。斜楔的返回行程运动是靠橡皮或弹簧完成的。斜楔的工作角度 α 以 40°~45°为宜。40°斜楔滑块机构的机械效率最高，45°时滑块的移动距离与斜楔的行程相等。需较大冲裁力的冲孔件，α 可采用 35°，以增大水平推力。此种结构凸模常对称布置，最适宜壁部对称孔的冲裁。

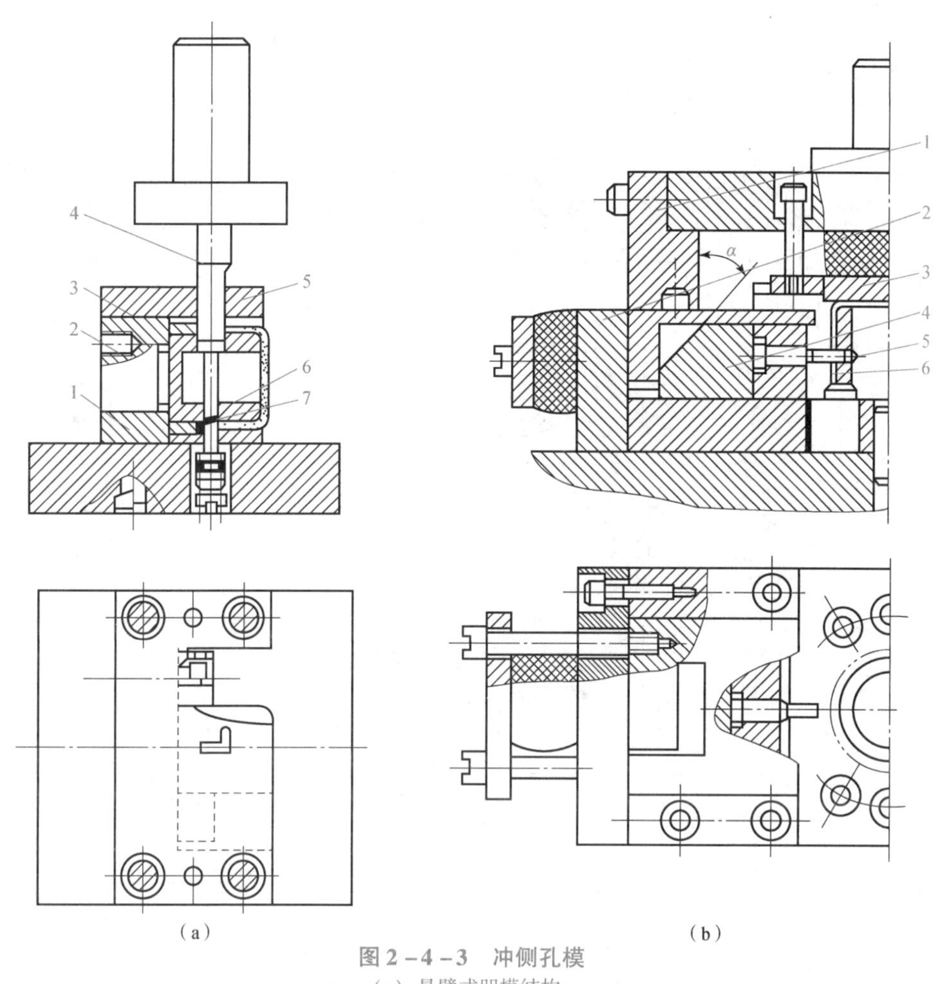

图 2-4-3 冲侧孔模

（a）悬臂式凹模结构；

1—凹模固定块；2—螺钉；3—凹模体；4—凸模；5—导板；6—工件；7—定位销

（b）斜楔冲模

1—斜楔；2—支架；3—压料板；4—滑块；5—凸模；6—凹模

2）小孔冲模

如图 2-4-4 所示，工件板厚 4 mm，最小孔径为 0.5t。模具结构采用缩短凸模长度的方法来防止其在冲裁过程中产生弯曲变形而折断。采用这种结构制造比较容易，凸模使用寿命也较长。这副模具采用冲击块 5 冲击凸模进行冲裁工作。小凸模由小压板 7 进行导向，而小压板由两个小导柱 6 进行导向。当上模下行时，大压板 8 与小压板 7 先后压紧工件，小凸模 2、3、4 上端露出小压板 7 的上平面，上模压缩弹簧继续下行，冲击块 5 冲击凸模 2、3、4 对工件进行冲孔。卸件工作由大压板 8 完成。厚料冲小孔模具的凹模洞口漏料必须通畅，防止废料堵塞损坏凸模。冲裁件在凹模上由定位板 9 与 1 定位，并由后侧压块 10 使冲裁件紧贴定位面。

3. 复合冲裁模

在压力机的一次工作行程中，在模具同一部位同时完成数道冲压工序的模具，称为复合冲裁模。复合模的设计难点是如何在同一工作位置上合理地布置好几对凸、凹模。

学习笔记

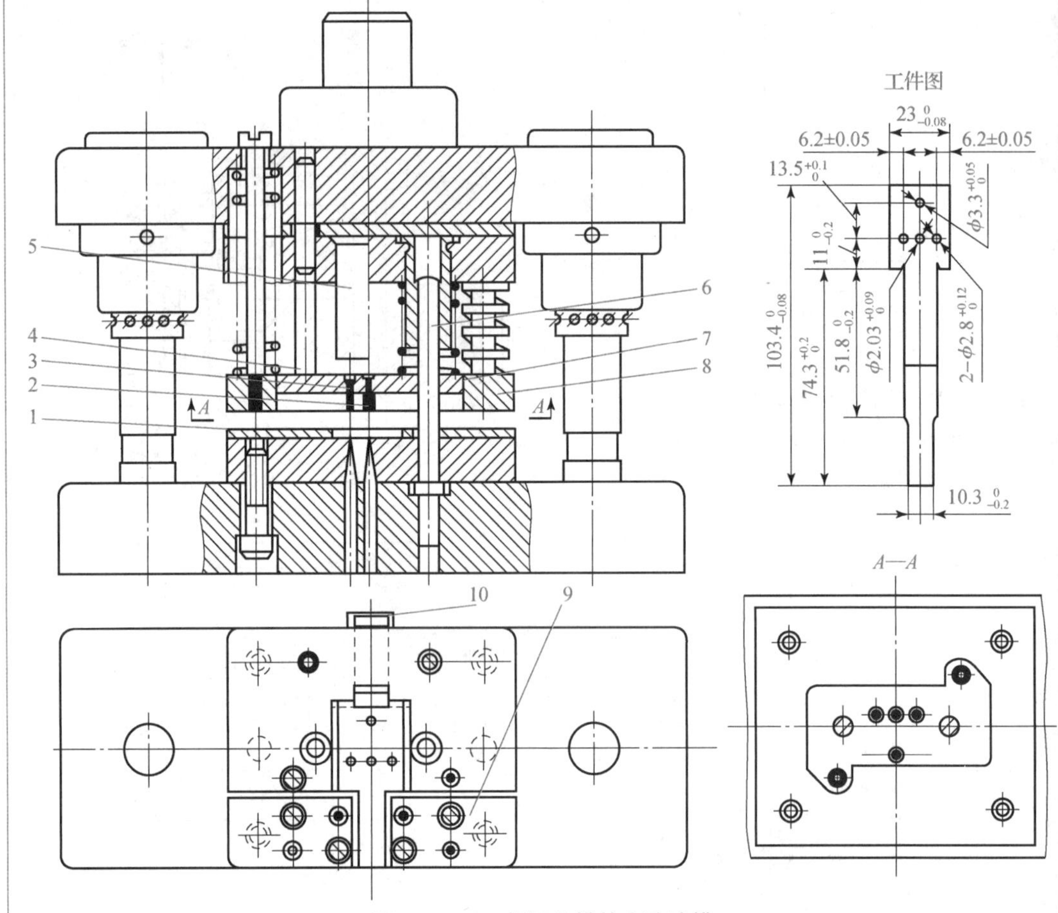

图 2-4-4　超短凸模的小孔冲模

1，9—定位板；2，3，4—凸模；5—冲击块；6—导柱；7—小压板；8—大压板；10—压块

图 2-4-5 所示为落料冲孔复合模的基本结构。在模具的一方是落料凹模，中间装着冲孔凸模；而另一方是凸凹模，外形是落料的凸模，内孔是冲孔的凹模。若落料凹模装在上模上，则称为倒装复合模；反之，称为顺装复合模。

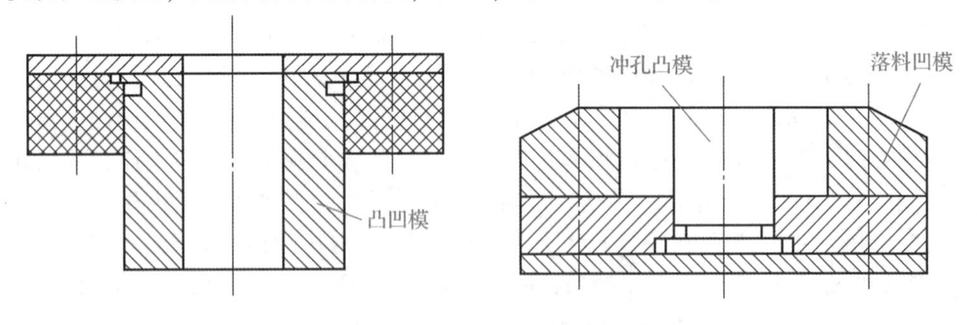

图 2-4-5　落料冲孔复合模结构

复合模的特点是：结构紧凑，生产率高，制件精度高，特别是制件孔对外形的位置度容易保证；另一方面，复合模结构复杂，对模具零件精度要求较高，模具装配精度也较高。

1）倒装复合模

图 2－4－6 所示为冲制垫圈的倒装复合模。落料凹模 2 在上模，件 1 是冲孔凸模，件 14 为凸凹模。倒装复合模一般采用刚性推件装置把卡在凹模中的制件推出。刚性推件装置由推杆 7、推块 8、推销 9 推动推件块，推出制件。废料直接由凸模从凸凹模内孔推出。凸凹模洞口若采用直刃，则模内有积存废料，胀力较大，当凸凹模壁厚较薄时，可能导致胀裂。倒装复合模的凹模最小壁厚可查阅有关设计资料。

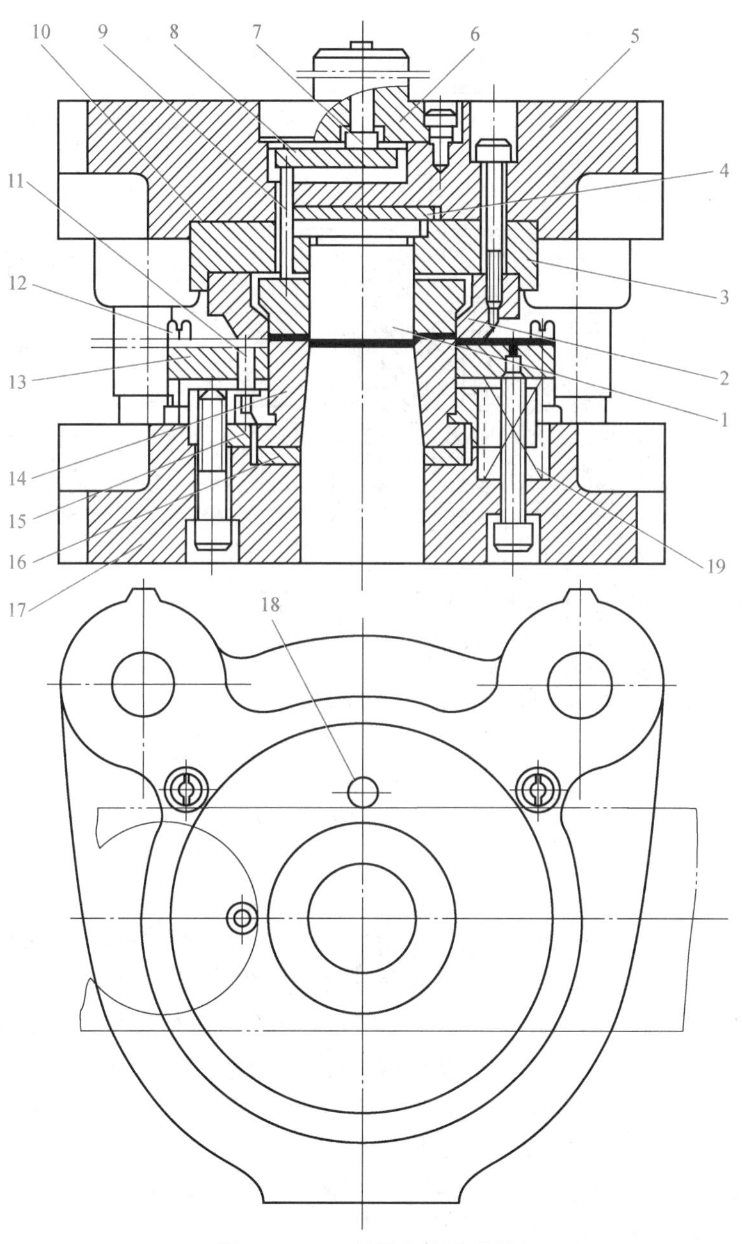

图 2－4－6　垫圈复合冲裁模

1—凸模；2—凹模；3—上模固定板；4，16—垫板；5—上模板；6—模柄；7—推杆；8—推块；9—推销；10—件块；11，18—活动档料销；12—固定挡料销；13—卸料板；14—凸凹模；15—下模固定板；17—下模板；19—弹簧

学习笔记

采用刚性推件的倒装复合模，条料不是处于被压紧状态下冲裁，因而制件的平直度不高，适宜厚度大于 0.3 mm 的板料。若在上模内设置弹性元件，采用弹性推件，则可冲较软且料厚在 0.3 mm 以下，平直度较高的冲裁件。

2）顺装复合模

图 2-4-7 所示为一顺装复合模结构。它的特点是冲孔废料可从凸凹模中推出，使型孔内不积聚废料，凸凹模涨裂力小，故壁厚可比倒装复合模最小壁厚小。

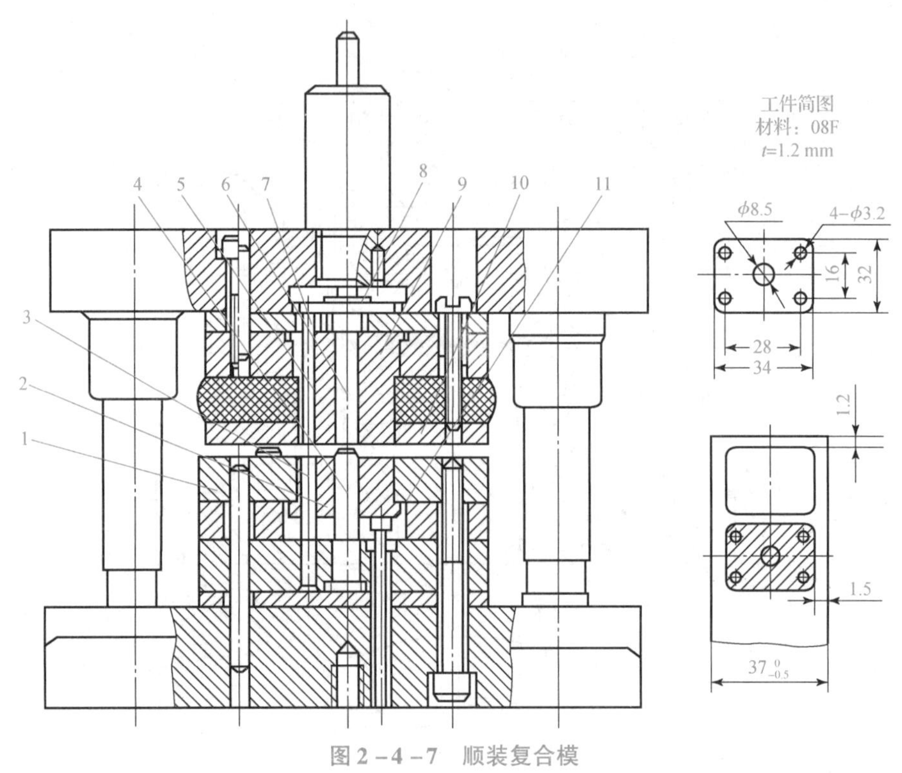

图 2-4-7　顺装复合模

1—落料凹模；2—顶件块；3—冲孔凸模；4—凸模；5—冲孔凹模；6—凹模；7，8—推板；9—凸凹模；10—卸料板；11—带肩顶杆

4. 级进冲裁模

级进模（又称连续模、跳步模），是指压力机在一次行程中，依次在模具几个不同的位置上同时完成多道冲压工序的冲模，整个制件的成形是在级进过程中逐步完成的。级进成形属于工序集中的工艺方法，可使切边、切口、切槽、冲孔、塑性成形、落料等多种工序在一副模具上完成。级进模可分为普通级进模和多工位精密级进模。

由于用级进模进行冲压时，冲裁件是依次在几个不同位置上逐步成形的，因此要控制冲裁件的孔与外形的相对位置精度就必须严格控制送料步距。为此，级进模有两种基本结构类型：用导正销定距的级进模与用侧刃定距的级进模。

1）用导正销定距的级进模

图 2-4-8 所示为用导正销定距的冲孔落料级进模。上、下模用导板导向。冲孔凸模 3 与落料凸模 4 之间的距离就是送料步距 A。材料送进时由固定挡料销 6 进行初定位，由两个装在落料凸模上的导正销 5 进行精定位。导正销与落料凸模的配合为

H7/r6，其连接应保证在修磨凸模时装拆方便。导正销头部的形状应有利于在导正时插入已冲的孔，它与孔的配合应略有间隙。为了保证首件的正确定距，在带导正销的级进模中，常采用始用挡料装置，它安装在导板下的导料板中间。在条料冲制首件时，用手推始用挡料销 7，使它从导料板中伸出来抵住条料的前端即可冲第一件上的两个孔。以后各次冲裁由固定挡料销 6 控制送料步距做初定位。

用导正销定距结构简单，当两定位孔间距较大时，定位也较精确。但是它的使用受到一定的限制，如对于板料太薄（一般为 $t<0.3$ mm）或较软的材料，导正时孔边可能会发生变形，因而不宜采用。

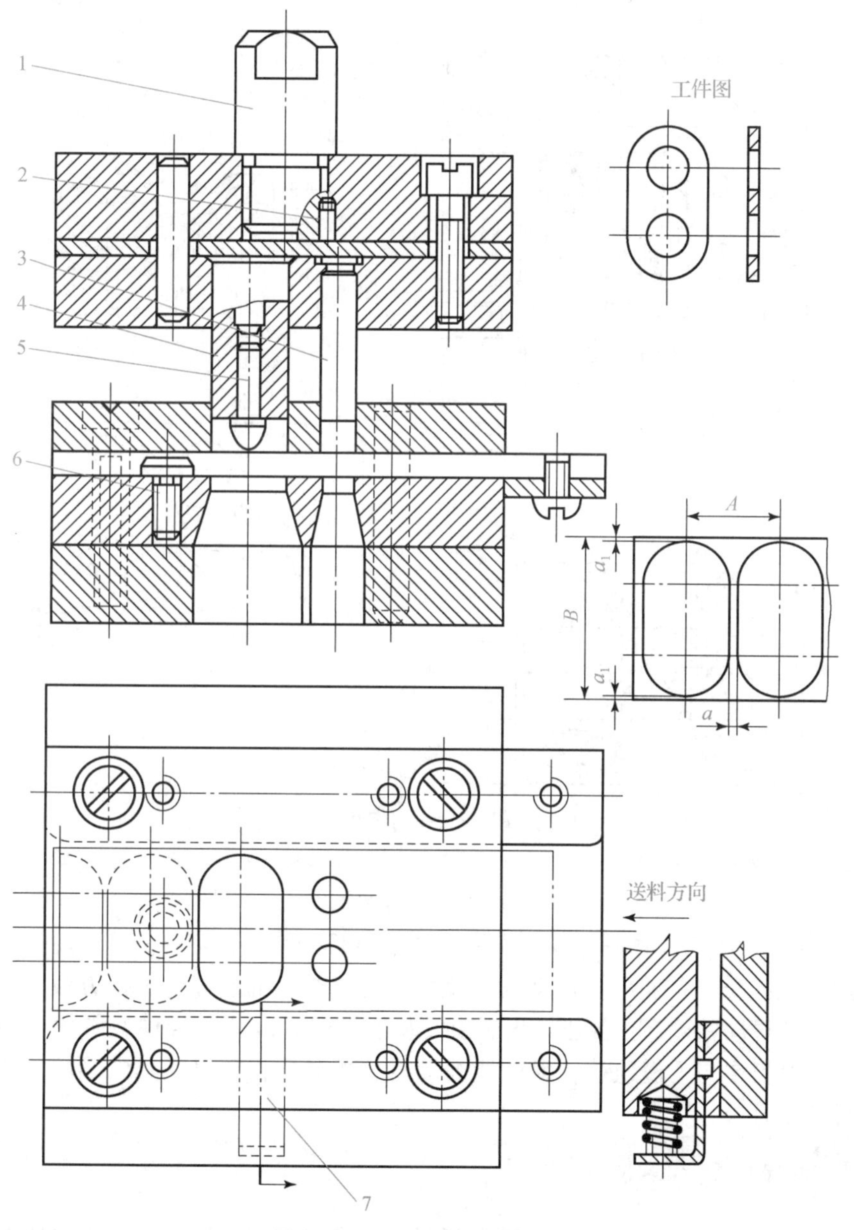

图 2-4-8　冲孔落料级进模

1—模柄；2—螺钉；3—冲孔凸模；4—落料凸模；5—导正销；6—固定挡料销；7—始用挡料销

学习笔记

2）采用侧刃定距的级进模

图2－4－9所示为冲裁接触环双侧刃定距的级进模。其特点是：用侧刃2代替了始用挡料销、挡料钉和导正销；用弹压导卸板7代替了固定卸料板。本模具采用前后双侧刃对角排列，可使料尾的全部零件冲下。弹压卸料板7装于上模，用卸料螺钉6与上模座连接，它的作用是：当上模下降、凸模冲裁时，弹簧11（可用橡皮代替）被压缩而压料；当凸模回程时，弹簧回复推动卸料板卸料。

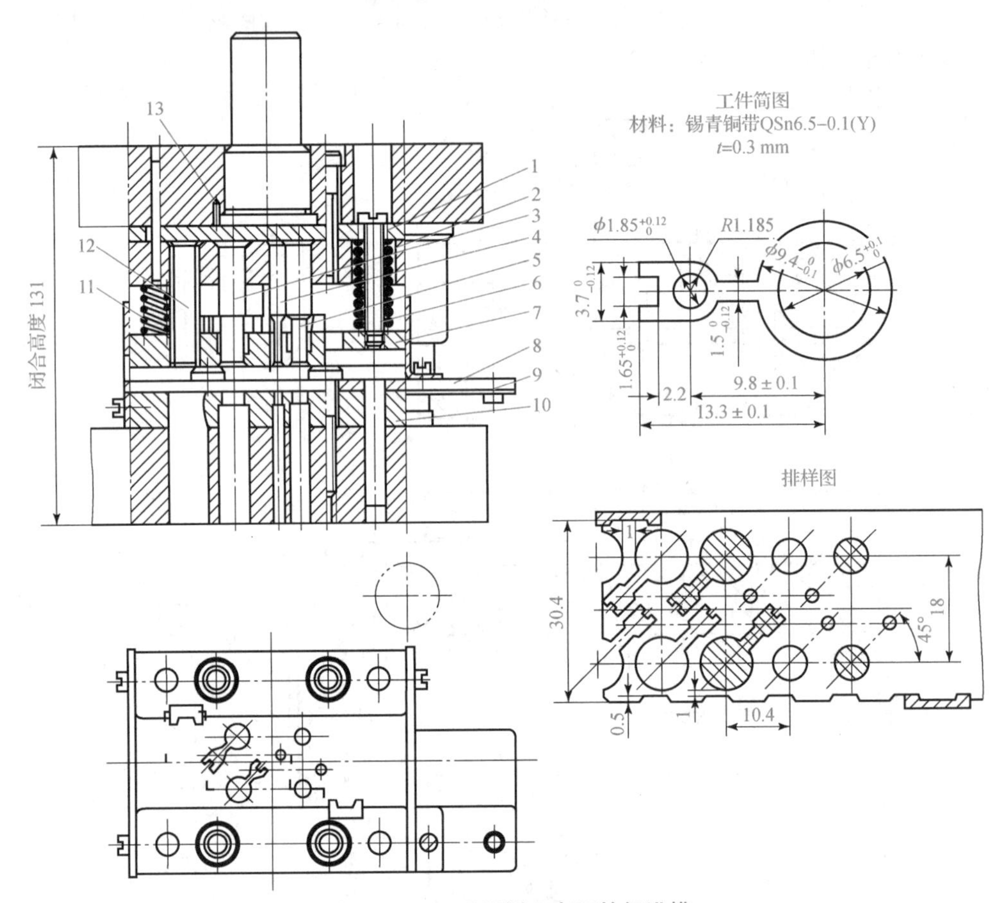

图2－4－9　采用侧刃定距的级进模

1—垫板；2—固定板；3—落料凸模；4，5—冲孔凸模；6—卸料螺钉；7—卸料板；8—导料板；9—承料板；10—凹模；11—弹簧；12—侧刃；13—止转销

图2－4－10所示为弹压导板级进模。此类模具的特点是：各凸模（如件7）与固定板6成间隙配合（普通导柱模多为过渡配合），凸模的装卸、更换方便；凸模以弹压导板导向，导向精度高；弹压导板2由安装于下模座14上的导柱1和10导向，导板由六根卸料螺钉5与上模连接，因此能消除压力机导向误差对模具的影响，模具寿命长，零件质量好。

二、冲裁工艺方案制定

确定工艺方案就是确定冲裁件的工艺路线，主要确定工序数目、工序组合和工序顺序等，并在工艺分析的基础上拟定几种可能的工艺方案；再根据冲裁件的生产批量、

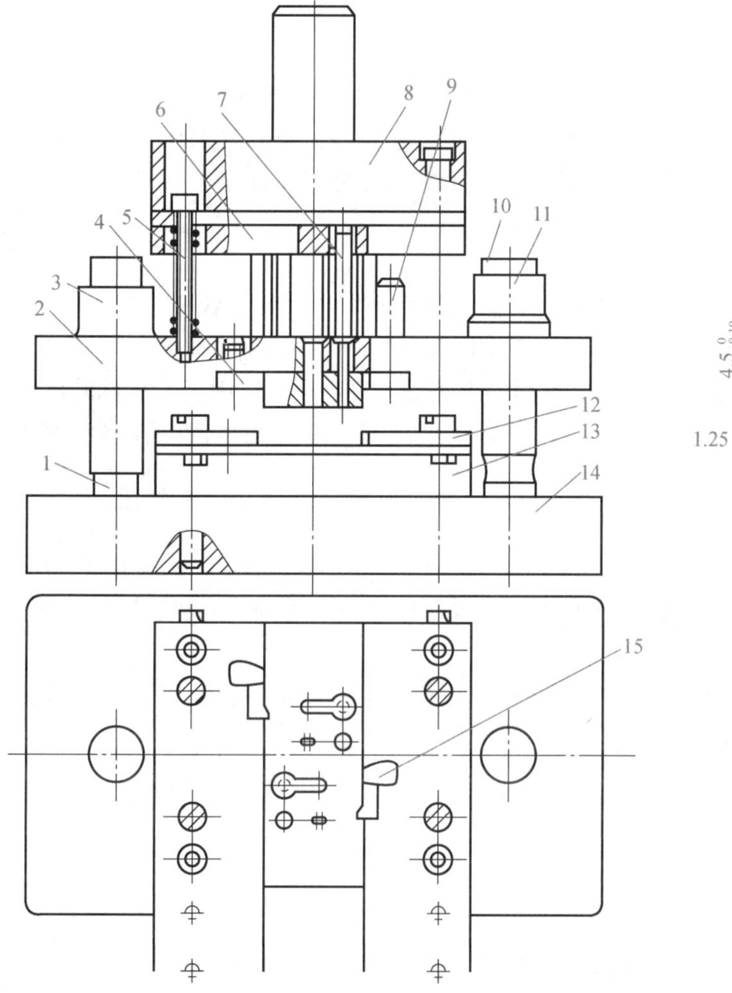

图 2-4-10 弹压导板级进模

1—导柱；2—弹压导板；3—导套；4—导板镶块；5—卸料螺钉；6—凸模固定板；7—凸模；8—上模座；9—限制柱；10—导柱；11—导套；12—导料板；13—凹模；14—下模座；15—侧刃挡块

学习笔记

形状复杂程度、尺寸大小、材料厚度、模具制造和维修条件、冲压设备条件等因素，对拟定的多种工艺方案进行分析比较，选取一个较为合理的方案作为最佳工艺方案。

1. 确定工序数目

冲裁件的工序数目一般是由冲裁件的形状所决定的。但对于形状复杂的冲裁件，为保证其工艺性更趋合理，有时会将一道工序分解为两道或多道工序完成；采用级进模冲裁时，为方便定位，有时会增加一道冲定位工艺孔或侧刃切边等工步。

工序数量是指冲压件加工整个进程中所需要的工序数目（包含帮助工序数目）的总和。冲压工序的数量主要按照工件几何形状的庞杂程度、尺寸精度和资料性质确定，在具体情况下还应考虑生产批量、实际制造模具的能力、冲压设备条件以及工艺稳定性等多种因素的影响。在保证冲压件质量的前提下，为提高经济效益和生产效率，工

序数量应尽可能少些。

工序数量的确定，应遵循以下原则：

（1）冲裁形状复杂的工件，采取单工序模具完成。冲裁形状庞杂的工件，由于模具的结构或强度受到限制，其内外轮廓应分成几部分冲裁，故需采取多道冲压工序。对于平面度要求较高的工件，可在冲裁工序后再增加一道校平工序。

（2）当工件的断面质量和尺寸精度要求较高时，可以考虑在冲裁工序后再增加整修工序或直接采取精密冲裁工序。

（3）工序数量的确定还应适合企业现有制模能力和冲压设备的状况。制模能力应能满足模具加工、装配精度相应提高的要求，不然只能增加工序数目。

（4）为了提高冲压工艺的稳定性，有时需要增加工序数目，以满足冲压件的质量。例如冲裁件的附加定位工艺孔冲制、成形工艺中增加变形加重孔冲裁以转移变形区，等等。

2. 确定工序顺序

工序顺序是指冲压加工进程中各道工序进行的先后次序。冲压工序的顺序应按照工件的形状、尺寸精度要求、工序的性质以及资料变形的纪律进行安排。一般遵循以下原则：

（1）对于带孔或有缺口的冲压件，选用单工序模时，通常先落料再冲孔或缺口；选用级进模时，则落料安排为最后工序。

（2）如果工件上存在位置靠近、大小不一的两个孔，则应先冲大孔后冲小孔，以免大孔冲裁时的材料变形引起小孔的形变。

（3）整形工序、校平工序、切边工序，应安排在根本成形以后。

3. 冲压工序间半成品形状与尺寸的确定

正确确定冲压工序间半成品形状与尺寸可以提高冲压件的质量和精度，确定时应注意下述几点：

（1）对某些工序的半成品尺寸，应按照该道工序的极限变形参数计算求得。

（2）确定半成品尺寸时，应保证已成形的部分在以后各道工序中不再产生任何变形，而待成形部分必须留有适当的余料，以满足以后各道工序中形成工件相应部分的需要。

（3）半成品的过渡形状，应具有较强的抗失稳能力。

（4）确定半成品的过渡形状与尺寸时，应考虑其对工件质量的影响。

4. 冲裁顺序的组合

对于多工序加工的冲压件，制定工艺方案时，必须考虑是否采取组合工序、工序组合的程度如何、怎样组合，这些问题的解决取决于冲压件的生产批量、尺寸大小、精度等级以及制模水平与设备能力等。一般而言，厚料、小批量、大尺寸、低精度的零件宜应用单工序生产，用单工序模；薄料、大批量、小尺寸、精度不高的零件宜应用工序组合生产，采用级进模；精度高的零件，采用复合模。另外，对于尺寸过大或过小的零件在小批量生产的情况下，也宜将工序组合，采用复合模。

根据生产批量来确定，一般来说，小批量和试制生产采用单工序，中大批量生产采用复合模或级进模，生产批量与模具类型的关系见表2-4-1。

表2-4-1 生产批量与模具类型的关系

项目	单工序模	复合模	级进模
生产批量	中小批量或试制	中批量或大批量	大批量或大量
适合的冲裁尺寸	大、中型	大、中、小型	中、小型
对材料宽度要求	对条料的宽度要求不严，可用边角料		对条料或带料要求严格
生产精度	低	高，可达IT10~IT8	介于单工序模和复合模两者之间，可达IT13~IT10
生产效率	低	较高	高
模具结构复杂程度	较简单	较复杂	复杂
模具制造周期	较短	较长	长
模具制造成本	较低	较高	高
实现自动化的可行性	较易	难，工件与废料排除较复杂	易
安全性	不安全，需要采取安全措施	比较安全	不安全，需要采取安全措施

工序组合时应注意几个问题：

(1) 工序组合后应保证冲出形状、尺寸及精度均符合要求的产品。

(2) 一些冲裁件，当上部有孔，且孔径较大，孔边距筒壁很近时，若将落料、拉深、冲孔组合为复合工序冲压，则不能保证冲孔尺寸。但当冲孔直径小孔边距筒壁距离较大时，可将落料、拉深、冲孔组合为复合工序冲压。

(3) 工序组合后应保证有足够的强度，如孔边距较小的冲孔落料复合和浅拉深件的落料拉深复合，受到凸凹模壁厚的限制；落料、冲孔、翻边的复合，受到模具强度的限制。

(4) 工序组合应与冲压设备条件相适应，应不至于给模具制造和维修带来困难。工序组合的数量不宜太多，对于复合模，一般为2~3各工序，最多4个工序；对于进模，工序数可多些。

任务实施

机床冲裁件要求大批量，分析制件形状尺寸，最少需要进行落料和冲孔两个工序，四个$\phi3.5$ mm的孔需要进行冲孔加工，整个制件在条料上需要进行落料加工，查表2-4-1，选择复合模或者级进模。由于该工件要求精度等级为IT11，再次查表2-4-1，选择采用级进模，下面制定三种工艺方案进行比较，择优选择。

方案一：落料、冲孔，分两个工序进行（单工序模）。

方案二：落料、冲孔两个工序组合，在同一工位上进行（复合模）。

方案三：落料、冲孔两个工序组合，在两个工位上进行（级进模）。

方案一中，采用单工序模，落料和冲孔分别要设计制造一套模具，两个工序依次进行，最终得到制件。该方案成本较低，适合小批量生产或者试制，本案例要求大批量生产，不适合。

方案二中，采用复合模，在同一个工位上采用一套模具进行整套工艺，工作流程简单，适合大批量生产，但是本产品精度等级要求为 IT11，并没有太高的精度要求，而复合模的精度可达到 IT10 ~ IT8 之间，超出了要求精度，大大提高了模具生产成本，可以采用该方案，但是费用较高。

方案三中，采用级进模，级进模是一种连续模具，严格控制送料步距，以达到连续生产作业的目的，生产精度等级在 IT13 ~ IT11 之间，生产效率很高，适于大批和大量生产，适合本次机床冲裁件的加工。

工件尺寸精度要求不高，形状不大，但工件产量较大。根据材料较厚（2 mm）的特点，为保证孔位精度，冲模有较高的生产率。通过比较，决定实行工序集中的工艺方案，采取利用导正销定位、刚性卸料装置、自然漏料的级进冲裁模结构形式，即选择方案三。

任务评价

评价项目	分值	得分
能够确定冲裁模具工艺方案	40 分	
准确辨别冲裁模种类	30 分	
正确使用表格	30 分	

课后思考

（1）常见的冲裁工艺工序有哪些？

（2）冲裁模冲裁工序组合顺序有什么要求？

（3）冲裁模有哪几类？

拓展任务

（1）上网查阅资料，学习冲裁模工序排列顺序，完成调查报告。

（2）上网查阅资料，观看冲裁模各个工序加工视频，了解冲裁工艺加工过程。

任务2.5 冲裁模典型辅助工作零件设计

学习笔记

任务引入

图 2-1-1 所示为一种机床冲裁件，材料为 08F 钢板，尺寸如图 2-1-1 所示，生产纲领为大批量生产，精度要求为 IT11，工件厚度为 2 mm。冲裁模中，除了工作零件外，往往还有很多做辅助工作的零部件，使模具能够正常运行、制件能够自动脱料，试对该工件冲裁模具的典型辅助工作零件进行设计。

任务分析

冲裁模具有工作部分，包含凹模、凸模；有辅助工作部分，包含定位零件、卸料及推件类零件、导向零件和连接固定类零件。这些部分装配在一起才能够使冲裁模具正常使用和运行，为控制成本，这些部分采用不一样的加工精度要求，有些可以通过数控加工得到，有些可以直接外购。

机床冲裁件材料为 08F，生产纲领为大批量生产，形状整体呈长方形，两边分别有半圆形凸起，工件中间对称分布 4 个直径为 3.5 mm 的小孔，整体厚度是 2 mm。要合理设计模具结构，选择合适的定位零件、导向零件和固定零件，设计好需要自行加工的构件。

学习目标

- **知识目标**

1. 掌握定位零件的种类；
2. 掌握卸料零件的工作原理；
3. 掌握导向零件的工作原理。

- **能力目标**

1. 具备正确选择定位零件的能力；
2. 具备正确选择卸料零件的能力；
3. 具备正确选择导向零件的能力。

- **素质目标**

通过学习冲裁模具辅助工作零件的设计，培养学生协作配合的工作态度。

知识链接

一、定位零件

定位零件用以控制条料的正确送进及在模具中的正确位置，可以分为送料方向的

控制、送料步距的控制和其他定位零件三种。

1. 送料方向的控制

在与条料垂直的方向上进行限位，保证条料沿正确的方向送进，即称为送进导向。属于送进导向的定位零件有导料销、导料板、侧压板等。

1）导料销

导料销（导正销）主要用于连续模上，对条料进行精确定位，以保证制件外形与内孔的位置尺寸。导正钉装在落料凸模上，在落料前导正钉先进入已冲好的孔内，使孔与外形的相对位置对准，然后落料，这样就可以消除送料步距的误差，起精确定位作用。图 2－5－1 所示为导料销常见布置方式。

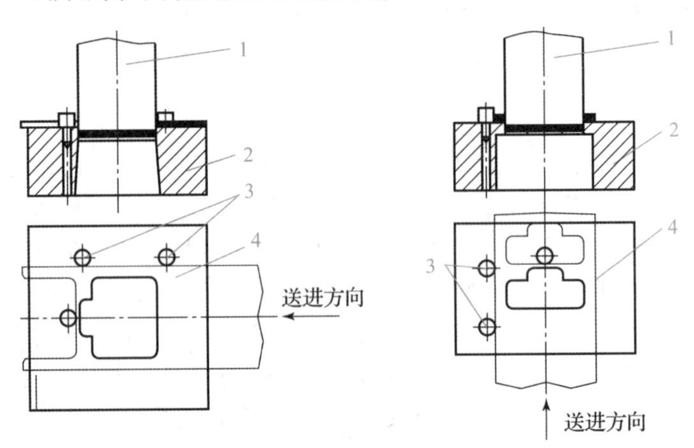

图 2－5－1　导料销常见布置方式

1—凸模；2—凹模；3—导料销；4—条料

导料销一般采用高速钢、钨钢、硬质合金等硬度较高的材料制造，用于引导工件的位置，以保证精准冲裁工件。导料销外观上类似红缨枪的枪头。导料销是一种常见的模具配件，精密度非常高。

2）导料板

导料板属于固定式结构，一般会搭配顶出销或顶出块作设计。利用导料板侧面部分做水平方向导引，上方凸出部分与顶出销之间的空间作为垂直方向的定位，凸出部分结构亦有强制脱料功能。使用导料板结构设计时，一般会将导料板固定于下模板上，脱料板依据导料板的形状作逃孔让位设计，当脱料板逃孔让位深度过大时，会影响模板强度，如一定要使用导料板设计时，需更改脱料板厚度设计，以增加脱料板的强度，故一般需要较高顶出高度的冲压制品不适合使用导料板方式设计。

如图 2－5－2 所示，左侧为分离式导料板，右侧为整体式导料板，用于导正条料或带料的送进方向。

3）侧压装置

侧压装置是指安装于下模导料板内的一个零件，其作用是压紧送进模具的条料（从料带侧面压紧），使条料不至于侧向窜动，以利于稳定地加工生产。

（1）结构形式。

①弹簧式侧压装置，这种侧压装置侧压力较大，宜用于较厚板料的冲裁模，如

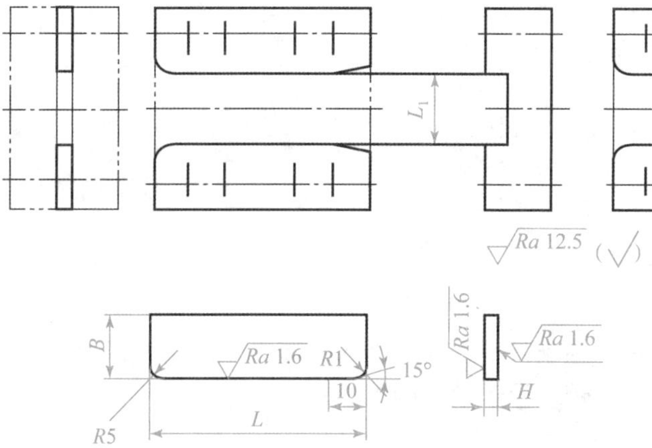

学习笔记

图 2-5-2 导料板

图 2-5-3 所示。

②簧片式侧压装置，这种侧压装置侧压力较小，宜用于板料厚度为 0.3～1 mm 的薄板冲裁模，如图 2-5-4 所示。

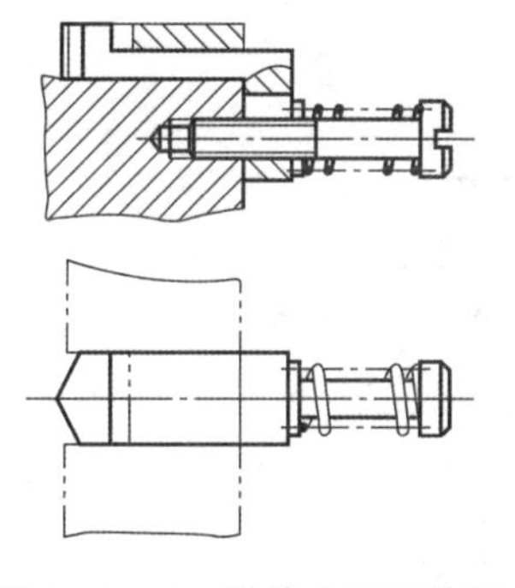
图 2-5-3 弹簧式侧压装置

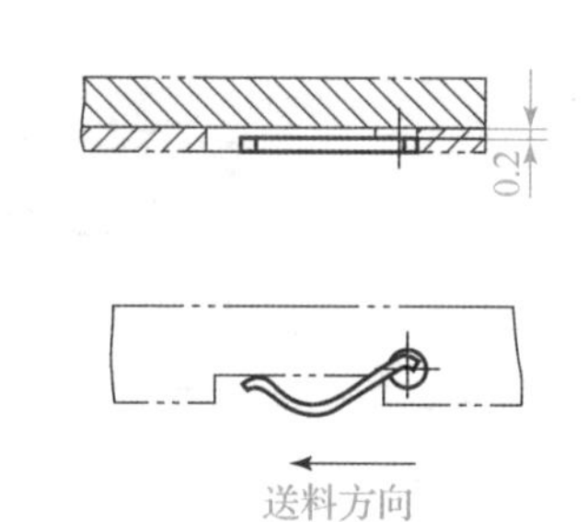

图 2-5-4 簧片式侧压装置

③簧片压块式侧压装置，如图 2-5-5 所示。

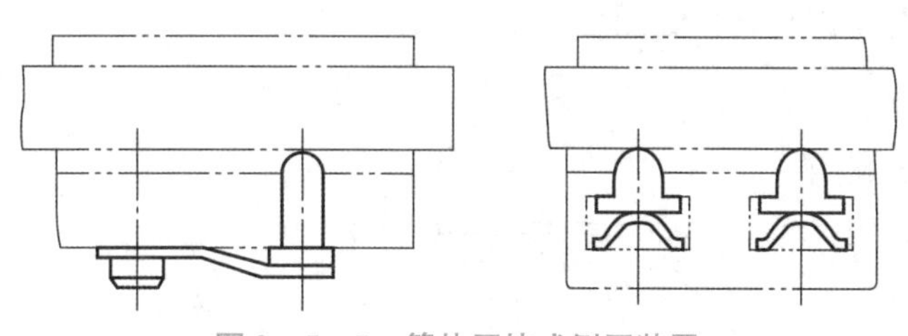
图 2-5-5 簧片压块式侧压装置

④弹簧压板式侧压装置，这种侧压装置侧压力大且均匀，一般装在模具进料一端，适用于侧刃定距的连续模中，如图 2-5-6 所示。

（2）不宜设置侧压装置的场合。

①板料厚度在 0.3 mm 以下的薄板。

②辊轴自动送料装置的模具。

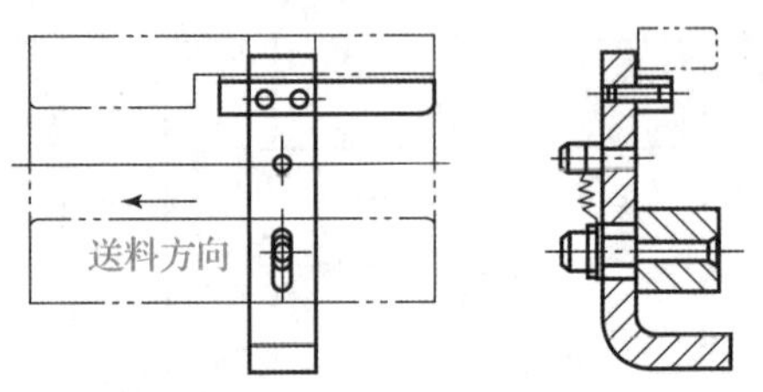

图 2-5-6　弹簧压板式侧压装置

2. 送料步距的控制

在送料方向上进行限位，控制条料一次送进的距离（步距），即称为送料定距。属于送料定距的定位零件有挡料销、导正销、侧刃等。

1）挡料销

挡料销起定位作用，常用它挡住搭边或冲件轮廓，以限定条料的送进距离。挡料销有固定挡料销、活动挡料销和始用挡料销三种。

（1）固定挡料销有圆形和钩形，一般装在凹模上，如图 2-5-7 所示。

①圆形：结构简单，制造容易，广泛用于冲制中、小型冲裁件的挡料定距；其缺点是销孔离凹模刃壁较近，削弱了凹模的强度。

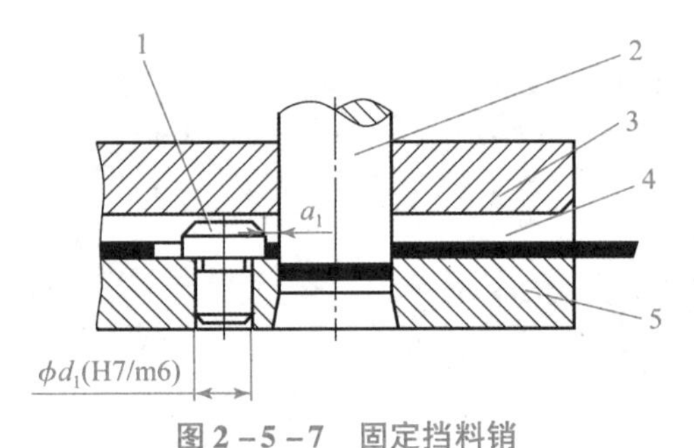

图 2-5-7　固定挡料销

1—挡料销；2—凸模；3—卸料板；4—导料板；5—凹模

②钩形：销孔距离凹模刃壁较远，不会削弱凹模强度。但是为了防止钩头在使用过程发生转动，需考虑防转，如图 2-5-8 所示。

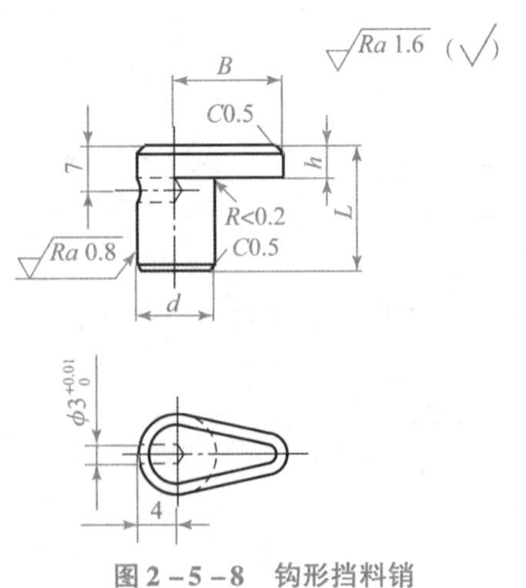

图 2-5-8　钩形挡料销

(2) 活动挡料销。

采用哪一种结构形式挡料销，需根据卸料方式、卸料装置的具体结构及操作等因素决定。回带式的常用于具有固定卸料板的模具上，其他形式的常用于具有弹压卸料板的模具上，如图 2 –5 –9 所示。

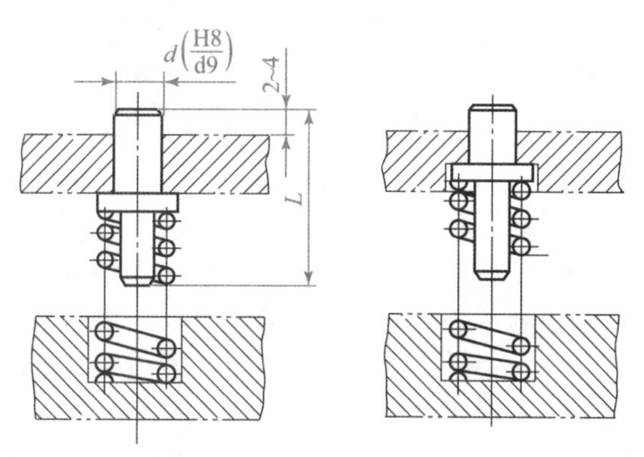

图 2 –5 –9　活动挡料销

(3) 始用挡料销。

始用挡料销一般用于以导料板送料导向的连续模和单工序模中。首次冲压条料时将其往里压，挡住条料而定位，其在第一次冲裁后不再使用，如图 2 –5 –10 所示。

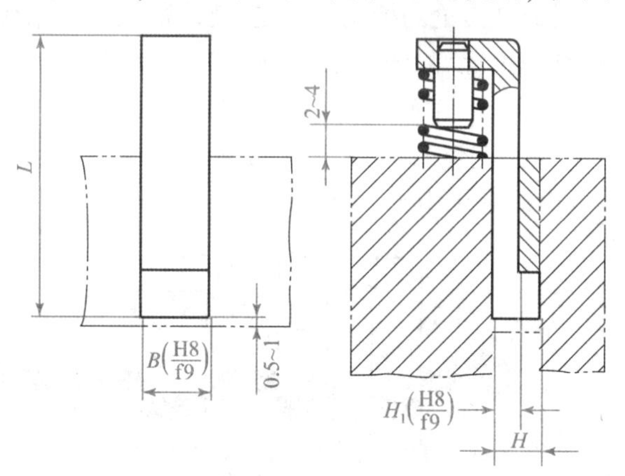

图 2 –5 –10　始用挡料销

2) 侧刃

侧刃定位是冲压模具上节距定位的一种。为使材料送料准确，保证材料的送料步距，且因采用侧刃定位尺寸稳定、操作安全方便，故常使用。其缺点是比较废料，磨损之后影响精度而需及时磨刃或更换，如图 2 –5 –11 所示。

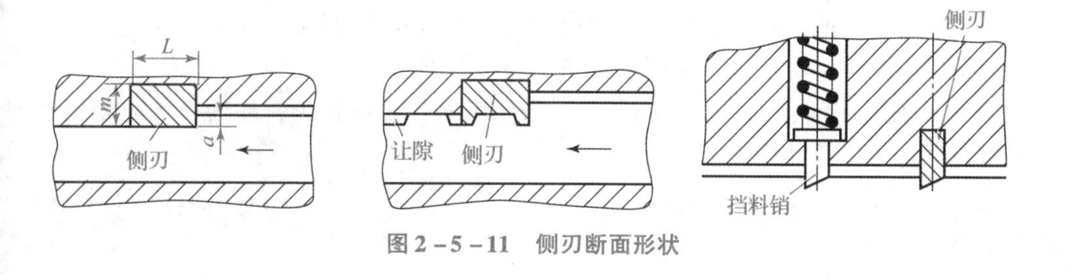

图 2 –5 –11　侧刃断面形状

(1) 通常在以下几种情况下适合使用侧刃定位：

①保证条料准确送进，提高冲压件精度时；

②手工送料的成批或大量生产，提高生产率时；

③冲制 0.3 mm 以下薄料，用导正销定位易把孔边缘折弯或损坏时；

④送进步距较小，很难使用其他定位方法时；

⑤成形件冲裁需要条料的一边或两边切成一定的轮廓时。

上述几种情况下，较为适合采用侧刃作为冲压模上的定位零件，来进行五金冲压件的冲压生产。

(2) 使用侧刃定位，需要注意以下两点：

①侧刃的尺寸参数：侧刃断面长度 $A = s + (0.05 \sim 0.1)$ mm，s 为送料步距；侧刃断面宽度 $m = 6 \sim 10$ mm。侧刃制造公差取步距公差的 1/4。侧刃凹模孔按侧刃配作，留单边冲裁间隙。

②侧刃的数量及布置：根据模具要求可以采用单侧刃或双侧刃。采用双侧刃时，既可以并列布置，也可以对角布置，对角布置可保证料尾的充分利用。

3）导正销

导正销是伸入工件孔中导正其在凹模内位置的销形金属零件。导正销一般采用高速钢、钨钢、硬质合金等硬度较高的材料制造，用于引导工件的位置，以保证精准冲裁工件。导正销外观上类似红缨枪的枪头，其是一种常见的模具配件，精密度非常高。

导正销主要用于连续模上，对条料进行精确定位，以保证制件外形与内孔的位置尺寸。导正钉装在落料凸模上，在落料前导正钉先进入已冲好的孔内，使孔与外形的相对位置对准，然后落料，这样就可以消除送料步距的误差，起到精确定位作用，如图 2-5-12 所示凸模上的导正销。

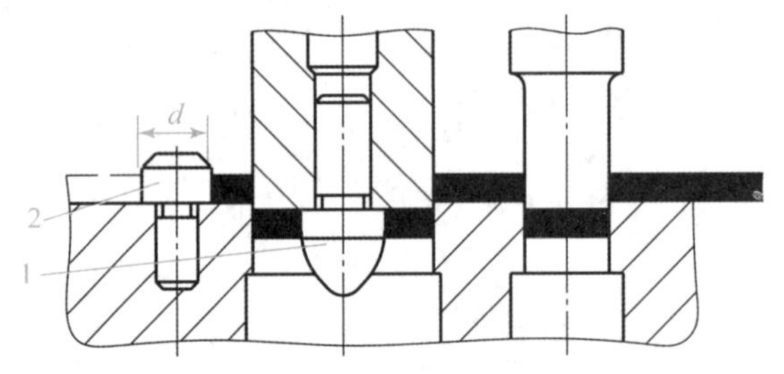

图 2-5-12 凸模上导正销

导正销公称直径尺寸可按下式计算：

$$d = d_t - 2a \tag{2-5-1}$$

式中 d_t——工件孔直径

a——销与冲孔直径的间隙，与凸模直径和材料厚度有关，可查表 2-5-1。

通常以下几种情况下适合使用导正销定位：

(1) 一般适用于 $< \phi 5$ mm 孔的导正。采用弹簧压住导正销，在送料不正常的情况下可避免损坏导正销和模具。

(2) 一般适用于 $\phi 5 \sim \phi 8$ mm 孔的导正。导正销与刃口的相对位置，可借调整垫圈进行调整。

（3）以长螺母固定的带台肩导正销，装拆方便，模具刃磨后导正销无须进行调整，适用于导正 $\phi8\sim\phi18$ mm 的孔。

（4）用于 $>\phi14$ mm 孔的导正。压入式导正销，仅用于简单结构和少量生产的模具上。

（5）适用于安装在下模上对条料上工艺孔或工件孔的导正。

为了保证导正精度，需保证导正销与孔间隙之间的距离和导正销的工作高度，一般通过经验表格 2－5－1 查取孔间隙，通过表 2－5－2 查取导正销工作高度。

表 2－5－1　导正销和孔间的间隙（双向）　mm

精度	冲件料厚	导正孔径			
		≤6	>6～10	>10～30	>30～50
一般精度	≤1.5	0.04	0.06	0.07	0.08
	>1.5～3	0.05	0.07	0.08	0.09
	>3～5	0.06	0.08	0.09	0.10
较高精度	—	0.025	0.03	0.04	0.05
特高精度	—	0.003～0.005	0.006	0.006	—

表 2－5－2　导正销工作高度　mm

冲件厚度	导正孔径		
	≤10	>10～25	>25～50
≤1.5	1	1.2	1.5
>1.5～3	1～1.8	1.2～2.4	1.5～3
>3～5	1.8～2.5	2.4～3	3～4

3. 定位板和定位钉

定位板和定位钉是用作单个毛坯定位的装置，以保证前后工序相对位置精度或对工件内孔与外缘的位置精度要求。

定位方式：外缘定位用于外形比较简单的冲件，内孔定位用于外轮廓较复杂的冲件。

二、卸料与推件零件

1. 卸料装置

卸料装置可分为刚性卸料装置、弹压卸料装置和废料切刀三种。

1）刚性卸料装置

刚性卸料装置主要是利用固定的卸料板来完成卸料的。其主要特点就是能提供较

学习笔记

大的卸料力，但是卸料板和板料之间不存在压力作用，所以当材料比较软时可能导致冲出的制件平整度比较差。因此，该结构只适用于材料比较硬、厚，并且平整度要求不高的制件。

刚性卸料装置的工作原理。以图 2－5－13 为例，凸模在压力机的带动下与凹模共同作用将板料冲切完毕后，凹模洞口内的材料（或废料）由漏料孔中排出，而模面上的材料因弹性收缩而箍在凸模上，若不做任何处理，它将与凸模一起回程，在回程的过程中卸料板是固定在下模的，即卸料板与凸模是一静一动的状态，此时与凸模一起返回的板料就被卸料板卡下了，即完成了卸料。

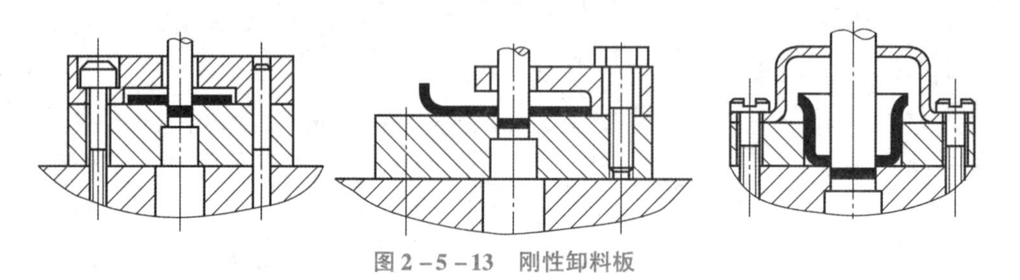

图 2－5－13　刚性卸料板

综上所述，卸料板在冲裁过程中除了可以起到卸料作用外，还可以对凸模及板料进行导向。需要注意的是，卸料板与凸模之间的间隙值是不同的，当卸料板仅起卸料作用时，取 0.2～0.5 mm；当卸料板兼起导板作用时，按 h7/h6 配合，且应小于冲裁间隙。

2）弹压卸料装置

弹压卸料装置一般由弹性卸料板、弹性元件（弹簧或橡胶）和卸料螺钉组成，利用弹性元件提供弹力，将制件在与凸模接触之前压紧，然后再冲裁，弹性卸料装置在此不仅能起到卸料的作用，还应该有压料的作用，同时在特殊情况下也可以起到导向作用。其中，弹性元件需要借助连接元件螺钉与模具装配在一起，这种螺钉称为卸料螺钉。弹性元件一般选择弹簧和橡胶或者气垫。

在使用弹性卸料板时，如图 2－5－14 所示，上模上的零件（在此主要指凸模、卸料板、卸料螺钉、卸料弹簧）在压力机的带动下一同下行，在凸模还没有与板料相接触时，卸料板已经先于凸模压在了板料上，然后凸模与凹模共同作用将板料冲切完毕后，凹模洞口内的材料（或废料）由漏料孔中排出，而模面上的材料因弹性收缩而箍在凸模上，此时凸模在压力机的带动下返回，由于卸料元件也是安装在上模座的，所以也要与上模上的零件一同返回，但是由于凸模在切材料时弹簧受到压缩，而弹簧的压缩反应在上模上零件的变化则是卸料螺钉与上模板之间有了相对的位移，整个弹性装置就是依靠卸料螺钉将其固定在上模上面的，所以卸料螺钉必须先将这个位移回复为零，才能带动整个鞋料装与凸模一起返回，而正是这个极短的位移，使卸料板和凸模之间存在了一个运动的时差，从而实现了弹性卸料板的卸料。

在设计弹性卸料装置时应注意的问题：

（1）如何实现卸料板先压料凸模再冲切板料。由于卸料装置与凸模都是安装在上模的，并且它们是同时同速向下运动的，在这里要实现卸料板先压就必须使卸料板下端面凸出于凸模下端面，即要求在选择设计弹性元件及装配时预先考虑一个压缩量作

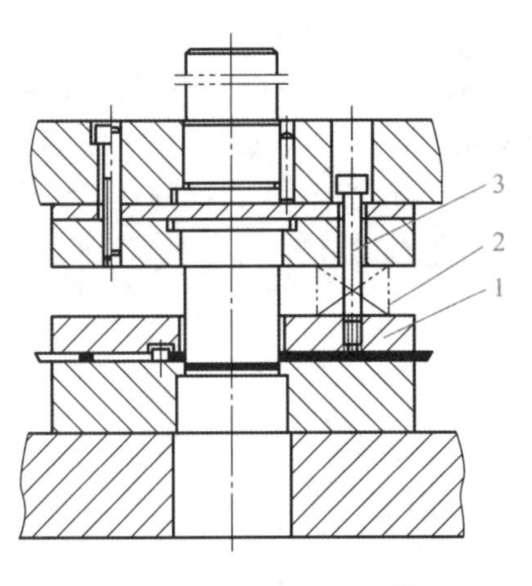

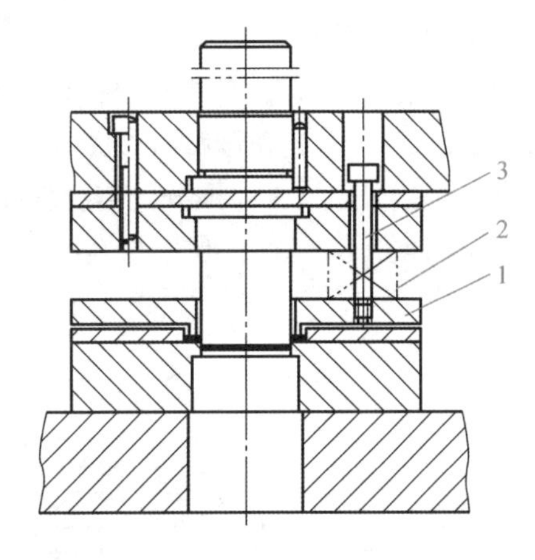

图 2-5-14 弹性卸料板

用于卸料板上，我们称之为预压缩量。

(2) 预留卸料螺钉的卸料行程。在整个卸料装置中至关重要的环节就是卸料螺钉与上模座之间存在相对位移。因此，在装配的过程中，必须使卸料螺钉的头部与上模座上表面之间存在一定的距离，即卸料行程。

弹性卸料装置普遍适用于冲裁料厚在 1.5 mm 以下的板料，由于有压料作用，故冲裁件比较平整。

3）废料切刀卸料

对于落料或成形件的切边，如果冲件尺寸大、卸料力大，则常采用废料切刀代替卸料板，将废料切开而卸料。如图 2-5-15 所示，废料在凹模和废料切刀之间，一层压一层，上层迫使下层下移，受切刀作用，废料被分断，从凸模上下脱落，完成卸料。废料切刀有圆形和方形，已列入冷冲模国家标准，设计者只要适当选用即可。该卸料结构主要用于切边模。

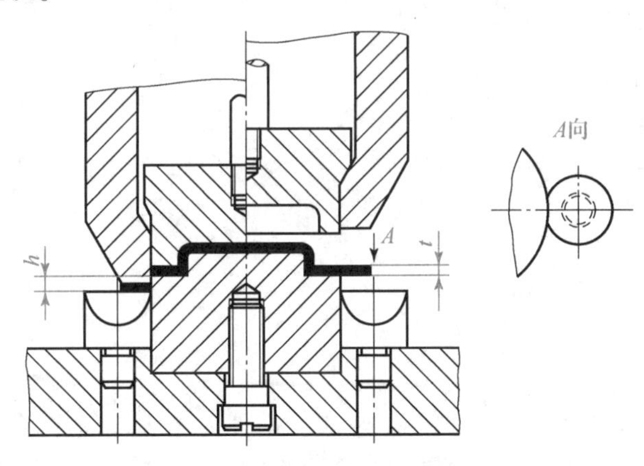

图 2-5-15 废料切刀卸料

2. 推件和顶件装置

推件装置和顶件装置统称为出件装置，其作用是顺着冲压方向卸出卡在凹模孔内的制件或废料，其中向下出件装置称为推件装置，向上出件装置称为顶件装置。

1）刚性推件装置

刚性推件装置常用于倒装复合模中，装在上模部分，由打杆、推板、推杆、推件板组成，如图 2－5－16 所示。1 为打杆，由模柄孔尺寸确定其直径；2 为推板，为标准件，可以直接外购；3 为推杆，需要依模具结构自行设计；4 为推件块，应保持外形与本次冲压凹模孔形一致，孔形与本次冲压凸模外形一致。

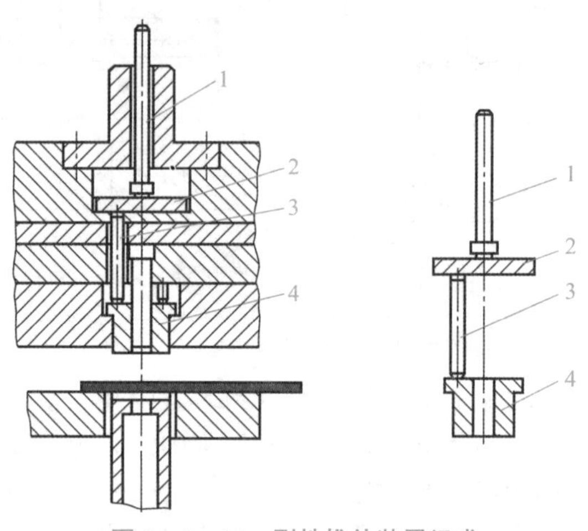

图 2－5－16　刚性推件装置组成

1—打杆；2—推板；3—推杆；4—推件块

国家标准的推板结构有 A、B、C、D 4 种，如图 2－5－17 所示。

A 型常用于正装复合模制件孔较多的情况，此时必须采用凸缘模柄或旋入式模柄；B、C、D 型常用于压入式模柄，以保证在模柄中开槽时不影响模柄刚度和强度。

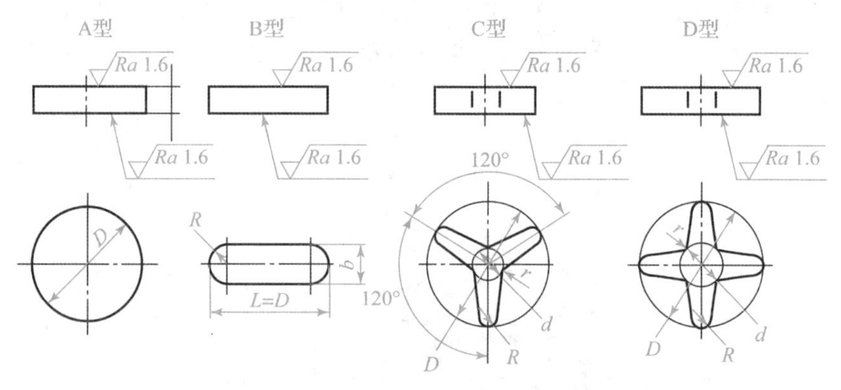

图 2－5－17　国标推板结构

2）弹性推件装置

弹性推件装置由弹性元件和推件块组成，推件力不大，但出件平稳、无撞击，同时兼有压料的作用，从而使冲件质量较高，多用于冲压薄板以及工件精度要求较高的模具，如图 2－5－18 所示。

3）顶件装置

顶件装置自下向上出件，由顶件块、顶杆、托板和弹性元件组成，如图 2－5－19 所示。弹性元件可以是橡胶或弹簧，其特点为顶件力容易调节，工作可靠，兼有压料

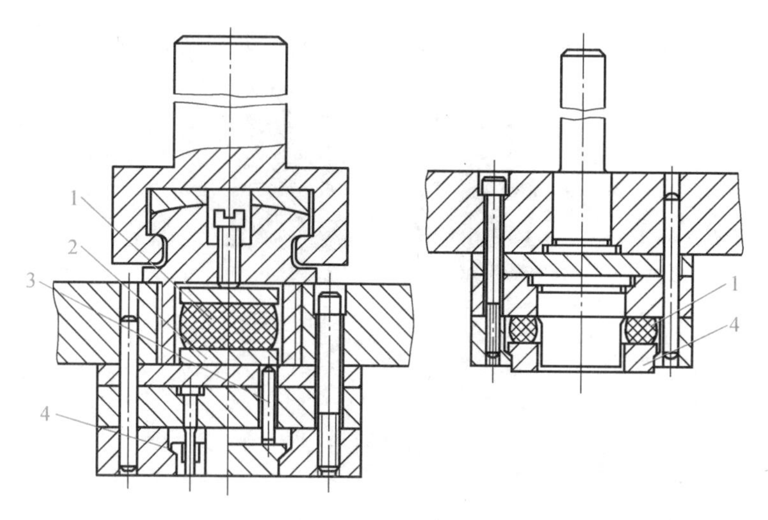

图 2-5-18　弹性推件装置

1—橡胶；2—推板；3—连接推杆；4—推件块

作用，冲件平直度较高，质量较好，常用于正装复合模或冲裁薄板料的落料模中。

制造、装配要求：

（1）模具处于开启状态时，必须顺利复位，工作面高出凹模平面，以便继续冲裁。

（2）模具处于闭合状态时，其背后有一定空间，以备修磨和调整的需要。

（3）与凹模为间隙配合，外形按 h8 制造；与凸模呈较松的间隙配合，可根据板料厚度取适当间隙。

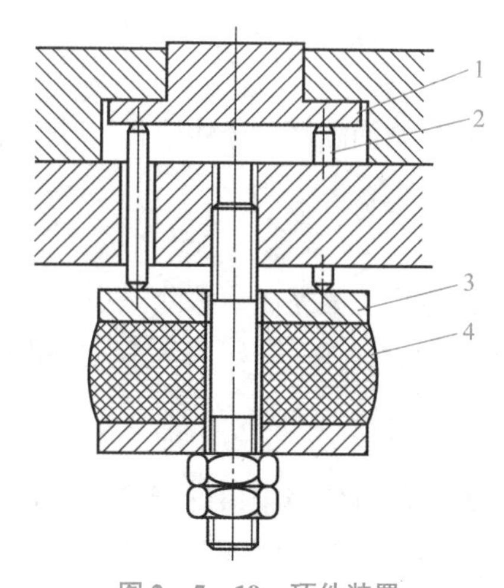

图 2-5-19　顶件装置

1—顶件块；2—顶杆；3—托板；4—弹性元件

三、导向零件

冲压模具导向零件一般由导柱和导套组成。导柱是用于模具中与组件组合使用确保模具以精准的定位进行活动，引导模具行程的导向元件，一般是带肩圆柱形，有油槽。导套与导柱配合使用，起到一个导向的作用，一般配合间隙很小，在 0.05 mm 以

学习笔记

内，在模具中可保证运动的准确性。图 2－5－20 所示为常见的导柱导套。

图 2－5－20　导柱导套

1. 导柱导套配合间隙及形位公差的确定方法

在具体设计导柱、导套时其思路和方法步骤如下：

（1）根据工件形状、排料方式及压机的情况首先确定导柱的布置方式。

（2）根据冲裁间隙的变化量，分配各部分公差，一般凸、凹模制造公差为 1/3～1/2 的变化量，导柱弯曲挠度为 1/5～1/4 的变化量，导柱导套配合间隙对冲裁间隙的改变量为 1/3～1/2 的变化量。

（3）依据允许的导柱弯曲挠度及冲裁时的侧向力大小确定导柱的尺寸（主要是冲切不封闭的制件时）。

（4）依据分配的配合间隙对冲裁间隙的改变量及导柱导套的布置形式确定导柱导套的最大配合间隙。

（5）依据导柱导套的最大配合间隙及导柱导套的加工公差确定导柱导套的最小配合间隙。

（6）依据导柱导套的最小配合间隙确定导柱导套的形位公差。

2. 导柱导套的安装法

1）导柱导套的安装孔

导柱导套的安装孔应在其他孔加工完成并消除除加工应力（上下面对的重新研磨等）后，用镗床或坐标磨床进加工。为了确定上模与下模的基准，可加工临时的定位孔，然后用基准棒定位。

2）导柱的安装

清扫安装孔后，固定导柱，同时使多个滚珠导柱组件将多个导柱中的各导柱的基准错开 90°，可防止模架装配错误，确认导柱的垂直度。

3）导套的安装

将导柱插入导套，并将平块放置于下模座上，再装好上模座，滑动导套，确认有无干扰，用溶剂洗净粘接面上的油垢及污物，在导套的粘接槽中灌厌氧性黏接剂，再插入安装孔，将黏接剂固化，以免导套从上模座中弹出。

3. 导柱导套的使用注意事项

（1）在连续模中，一组板内导柱一般设置 4 根。一般小型连续模直径可选取 13～16 mm，中型连续模选用 20 mm 以上。

（2）内导套与内导柱配套使用，一般采用厌氧胶与模板粘接，间隙取 0.02～0.03 mm，且要求孔壁清洁无油污。

（3）小导柱在自由状态下应露出脱料板 20～30 mm 为宜。

（4）下模为了防止由于导柱的导入导出引起排气不畅或局部真空，应设置气孔或气槽。

（5）内导柱应设置得非完全对称，以防止装模时出错。一般使某一内导柱在某一坐标上偏移3～5 mm 的整数。

四、连接固定零件

组成模具的各个零部件通过定位、固定连接构成了模具，因此，必须掌握模具零件的固定方法。根据模具结构设计的不同，常用的模具零件固定方法如下。

1. 紧固件法

紧固件法是利用紧固零件（螺钉、定位销等）将模具零件固定的方法，其特点是工艺简单、紧固方便。

2. 压入法

压入法是过盈零件间常用的固定连接方法之一，定位配合部位采用 H7/m6 或 m/n6 配合，适用于冲裁板厚 $t<6$ mm 的冲裁凸模与各类模具零件。它的优点是牢固可靠，拆装方便；缺点是对被压入的型孔尺寸、精度和位置精度要求较高，固定部分应具有一定的厚度，加工成本高。

3. 铆接法

铆接法主要适用于冲裁板厚 $t\leq2$ mm 的冲裁凸模及其他轴向拉力不太大的零件。凸模和固定板型孔配合部分保持 0.01～0.03 mm 的过盈量，铆接端凸模硬度≤30 HRC。在固定板中挤紧多个凸模时，应先挤紧装配最大的凸模，这可使挤紧装配其余凸模时少受影响，稳定性好；然后再挤紧装配离该凸模较远的凸模。

4. 挤紧法

挤紧法主要适用于轴向拉力不大的零件。挤紧法就是用凿子环绕凸模外圈对固定板型孔进行局部敲击，使固定板的局部材料挤向凸模而将其固定的方法。挤紧法操作简便，但要求固定板型孔的加工较准确。其一般步骤是：将凸模通过凹模压入固定板型孔（凸、凹模间隙要控制均匀），挤紧，检查凸、凹模间隙，如不符合要求，则还需修挤。

固定时将其配合面擦净，放入箱式电炉内加热后取出，将凹模块放入固定板配合孔中，冷却后固定板收缩即将凹模固定。固定后再在平面磨床上磨平并进行型孔精加工。当其主要起连接固定作用时，其配合过盈量要小些；当要求连接并有预应力时，其配合过盈量要大些。过盈量应控制在 $0.001D$～$0.002D$ 的范围内。对于钢质拼块一般不预热，只是将模套预热到 300～400 ℃保持温度，即可热套。对于硬质合金模块应预热到 200～250 ℃，模套在 400～450 ℃预热后热套。

学习笔记

任务实施

工件尺寸精度要求不高，形状不大，但工件产量较大，由于材料较厚（$t=2$ mm），故为保证孔位精度，且使冲模有较高的生产率，通过比较，决定实行工序集中的工艺方案。

1. 定位方式确定

送料方向选择利用导正销进行定位。制件上有 4 个 $\phi3.5$ mm 的孔，导正销可以保证制件外形与内孔的位置尺寸。导正钉装在落料凸模上，在落料前导正钉先进入已冲好的孔内，使孔与外形的相对位置对准，然后落料，这样就可以消除送料步距的误差，起到精确定位作用。

2. 卸料装置确定

制件材料选择 08F 钢，材料比较硬，表面精度要求为 IT11，料厚为 2 mm。弹性卸料装置普遍适用于冲裁料厚在 1.5 mm 以下的板料。另外，顶件装置常用于正装复合模中或冲裁薄板料的落料模中，该制件选用级进模进行冲裁；废料切刀卸料适用于切边模，但刚性卸料装置适合冲裁材料较硬、精度要求不高的制件。对于该机床冲裁件，这里选择刚性卸料装置，如图 2－5－21 所示。

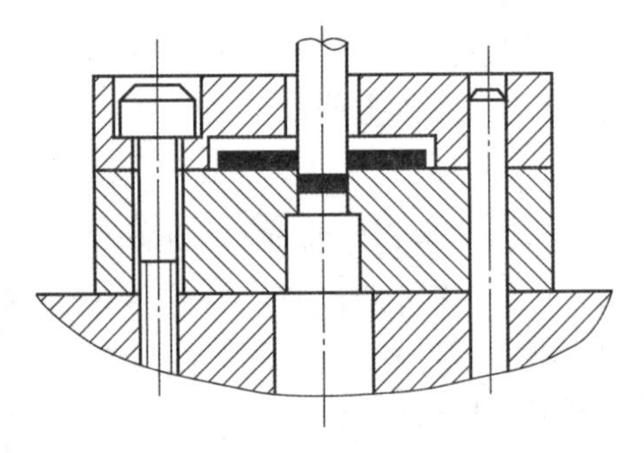

图 2－5－21　刚性卸料装置

3. 导向装置

利用导柱导套来进行级进模的冲裁导向，因为导柱导套为标准件，故待模具设计完整后，根据模架及模板的尺寸在国标中选择导柱导套尺寸规格。

4. 漏料方式

因卸料装置选择刚性卸料的方式，制件冲裁有冲孔和落料两个过程，不涉及特殊需求，故选择自然落料的方式漏料。

5. 连接固定方式

选择级进模进行冲裁，各工作板件无特殊要求，可以采用外购标准件螺栓进行连接。

任务评价

评价项目	分值	得分
典型零件的设计	40 分	
标准件的选取	30 分	
正确识图	30 分	

学习笔记

课后思考

（1）常见的冲裁模典型零件有哪些？

（2）冲裁模具定位方式有哪些？有什么不同？

（3）连接固定方式模板之间通常选用螺栓进行固定，凸模是怎样和模板进行固定的？

拓展任务

（1）上网查阅资料，了解冲裁模的典型结构，完成调查报告。

（2）查阅国家标准网，了解冲模导向装置现行标准，如图 2－5－22 所示。

#	标准号	标准名称	行业领域	状态	批准日期	实施日期	备案号	备案日期
1	JB/T 7645.6-2008	冲模导向装置 第6部分：压板	机械	现行	2008-02-01	2008-07-01	22978-2008	2014-12-26
2	JB/T 11660-2013	冲模导向装置 滚动独立导向件	机械	现行	2013-12-31	2014-07-01	44298-2014	2014-12-26
3	JB/T 11661-2013	冲模导向装置 滑动独立导向件	机械	现行	2013-12-31	2014-07-01	44299-2014	2014-12-26
4	JB/T 7645.5-2008	冲模导向装置 第5部分：压板固定式导套	机械	现行	2008-02-01	2008-07-01	22977-2008	2014-12-26
5	JB/T 7645.1-2008	冲模导向装置 第1部分：A型小导柱	机械	现行	2008-02-01	2008-07-01	22973-2008	2014-12-26
6	JB/T 7645.3-2008	冲模导向装置 第3部分：小导套	机械	现行	2008-02-01	2008-07-01	22975-2008	2014-12-26
7	JB/T 7645.8-2008	冲模导向装置 第8部分：导套座	机械	现行	2008-02-01	2008-07-01	22980-2008	2014-12-26
8	JB/T 7187.2-1995	冲模导向装置 B型导柱	机械	现行	1995-03-21	1995-07-01	0087-1995	2014-12-26
9	JB/T 7645.7-2008	冲模导向装置 第7部分：导柱座	机械	现行	2008-02-01	2008-07-01	22979-2008	2014-12-26
10	JB/T 7645.4-2008	冲模导向装置 第4部分：压板固定式导柱	机械	现行	2008-02-01	2008-07-01	22976-2008	2014-12-26
11	JB/T 7645.2-2008	冲模导向装置 第2部分：B型小导柱	机械	现行	2008-02-01	2008-07-01	22974-2008	2014-12-26
12	JB/T 7187.5-1995	冲模导向装置 钢球保持圈	机械	现行	1995-03-21	1995-07-01	0087-1995	2014-12-26
13	JB/T 7187.4-1995	冲模导向装置 B型导套	机械	现行	1995-03-21	1995-07-01	0087-1995	2014-12-26
14	JB/T 7187.1-1995	冲模导向装置 A型导柱	机械	现行	1995-03-21	1995-07-01	0087-1995	2014-12-26
15	JB/T 7187.3-1995	冲模导向装置 A型导套	机械	现行	1995-03-21	1995-07-01	0087-1995	2014-12-26

图 2－5－22　冲模导向装置国家标准

任务2.6　冲裁模工作零件设计

任务引入

产品制造过程中，制件形状、尺寸几乎完全取决于模具工作零件，那么工作零件是怎样参与工作的？它们的设计需要注意哪些事项？试对图 2－1－1 所示冲裁制件模具工作零件进行设计。

任务分析

图2－1－1所示为冲裁工艺中较为典型的冲孔落料件，本次任务完成对该级进冲裁模模具工作部分的设计。如图2－6－1所示，冲裁过程有冲孔和落料两个部分，需要对凹模外形尺寸及冲孔凸模和落料凸模长度进行设计。

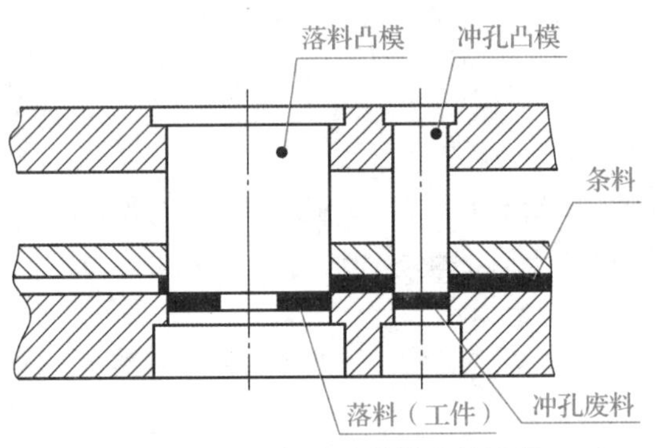

图2－6－1　级进冲裁模冲裁过程

学习目标

● **知识目标**

1. 掌握冲裁模凸、凹模的设计方法和过程；
2. 掌握冲裁模凸、凹模的结构尺寸的计算。

● **能力目标**

1. 能够设计凹模和凸模；
2. 能够计算合理的工作零件结构尺寸。

● **素质目标**

培养学生具有质量控制意识。

知识链接

一、凸模的设计

凸模又叫冲针、冲头 、阳模、上模等，凸模是模具中用于成形制品内表面的零件，即以外形为工作表面的零件。

1. 凸模的结构分类

凸模一般分成两部分，一部分为冲裁的刃口部分，一部分为连接的固定部分。凸模工作部分的截面形状与相对应的凹模型孔一致，刃口尺寸可按公式计算，也可按凹模实际尺寸配制。

凸模的结构形式：按工作部分与固定部分是否相同分为直通式和阶梯式两种。

（1）直通式：其工作部分与固定部分的形状和尺寸完全相同，如图2－6－2所示，此类凸模可用线切割或成形铣、磨加工；其冲裁工作部分（全长的1/3左右）淬火，固定部分不淬火（也可以整体淬火后，将固定部分局部退火）而反铆；凸模加工长度比设计长度要长1 mm左右。只要凸模强度、刚度好，一般采用此法。

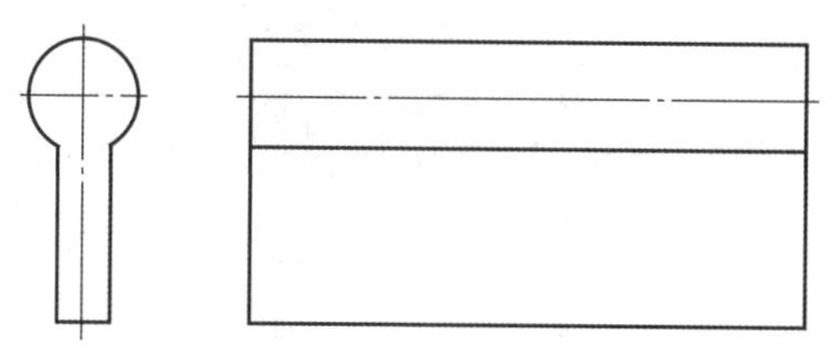

图2-6-2 直通式凸模

（2）阶梯式：一般用作凸模截面较小、强度高的凸模，若工作部分为圆形，则其固定部分也为圆形，只是直径由刃口到固定端逐渐加大，如图2-6-3所示。圆形阶梯式凸模常用车、磨加工。若刃口为非圆形，则固定端多用方、矩形，常用仿形铣或数控铣加工之后，再用成形磨削加工。若工作部分为非圆形，固定部分为圆形，则要加上止转销。

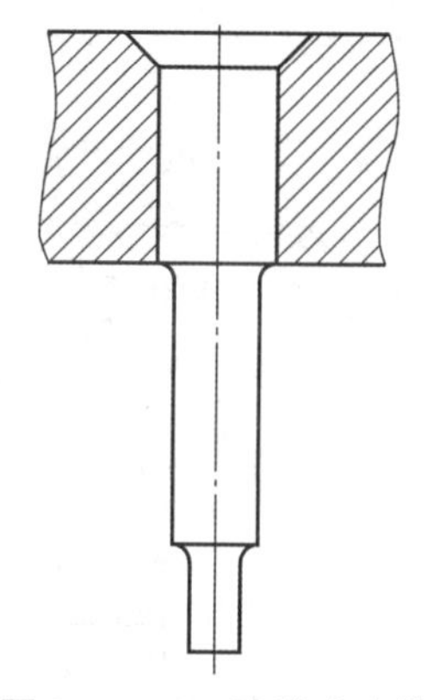

图2-6-3 阶梯式冲模

2. 凸模的固定方法

凸模固定到固定板中的配合或间隙对不要求经常拆换的凸模用N7/m6或M7/m6（双边0.02 mm过盈），对需要经常更换的凸模一般用H7/h6（双边0.01 mm的间隙）。弹压导板模中凸模与固定板成0.1 mm的双面间隙。

（1）铆接固定法：一般用作非圆形小截面直通式凸模的固定，即将固定板的型孔倒角（1×45°）后，再将反铆后的凸模装入，最后一起磨平，如图2-6-4所示。

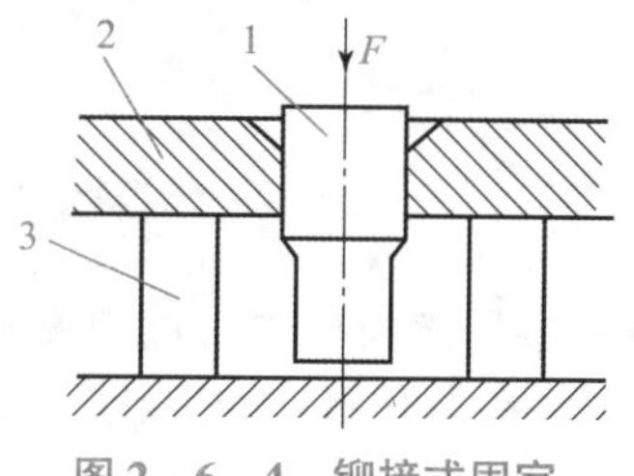

图2-6-4 铆接式固定

1—凸模；2—固定板；3—等高垫铁

（2）台肩固定法：一般用作圆形小截面台肩式凸模的固定，使固定板的型孔与凸模固定部分形状一致，如图 2－6－5 所示。

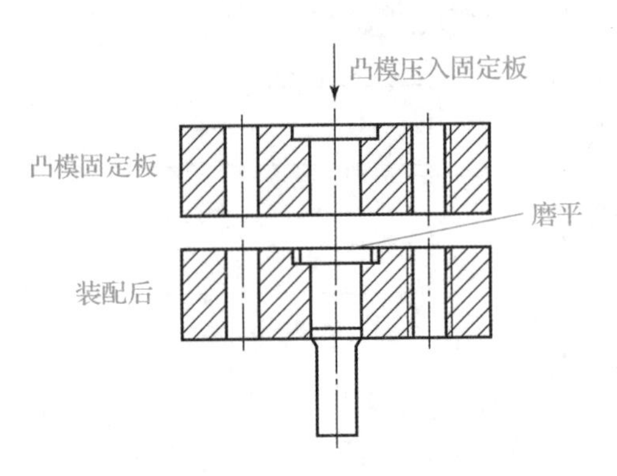

图 2－6－5　台肩式固定式

（3）横销固定法：圆形或非圆形小截面直通式凸模的另一种固定方法，即在凸模的尾部加工一横孔后穿入一横销，在固定板的背面（与垫板接触的面）铣出一横销让位台阶，将带有横销的凸模装入固定板型孔后，将凸模尾部和固定板背面一起磨平，如图 2－6－6 所示。

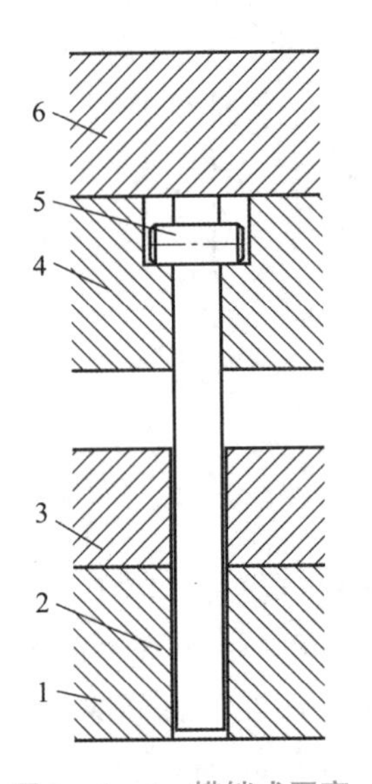

图 2－6－6　横销式固定

1—卸料板；2—凸模；3—卸料背板；4—凸模固定板；5—销钉；6—上垫板或模座

（4）螺钉、销钉固定法：此法用作圆形或非圆形直通式大截面且有螺钉、销钉分布位置的凸模的固定，如图 2－6－7 所示。用此法固定时，固定板上无型孔，凸模长度短，既省工又省料。

（5）快换凸模：快换凸模就是指用简单工具即可实现快速装卸和更换的凸模。通常人们都把冲切元件凸模和凹模列为易损件 ，若能采用快换结构，则对于流水作业批量生产的汽车冲模而言具有非常明显的优越性，如图 2－6－8 所示。

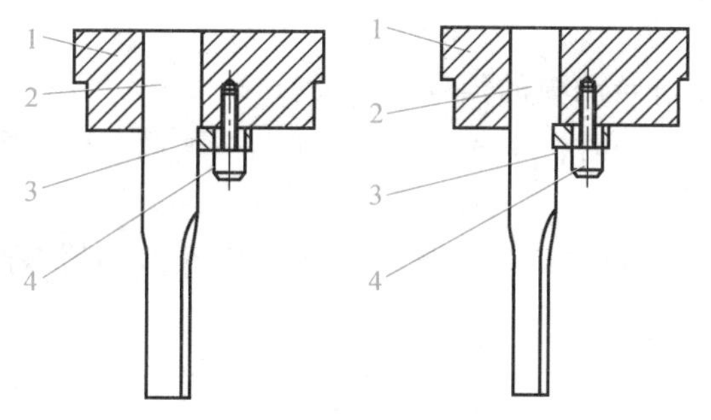

图 2-6-7　螺钉固定式

1—固定板；2—凸模；3—压板；4—螺钉

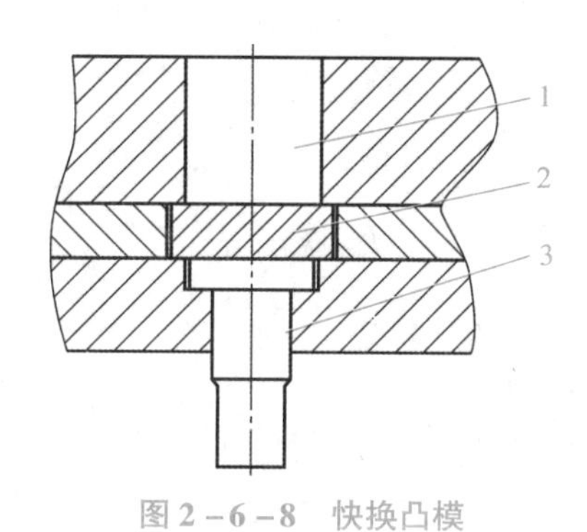

图 2-6-8　快换凸模

1—凸模退出孔；2—抽拔式小垫板；3—快换凸模

3. 凸模长度的确定

凸模长度一般在满足使用要求的前提下，应尽量减短。

（1）采用刚性卸料板的冲裁模凸模长度为

$$L = h_1 + h_2 + h_3 + h_{附加} \qquad (2-6-1)$$

式中　h_1——凸模固定板厚度；

h_2——刚性卸料板厚度；

h_3——导尺（导料板）厚度；

L——凸模长度；

$h_{附加}$——一般取 10～20 mm，包括凸模进入凹模的深度、凸模修磨量、冲模在闭合状态下卸料板到凸模固定板间的距离。

（2）采用弹压卸料板的冲裁模凸模（包括凸凹模）长度为

$$L = h_1 + h_2 + h_{附加} + t \qquad (2-6-2)$$

式中　h_1——凸模（包括凸凹模）固定板厚度；

h_2——弹压卸料板厚度；

$h_{附加}$——凸模修模量（一般取 4～6 mm）、凸模进入凹模深度（0.5～2 mm，且大于毛刺高度）、预压状态下凸模固定板与弹压卸料板之间的距离（大于卸料板工作行程）；

t——冲压材料厚度；

L——凸模长度。

学习笔记

4. 凸模强度校核

一般情况下，可不进行凸模的强度与刚度校核。只有当凸模特别细长，冲裁厚度较大，而冲孔相对尺寸较小时，才有必要对最小断面和最大自由长度进行校核。

1）凸模最小断面的校核

要使凸模正常工作，必须使凸模最小断面的压应力不超过凸模材料的许用压应力，即

$$\sigma = \frac{P_{\Sigma}}{F_{\min}} \leqslant [\sigma] \tag{2-6-3}$$

故

$$F_{\min} \geqslant \frac{P_{\Sigma}}{\sigma} \tag{2-6-4}$$

对于圆形凸模（推料力为0时）：

$$d_{\min} \geqslant \frac{4t\tau}{[\sigma]} \tag{2-6-5}$$

式中 σ——凸模最小断面的压应力；

P_{Σ}——凸模纵向总压力；

$F_{\min}$——凸模最小断面面积；

$d_{\min}$——凸模最小直径；

t——被冲材料厚度；

τ——被冲材料的抗剪强度；

$[\sigma]$——凸模材料的许用压应力。

一般对于T8A、T10A、Cr12MoV、GCr15等模具钢，淬火硬度为58～62 HRC时，可取$[\sigma]=(1.0\sim1.6)\times10^3$ MPa；凸模有特殊导向时，可取$[\sigma]=(2\sim3)\times10^3$ MPa。

2）凸模最大自由长度的校核

凸模在冲裁过程中，可视为压杆，因此，可根据欧拉公式校核其最大自由度。为了使凸模在冲裁时不发生失稳弯曲，凸模纵向压力P_{Σ}应小于或等于临界压力P_0，即

$$P_{\Sigma} \leqslant P_0$$

根据欧拉公式：

$$P_{C} = \frac{\pi^2 EJ}{(\mu l)^2} \tag{2-6-6}$$

故

$$\frac{\pi^2 EJ}{(\mu l)^2} \geqslant P_{\Sigma} \tag{2-6-7}$$

$$L_{\max} \leqslant \sqrt{\frac{\pi^2 EJ_{\min}}{\mu^2 P_{\Sigma}}} = \frac{\pi}{\mu}\sqrt{\frac{EJ_{\min}}{P_{\Sigma}}} \tag{2-6-8}$$

式中 P_C——凸模临界压力；

P_{Σ}——凸模总压力；

$L_{\max}$——凸模最大自由长度；

$EJ_{\min}$——凸模最小断面惯性矩，对圆形断面$EJ_{\min}=\dfrac{\pi d^4}{64}$，对矩形断面凸模$EJ_{\min}=\dfrac{bh^3}{12}$；

d——凸模工作刃口直径；

b——凸模工作刃口宽度；

h——凸模工作刃口长度；

μ——支承系数。

当凸模无导向装置时，视为一端固定，另一端自由的支承，取$\mu=2$；当为直通凸模，由导板或料导向时，可视为一端固定，另一端铰支，可取$\mu=0.7$；当是阶梯凸模，由导向板或料板导向时，可视为两端铰支，取$\mu=1$。

学习笔记

二、凹模的设计

1. 凹模的结构形式

凹模的结构形式主要有整体式、镶块式和组合式三种。

整体式凹模板有矩形和圆形两种，图 2-6-9 所示为矩形凹模，通常选用的固定方式是直接采用螺钉、销钉紧固于下模座中。

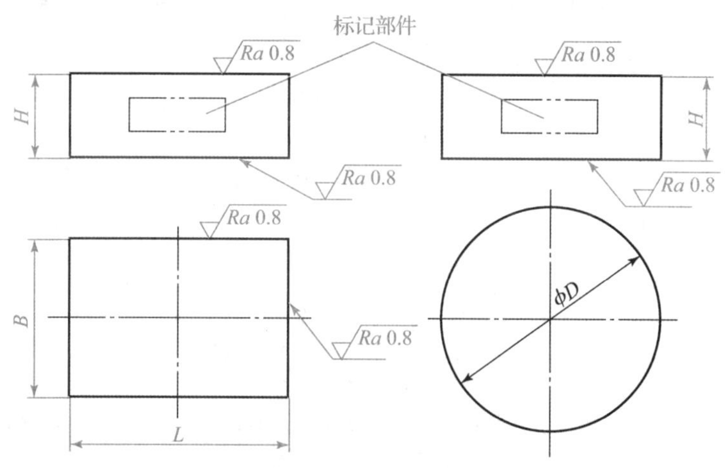

图 2-6-9　矩形凹模

图 2-6-10 所示为镶块式凹模，对形状复杂和大型的凹模与凸模常选择镶拼结构，可以获得良好的工艺性，局部损坏更换方便，还能节约优质钢材，对大型模具还可以解决锻造困难和热处理设备及变形的问题，因此被广泛采用。

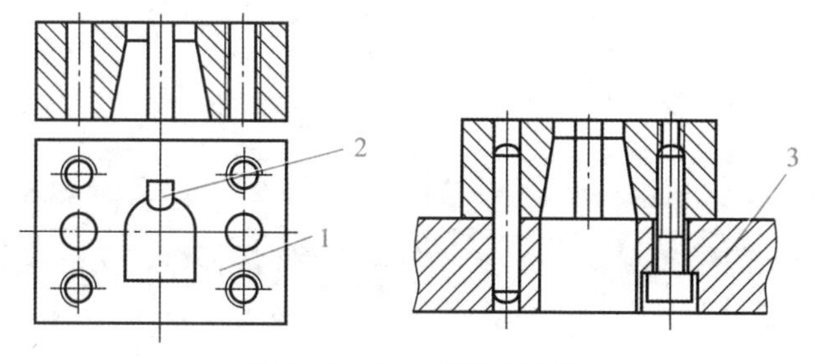

图 2-6-10　镶块式凹模

1—凹模主体；2—镶件；3—下模座

2. 凹模洞口形状

凹模的洞口形状也被称为凹模刃口形式，主要包含有直壁式、斜壁式和凸台式，如图 2－6－11 所示，其主要尺寸参数需要查表得到。凹模洞口形状选择主要应根据冲裁件的形状、厚度、尺寸精度以及模具的具体结构来决定。

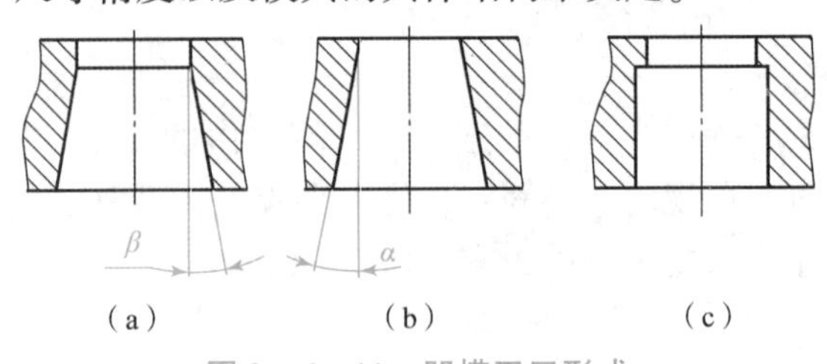

图 2－6－11　凹模刃口形式

(a) 直壁式；(b) 斜壁式；(c) 凸台式

3. 凹模的外形设计

凹模的外形形状取决于冲裁件形状，可以通过经验公式计算出凹模的材料厚度以及壁厚，这些数据可以作为选取模架的依据。通常根据冲裁的板料厚度和冲裁件的轮廓尺寸，或凹模孔口刃壁间距离，按经验公式来确定，如图 2－6－12 所示。

凹模厚度：

$$H = kb(\geqslant 15\ \text{mm}) \tag{2-6-9}$$

凹模壁厚：

$$c = (1.5-2)H(\geqslant 30 \sim 40\ \text{mm}) \tag{2-6-10}$$

式中　k——系数，可查表 2－6－1 得到；

b——凹模孔的最大宽度。

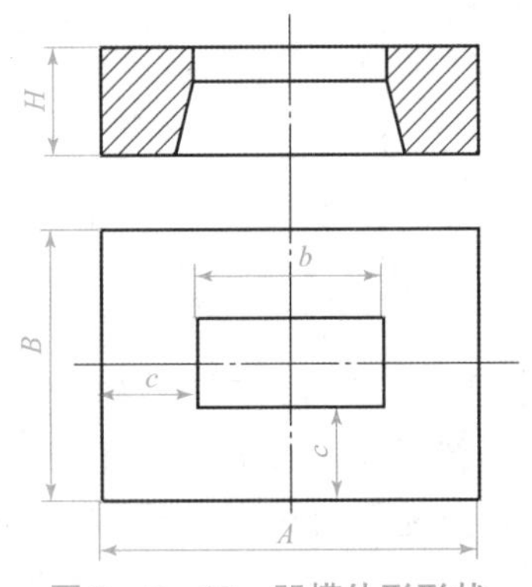

图 2－6－12　凹模外形形状

表 2－6－1　凹模系数 k　　mm

料厚 t/mm	凹模孔的最大宽度 b/mm				
	0.5	1	2	3	>3
<50	0.3	0.35	0.42	0.5	0.6
50～100	0.2	0.22	0.28	0.35	0.4

续表

料厚 t/mm	凹模孔的最大宽度 b/mm				
	0.5	1	2	3	>3
100~200	0.15	0.18	0.2	0.24	0.3
>200	0.1	0.12	0.15	0.18	0.2

凹模的型孔轴线与顶面应保持垂直，凹模的底面与顶面应保持平行。凹模的底面和型孔的孔壁应光滑，表面粗糙度为 $Ra=0.8\sim0.4\ \mu m$，底面与销孔表面粗糙度 $Ra=1.6\sim0.8\ \mu m$。

任务实施

一、确定各主要零件结构尺寸

1. 凹模外形尺寸的确定

根据图 2-6-13 给出的尺寸数字计算凹模外形尺寸。

凹模厚度：

$$H=kb(\geqslant 15)=0.28\times 58=16.24(mm)\approx 17\ mm$$

凹模壁厚：

$$c=(1.5\sim 2)H(\geqslant 30\sim 40)=1.5\times 16.24=24.36\approx 25\ mm$$

式中 b——取制件最大宽度为 58 mm；

k——通过查表 2-6-1，厚度为 2 mm，b 为 58 mm，可以查得 k 取 0.28。

2. 凸模长度的确定

凸模长度可以根据图 2-6-13 给出的尺寸数字进行计算。

凸模长度计算为

$$L=h_1+h_2+h_3+(15\sim 20)mm$$

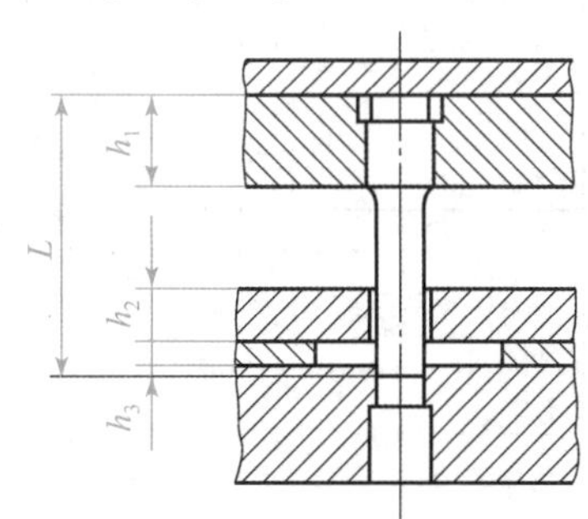

图 2-6-13 凹模长度标识图

式中 h_1——凸模固定板的厚度，18 mm；

h_2——卸料板的厚度，12 mm；

h_3——导料板的厚度，8 mm。

15～20 mm——附加长度，包括凸模的修磨量、凸模进入凹模的深度及凸模固定板与卸料板间的安全距离为 18 mm；

解得 $L=56$ mm。

二、工作零件结构设计

根据上面计算的各个尺寸，如图 2－1－1 所示的机床冲裁件落料冲孔级进模具主要工作零件图如图 2－6－14～图 2－6－16 所示。

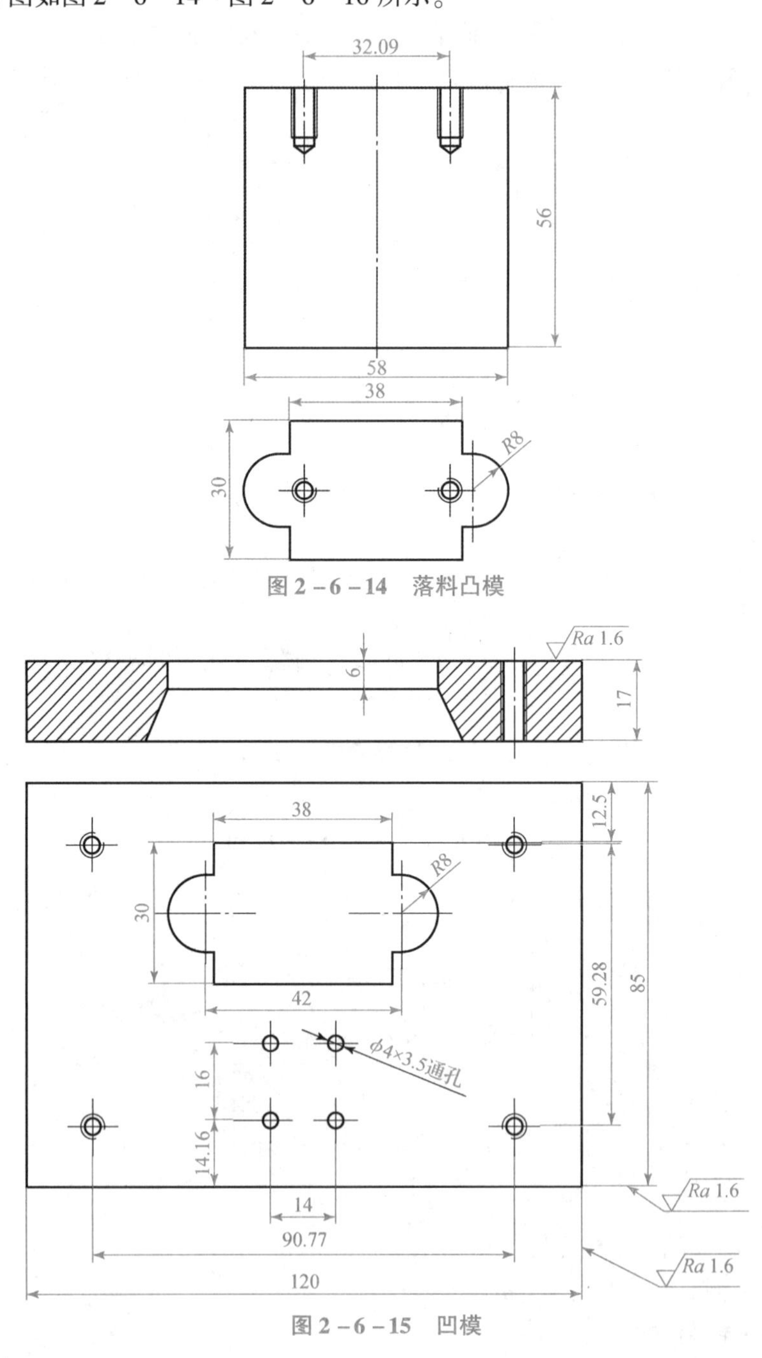

图 2－6－14　落料凸模

图 2－6－15　凹模

学习笔记

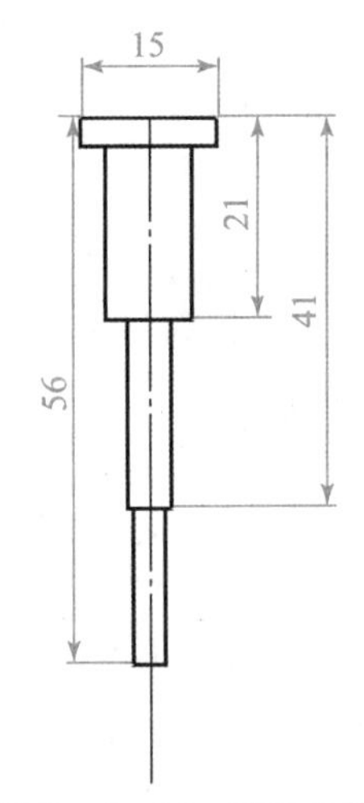

图 2－6－16　冲孔凸模

任务评价

评价项目	分值	得分
冲裁模凹模外形尺寸计算	30	
冲裁模凸模长度计算	30	
工作零件结构设计	40	

课后思考

（1）冲裁模凹模有哪些类型？

（2）冲裁模凸模固定方式有哪些？怎么进行选择？

（3）冲裁模凹模洞口形状可以分别适合于什么情况？

拓展任务

冲裁模设计实例：正装下顶出落料模。

零件如图 2－6－17 所示。

生产纲领：大批量。

材料 30 钢。

材料厚度：0. 3 mm。

制件精度等级：IT14。

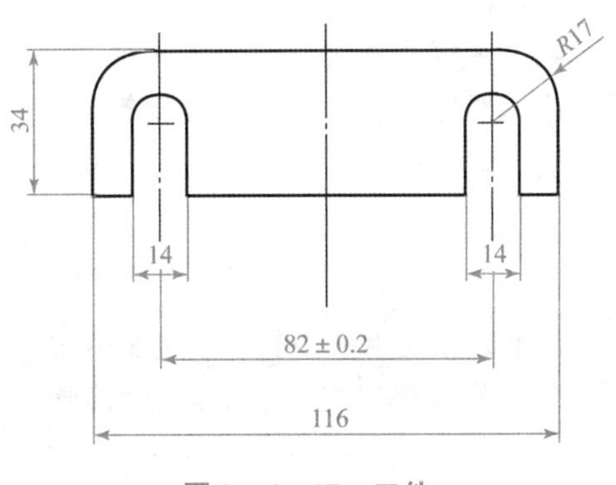

图 2－6－17　工件

学习笔记

任务2.7 冲裁模总体结构设计

任务引入

前面任务已经将冲裁模的工作零件和典型辅助结构进行了设计，下面需要将这些零件装配在一起形成模具，试对图 2－1－1 所示的制件冲裁模进行总体结构设计。

任务分析

模具的总体结构设计包括确定模具结构、模架和模柄的选取及画出模具总装配图。

学习目标

● **知识目标**

1. 了解模架各种类型；
2. 掌握冲孔落料级进冲裁模的典型结构。

● **能力目标**

1. 能够设计级进冲裁模；
2. 能够选择合适的模架和模柄。

● **素质目标**

培养同学们认真负责的态度。

知识链接

一、模架

模架即模具的支撑，比如压铸机上将模具各部分按一定规律和位置加以组合和固定，并使模具能安装到压铸机上工作的部分就叫模架，其由推出机构、导向机构、预复位机构模脚垫块、座板组成。

经过多年的发展，模架生产行业已相当成熟。模具制造商除可按个别模具需求购买订造模架外，也可选择标准化模架产品。标准化模架款式多元化，而且送货时间较短，甚至即买即用，为模具制造商提供了更高的弹性。因此标准模架的普及性正不断提高。

1. 导柱式模架

标准模架由上、下模座及导向装置（导柱和导套）组成。

（1）根据模座材料的不同分为铸铁模架和钢板模架两大类。

（2）根据模架导向方式的不同分为冲模滑动导向模架（GB/T 2851—2008）和冲模滚动导向模架（GB/T 2852—2008）。

（3）根据导柱安装位置及数量的不同分为中间导柱模架、后侧导柱模架、对角导柱模架和四导柱模架等。

如图 2－7－1 所示，图 2－7－1（a）所示为对角导柱模架，图 2－7－1（b）所示为后侧导柱模架，图 2－7－1（c）所示为后侧导柱窄形模架，图 2－7－1（d）所示为中间导柱模架，图 2－7－1（e）所示为中间导柱圆形模架，图 2－7－1（f）所示为四导柱模架。

后侧导柱模架可三面送料，操作方便，但冲压时容易引起偏心距而使模具歪斜，适用于冲压中等精度的较小尺寸冲压件的模具。后侧导柱窄形模架用于冲制中等尺寸冲压件的各种模具。

对角导柱模架便于纵向和横向送料，冲压时可防止由于偏心力矩而引起的模具歪斜，适用于冲制一般精度冲压件的冲裁模或级进模。

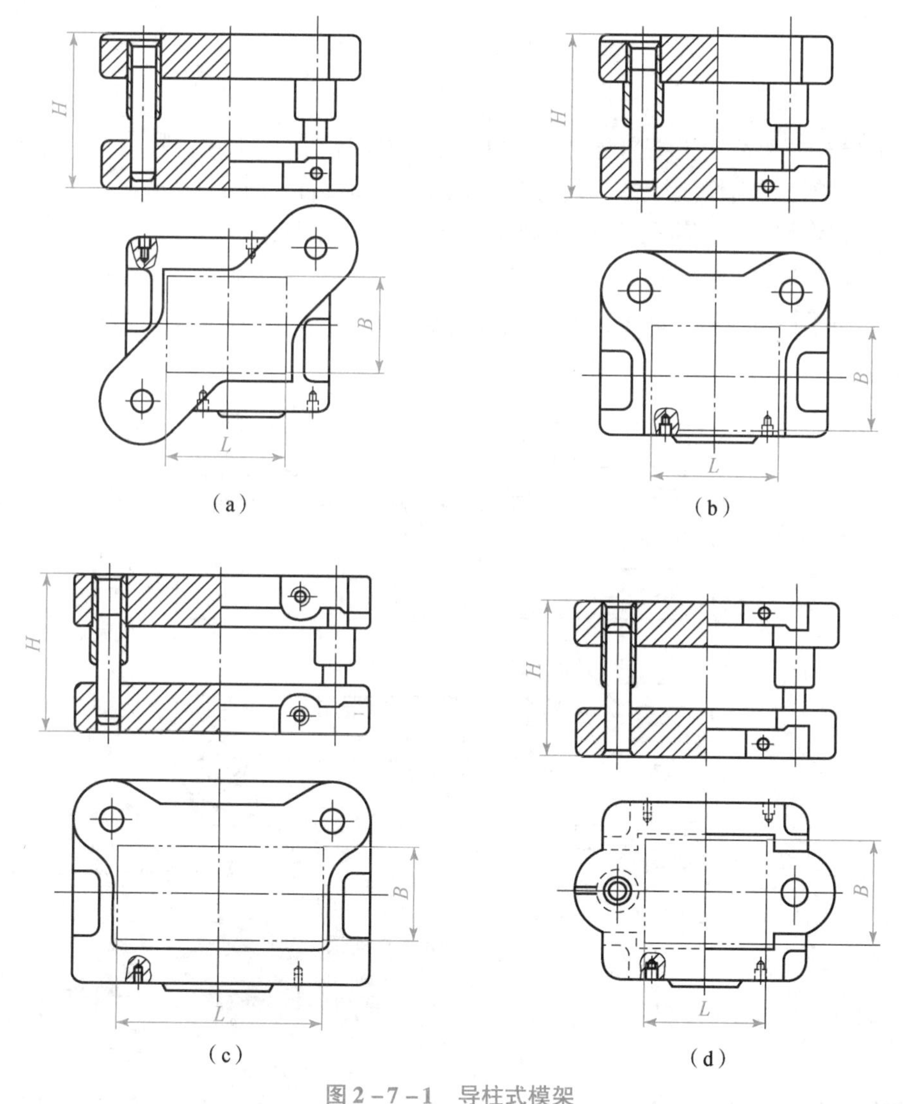

图 2－7－1　导柱式模架

学习笔记

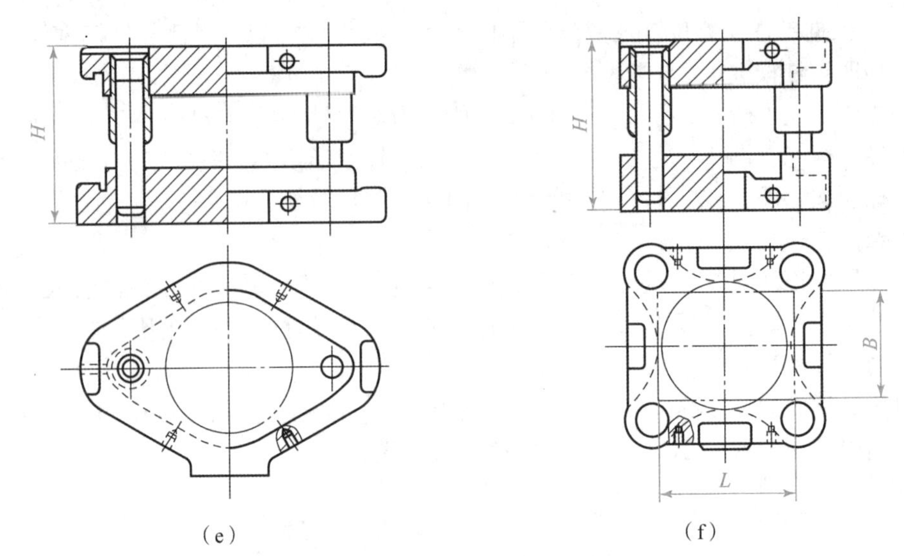

（e）　　　　（f）

图 2 -7 -1　导柱式模架（续）

中间导柱模架适用于纵向送料或以单个毛坯冲制较精密的冲压件。

四导柱模座导向性能最好，适用于冲制比较精密的冲压件。

六导柱模架广泛应用于多工位连续模。

2. 导板式模架

图 2 -7 -2 所示为导板式模架，其可以起到保护凸模的作用，一般用于带有细凸模的连续模。

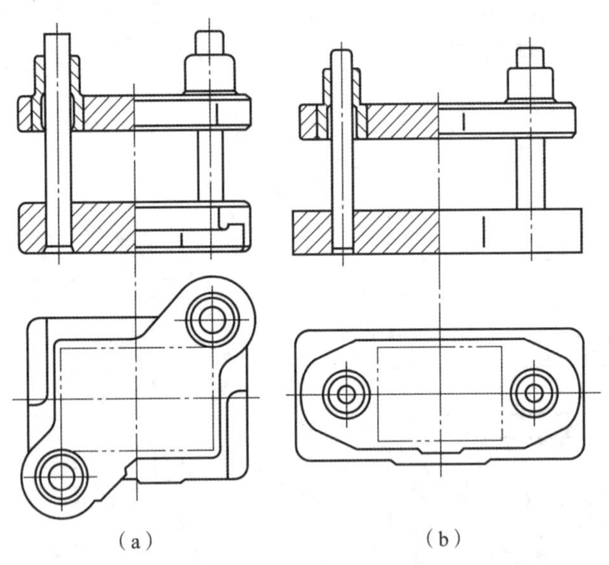

（a）　　　　（b）

图 2 -7 -2　导板式模架

（a）对角导柱弹压模架；（b）中间导柱弹压模架

二、模柄

模柄的作用是使上模在压力机上有一个比较准确的位置（精度要求高时还需要导柱导套），并且压力机的滑块在上升时，也需要模柄来传递上模向上运动的动力。

图 2－7－3 所示为各种模柄。

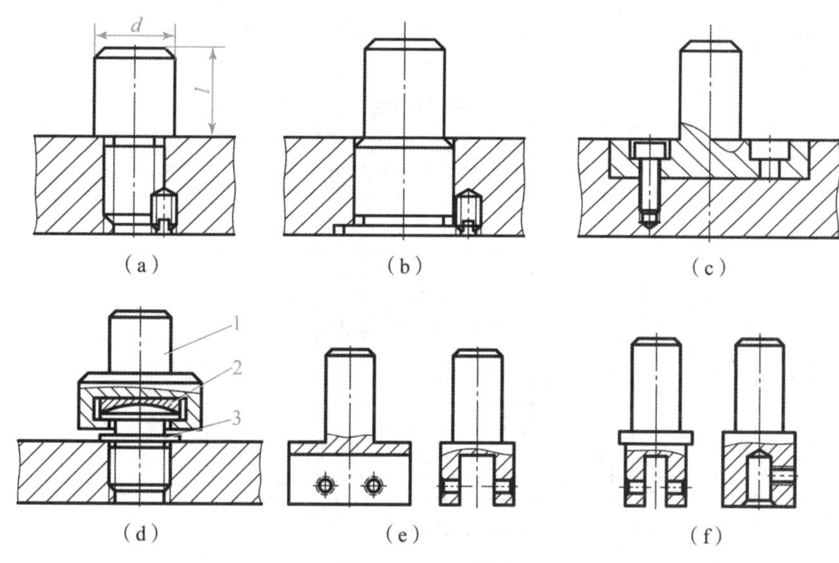

图 2－7－3　模柄

(a) 旋入式模柄；(b) 压入式模柄；(c) 凸缘式模柄；(d) 浮动模柄；(e) 槽形模柄；(f) 通用模柄

(1) 旋入式模柄（JB/T 7646.2—2008），与上模连接后，为防止松动，拧入防转螺钉紧固，其垂直度精度较差，主要用于小型模具。

(2) 压入式模柄（JB/T 7646.1—2008），与模座安装孔用 H7/n6 配合，可以保证较高的同轴度和垂直度，适用于各种中小型模具。

(3) 凸缘模柄（JB/T 7646.3—2008），用螺钉、销钉与上模座紧固在一起，适用于较大的模具。

(4) 浮动模柄（JB/T 7646.5—2008），由模柄、凹球面垫块和凸球面连接杆组成，可以通过凹球面垫块消除压力机导轨误差对冲模导向精度的影响，适用于有滚珠导柱、导套导向的精密冲模。

(5) 推入式活动模柄（JB/T 7646.6—2008），结构与浮动模柄类似。

(6) 槽形模柄（JB/T 7646.4—2008）和通用模柄均为整体式模柄，模柄与上模座做成一体，用于小型模具。

任务实施

1. 模架的选取

因该模具比较常规，没有带有较细小的凸模，故选择导柱式模架。另外，该制件并未有特殊要求，但批量较大，故选择导向性最好且比较稳定的四导柱模架。

2. 模柄的选取

模柄选择的主要决定因素就是机床吨位，根据机床吨位选择好冲压机，然后根据所选择压力机模柄孔的大小选择模柄。该制件属于小型制件，不需要太大的冲裁力，故选择通用模柄。

学习笔记

3. 模具装配图的绘制

如图 2－1－1 所示的机床冲裁件落料冲孔级进模具装配图如图 2－7－4 所示。

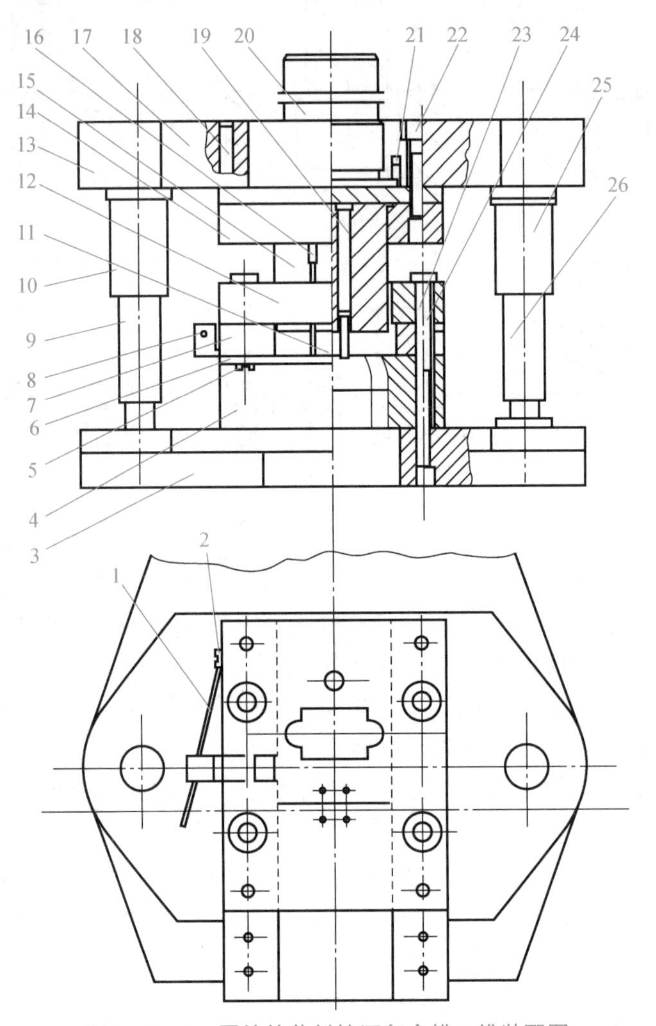

图 2－7－4　圆筒件落料拉深复合模二维装配图

1—簧片；2，5，24—螺钉；3—下模座；4—凹模；6—承导料；7—导料板；8—始用挡料销；9，26—导柱；10，25—导套；11—挡料钉；12—卸料板；13—上模座；14—凸模固定板；15—落料凸模；16—冲孔凸模；17—垫板；18，23—圆柱销；19—导正销；20—模柄；21—防转销；22—内六角螺钉

评价项目	分值	得分
装配二维图的绘制	40 分	
落料凸模二维图的绘制	30 分	
冲孔凸模二维图的绘制	30 分	

学习笔记

课后思考

（1）模柄种类有哪些？

（2）模架的选取需要注意什么？

拓展任务

用电脑软件 NX 绘制冲裁模具的三维图。

项目三　弯曲工艺及模具设计

任务3.1　弯曲工艺性分析

零件名称：闸瓦钢背。

零件图：如图 3-1-1 所示。

生产纲领：大批量生产。

材料：Q235。

厚度：3 mm。

应用以上材料，是否能将如图 3-1-1 所示形状的闸瓦钢背用弯曲工艺成形？试对其进行工艺性分析。

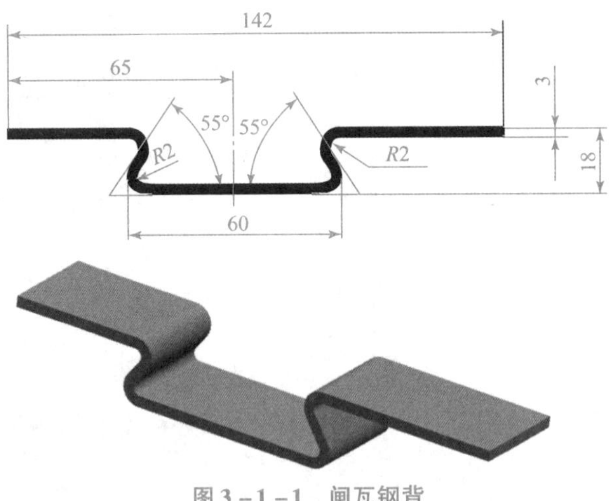

图 3-1-1　闸瓦钢背

图 3-1-1 所示为弯曲工艺中一般复杂程度的燕尾形弯曲件，判断能否用弯曲工艺完成成形的分析过程，就是其工艺分析过程，一般工艺分析包括材料分析、形状分析等。

学习笔记

- **知识目标**

1. 了解弯曲的概念和类型;
2. 掌握弯曲变形过程及弯曲件的工艺性。

- **能力目标**

1. 能够分析弯曲件的工艺性;
2. 掌握辨别各弯曲种类的能力。

- **素质目标**

培养学生分析问题的能力。

一、弯曲的概念和类型

弯曲，即受到力的作用而发生形变，这种力的作用是合力最终形成的结果。坯料在制造过程中有多种作用力的存在。工件的弯曲有冷弯和热弯两种，即把金属板材、管材和型材弯曲成一定曲率、形状和尺寸的工件的冲压成形工艺。弯曲成形广泛应用于制造高压容器、锅炉汽包、锅炉炉管、船体的钢板及骨肋、各种器皿、仪器仪表构件以及箱柜镶条等。

根据得到弯曲制件的工艺不同，弯曲可分为压弯、折弯、滚弯和拉弯，压弯是最常用的弯曲方法。弯曲所用设备大多为通用的机械压力机或液压机，也有用专用折弯压力机的。常用的滚弯设备是卷板机。

(1) 压弯工艺如图3-1-2 (a) 所示，压弯就是将板材或型材，利用压力机使压弯模具上模和下模充分靠近，从而得到特定弯曲制件的过程。压弯是最常见的弯曲工艺。

(2) 折弯工艺如图3-1-2 (b) 所示，金属板料在折弯机上模或下模的压力下，首先经过弹性变形，然后进入塑性变形，在塑性弯曲的开始阶段，板料是自由弯曲地随着上模或下模对板料施压，板料与下模V形槽内表面逐渐靠紧，同时曲率半径和弯曲力臂也逐渐变小，继续加压直到行程终止，使上、下模与板材三点靠紧全接触，此时完成一个V形弯曲，即为折弯。

(3) 滚弯工艺如图3-1-2 (c) 所示，滚弯是将板材或型材，通过旋转的滚轴使之弯曲的一种工艺方法。凡属圆筒形的结构或圆弧形的构件，一般都采用滚弯的加工方法来成形加工。滚弯分为二维滚弯和三维滚弯。

(4) 拉弯工艺如图3-1-2 (d) 所示，拉弯就是把金属板材、管材和型材弯曲成一定曲率、形状和尺寸的工件的冲压成形工艺。拉弯时，板材全部厚度上都受拉应力的作用，因而只产生伸长变形，卸载后弹性回复引起的变形小，容易保证精度。拉弯成形广泛应用于制造高压容器、锅炉汽包、锅炉炉管、船体的钢板及骨肋、各种器皿、仪器仪表构件以及箱柜镶条等。

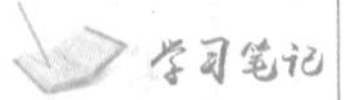

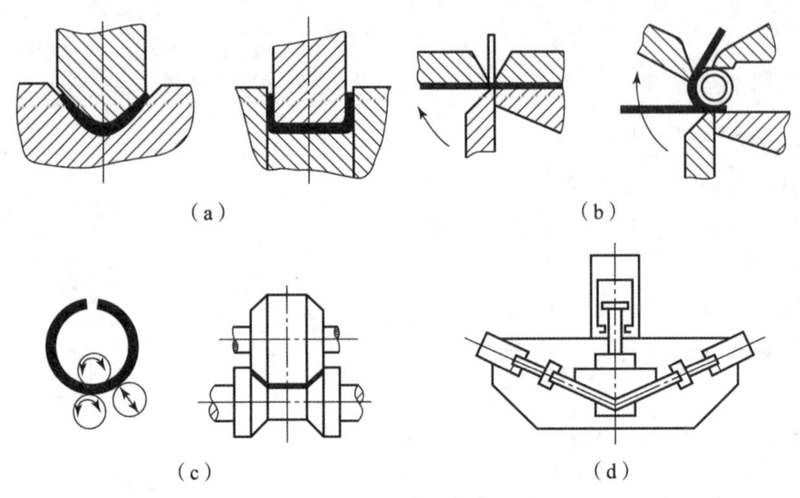

图 3-1-2　常见弯曲工艺

二、弯曲过程分析

1. 以简单 V 形件为例

V 形件的整个变形过程如图 3-1-3 所示，可以分为三个阶段：正向弯曲阶段、反向弯曲阶段和校正弯曲阶段。

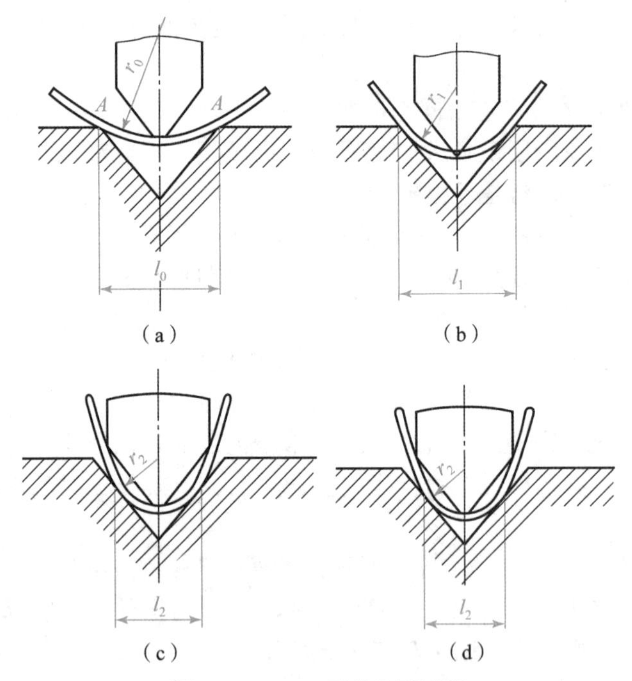

图 3-1-3　V 形件变形过程

1）正向弯曲阶段

开始弯曲时，平板料被支承在凹模口的 *AA* 两点上，凸模最先接触的是板料的中部。由于凸、凹模的作用力在材料内部形成了弯矩，因而在两支承点 *AA* 之间引起弯曲变形。两支承点 *AA* 之间就称为变形区，两点 *AA* 以外的左、右两端称为非变形区。

随着凸模的下压，曲率不断增加，弯曲半径不断减小，凹模对板料的支承点也不再是 AA 两点，而是不断向内移动，于是两支承点间的变形区范围就随着支承点的内移而逐渐缩小，两支承点以外的非变形区就不断向内扩大。

可见此时的非变形区由两部分组成，一部分原来就在凹模口 AA 两点以外，一直没有参与弯曲变形，可以称为不变形区；另一部分是开始阶段还在弯曲变形区 AA 段以内，已经发生了弯曲变形，后来由于支承点内移，这部分材料就陆续停止变形，由变形区转为非变形区。

这部分材料与不变形区不同，它不再是原来的平直状态，可以称为已变形区。显然，已变形区的弯曲变形不符合制件要求，属于多余弯曲，应予以消除，使之恢复平直状态。

2）反向弯曲阶段

随着凸模的下压，直到制件两侧翘起的非变形区与凸模接触（即三点接触），此时正向弯曲阶段结束，开始了正、反向弯曲阶段。中间部位的材料继续正向弯曲，而两侧已经停止变形的非变形区又重新开始反向弯曲变形。

随着凸模的继续下压，此正、反向弯曲变形一直进行到中部弯曲半径和角度符合制件要求，两侧的已变形区通过反向弯曲重新恢复平直状态，直至凸模、凹模和制件三者完全贴合为止。

生产上一般称上述两个阶段的弯曲变形为自由弯曲。

3）校正弯曲阶段

由于塑性变形的同时还存在弹性变形，所以自由弯曲后的制件在卸载后会有弯曲回弹。由于制件既有正向弯曲，又有反向弯曲，所以回弹也可能是正回弹，也可能是负回弹。

为了减少回弹变形，提高制件精度，在自由弯曲阶段结束，凸、凹模与制件完全贴合后，再使凸模继续下压。虽然此时凸模下行量不会很大，但会对制件施加巨大的压力，使之校正定形。这个阶段的变形一般称为校正弯曲。

2. 弯曲工序分类

自由弯曲，如图 3-1-4（a）所示，弯曲结束时，凸模、凹模、毛坯三者相吻合，凸模不再下压。

校正弯曲，如图 3-1-4（b）所示，当弯曲中，凸模、凹模、毛坯三者相吻合后，凸模继续下压，使毛坯产生进一步的塑性变形。

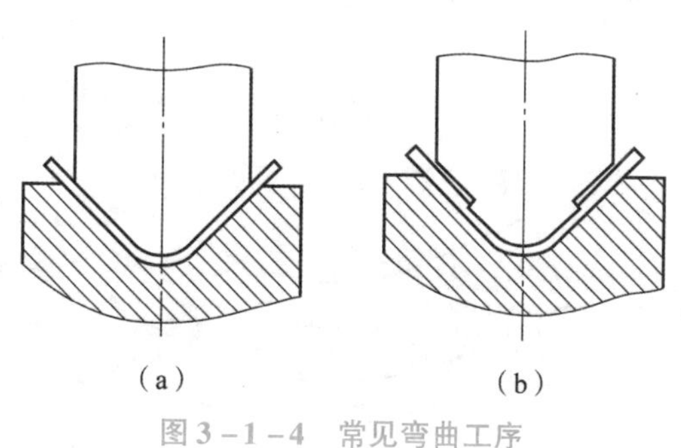

图 3-1-4　常见弯曲工序

（a）自由弯曲；（b）校正弯曲

学习笔记

3. 弯曲变形分析

采用网格法对工件弯曲进行分析，即将工件侧面等分为若干个小方格，进行弯曲工艺，观察工件在弯曲前和弯曲后侧面小方格形状和面积的变化，进而分析弯曲变形过程，如图 3-1-5 所示。

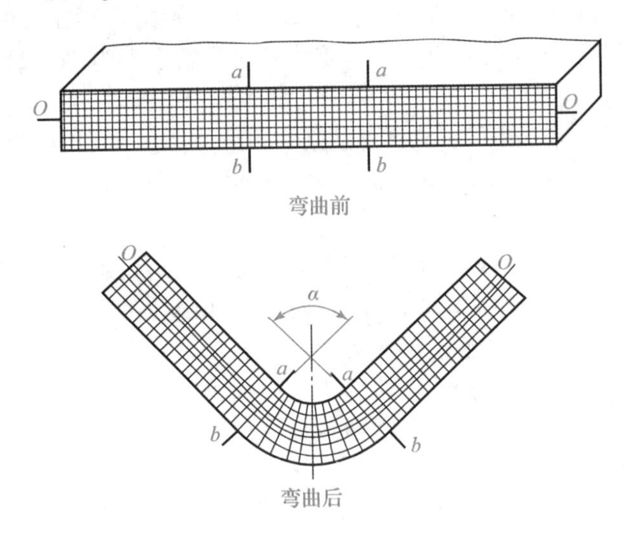

图 3-1-5　弯曲前后截面网格变化情况

通过观察可以发现，弯曲变形只发生在弯曲件的圆角 *aa*、*bb* 附近，两端直线部分则不产生塑性变形。弯曲后，内侧材料受压缩，原矩形截面变成了内宽外窄的扇形；外侧材料受拉，横截面几乎不变，仍为矩形。

弯曲后，工件内侧长度缩短，外侧长度增长，内有一层中性层，长度保持不变。为更好地了解弯曲变形范围，通常需要计算出中性层长度，根据图 3-1-6，中性层长度计算公式为

$$\rho = r + xt \tag{3-1-1}$$

式中 ρ——中性层弯曲半径，mm；

r——弯曲半径，mm；

t——材料厚度，mm；

x——中性层位移系数，见表 3-1-1。

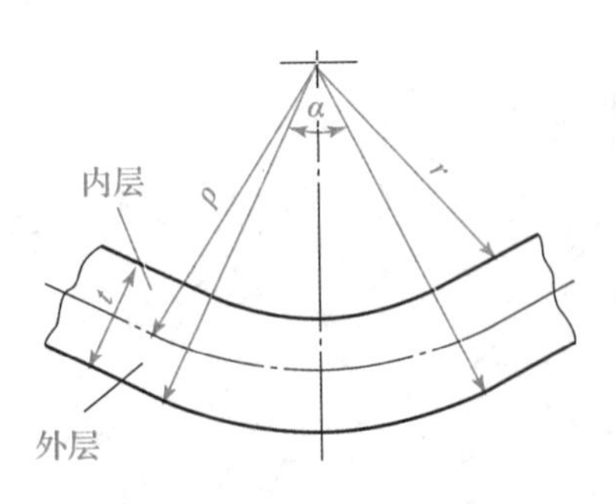

图 3-1-6　中性层长度分析

表 3-1-1　中性层位移系数 x

r/t	0.1	0.2	0.3	0.4	0.5	0.6	0.7	0.8	1	1.2
x	0.21	0.22	0.23	0.24	0.25	0.26	0.28	0.30	0.32	0.33
r/t	1.3	1.5	2.0	2.5	3.0	4.0	5.0	6.0	7.0	≥8
x	0.34	0.36	0.38	0.39	0.40	0.42	0.44	0.46	0.48	0.50

弯曲后，工件厚度和宽度都有不同程度的变化。由于弯曲，内 R 由凸模压紧，基本不增厚；外 R 拉长减薄，变形区内厚度 t 变薄。其宽度方向的变化如图 3-1-7 所示，当毛坯宽度与厚度之比 $b/t \leqslant 3$ 时，内宽外窄；当毛坯宽度与厚度之比 $b/t > 3$ 时，宽度基本无变化。

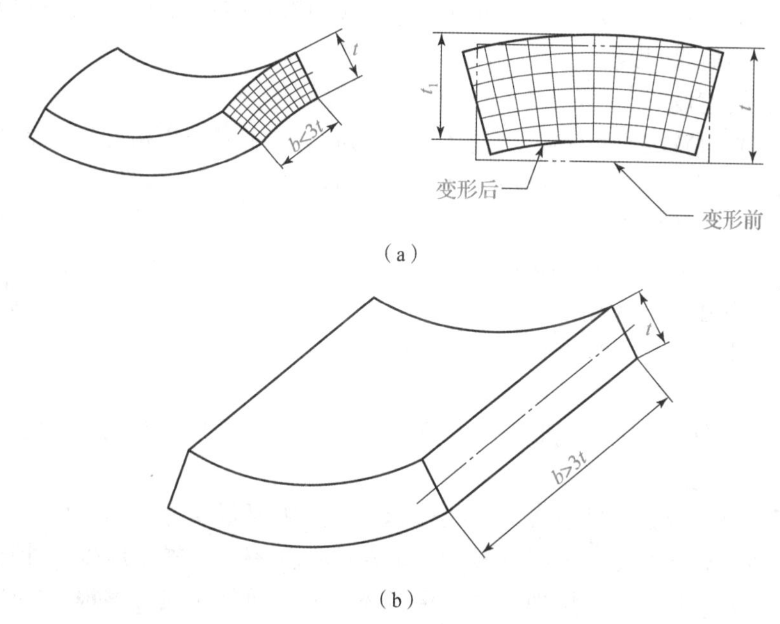

图 3-1-7　弯曲前后板材宽度变化

（a）窄板弯曲；（b）宽板弯曲

4. 弯曲件的结构工艺性

1）材料要求

在弯曲工艺中，工件产生了较大变形，要求材料有足够的塑性、较低的屈服极限，最适宜弯曲的材料有低碳钢（08、10）、紫铜、黄铜、软铝和 1Cr18Ni9Ti 不锈钢等。

倘若要对较硬的材料进行弯曲，则需增加工序改变其性能：可以先退火处理后再弯曲，最后淬火；或者加热后进行弯曲。

2）最小弯曲半径

当弯曲件相对弯曲半径 r/t 小到一定程度时，会使弯曲件外表面纤维的拉伸应变超过材料所允许的极限而出现裂纹或折断，所以对弯曲件有一个最小弯曲半径的限制。在保证坯料外表面纤维不发生破坏的前提下，工件能够弯成的内表面最小圆角半径，

称为最小弯曲半径 r_{min}/t，相应地 r_{min}/t 称为最小相对弯曲半径。

（1）影响最小弯曲半径的因素。

①材料的力学性能。

材料的塑性越好，其塑性指标越高，相应地最小弯曲半径也越小。

②材料的纤维方向与折弯线方向的关系。

轧制的板料是各向异性的，顺着纤维方向的塑性指标高于垂直于纤维方向的塑性指标。因此，弯曲折弯线如果垂直于板料纤维方向，则 r_{min}/t 的数值小于折弯线与纤维方向平行弯曲的 r_{min}/t 值。当弯曲 r/t 较小的工件时，应尽量使折弯线垂直于板料的纤维方向，以提高变形程度，避免外层纤维拉裂。多向弯曲的工件，可使折弯线与板料纤维方向成一定角度。

③板料的表面质量与坯料断面质量。

坯料表面如有划伤、裂纹，或侧面（剪切或冲裁断面）有毛刺、裂口和冷作硬化等缺陷，则弯曲时易开裂。

④弯曲件的宽度。

弯曲件的相对宽度 b/t 不同，变形区的应力状态也不同，在相对弯曲半径相同的条件下，当相对宽度 b/t 大时，其应变强度大；当 b/t 小时，其应变强度小。

⑤弯曲中心角的大小。

理论上板料弯曲变形仅局限于圆角部分，直边部分不参与变形，变形程度只与 r/t 有关，与弯曲中心角的大小无关。但实际弯曲过程中由于金属纤维之间的相互牵制，靠近圆角的直边部分也参与了变形，因而扩大了变形区的范围，这对圆角外表面受拉的状态有缓解作用，有利于降低最小弯曲半径的数值。在较小中心角的弯曲时，其变形区小，因此，圆角中段的变形程度也得以降低，相对应的 r/t 值也可小些。

⑥板料的厚度。

一般板料厚度越大，最小弯曲半径也越大。这主要是因为变形区内切向应变在厚度方向上按线性规律变化，表面上最大，中性层上为零。当板料厚度较小时，切向应变变化的梯度大，其数值很快地由最大值衰减为零，而与切向变形最大的外表面相邻近的金属，可以起到阻止表面金属产生局部不稳定塑性变形的作用。所以在这种情况下可能得到较大的变形和较小的最小弯曲半径。

（2）最小弯曲半径的确定

弯曲半径即弯曲件弯曲部分的内角半径，用 r 表示，如图 3－1－8 中 r_1 和 r_2 所示。

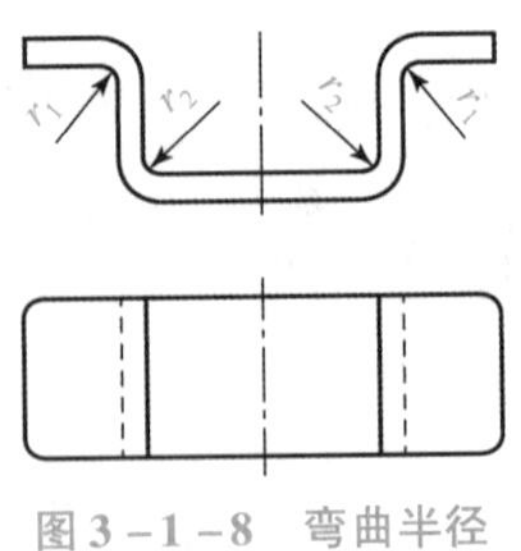

图 3－1－8　弯曲半径

最小弯曲半径是指弯曲件弯曲时外 R 处不弯裂的最小内角半径，用 r_{min} 表示，其值通过表 3－1－2 选取。

表 3-1-2　弯曲件最小弯曲半径 r_{min} 值

材料	退火或正火状态		冷作硬化状态	
	弯曲线位置			
	垂直轧制纹方向	平行轧制纹方向	垂直轧制纹方向	平行轧制纹方向
08、10、Q195、Q215	0.1t	0.4t	0.4t	0.8t
15、20、Q235	0.1t	0.5t	0.5t	1.0t
25、30、Q255	0.2t	0.6t	0.6t	1.2t
35、40、Q275	0.3t	0.8t	0.8t	1.5t
45、50	0.5t	1.0t	1.0t	1.7t
55、60	0.7t	1.3t	1.3t	2.0t
Cr18Ni9	1.0t	2.0t	3.0t	4.0t
磷青铜	—	—	1.0t	3.0t
半硬黄铜	0.1t	0.35t	0.5t	1.2t
软黄铜	0.1t	0.35t	0.35t	0.8t
紫铜	0.1t	0.35t	1.0t	2.0t
铝	0.1t	0.35t	0.5t	1.0t

3）弯曲件直边高度

弯曲件直边高度指弯曲件非变形区直边的长度，如图 3-1-9 所示，用 h 表示。

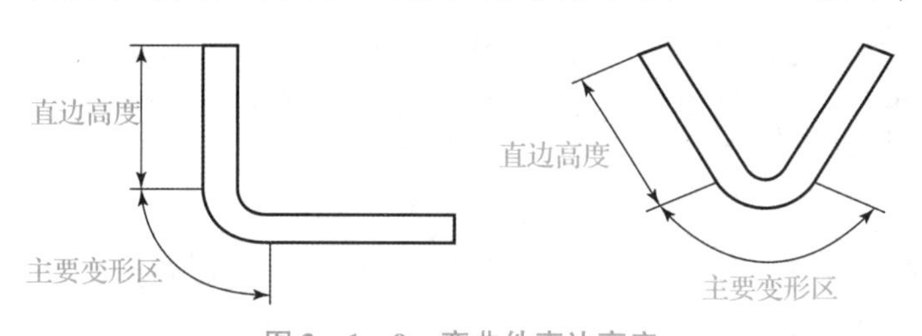

图 3-1-9　弯曲件直边高度

弯曲件的直边高度不宜过小，其值应为 $h>(r+2t)$，若直边长度过短，则不能产生足够的弯矩，无法保证弯曲件直边平直。

4）弯曲件的孔边距

弯曲件中孔的位置处于弯曲变形区外，如图 3-1-10 所示，要求当 $t<2$ mm 时，$s \geqslant t$；当 $t \geqslant 2$ mm 时，$s \geqslant 2t$。当不满足上述要求时，必须先弯曲，再冲孔。

5）弯曲件的形状

一般要求弯曲件形状对称，弯曲半径左、右一致，则弯曲时坯料受力平衡而无滑动。

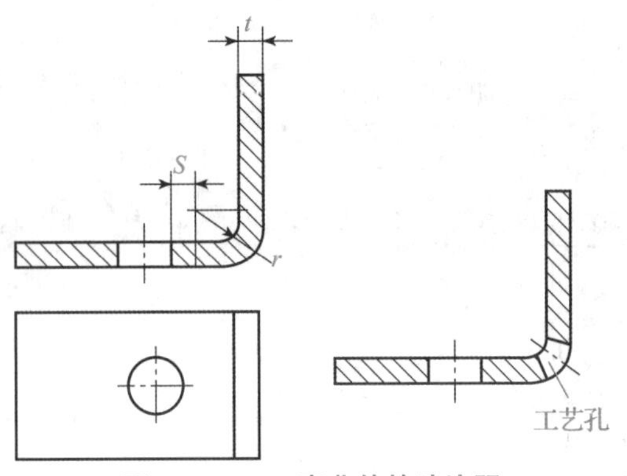

图 3-1-10　弯曲件的孔边距

6）尺寸标注

尺寸标注对弯曲件的工艺性有很大的影响。在不要求弯曲件有一定装配关系时，应尽量考虑冲压工艺的方便来标注尺寸。图 3-1-11 所示为尺寸标注对弯曲工艺的影响。图3-1-11（a）表示先落料、后冲孔、再弯曲，图3-1-11（b）和图3-1-11（c）表示冲孔在弯曲成形后进行。

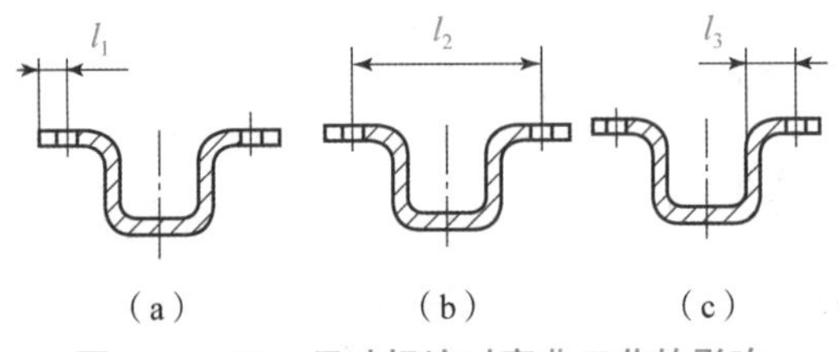

（a）　（b）　（c）

图 3-1-11　尺寸标注对弯曲工艺的影响

5. 弯曲件质量分析及控制

坯料在弯曲生成弯曲件的过程中，会产生很大的形变，同时可能会伴有弯裂、回弹和偏移等现象。为了得到质量合格的弯曲件，要对弯曲过程中产生的这些现象进行分析控制。

1）弯裂

弯裂是指弯曲变形区外层材料产生裂纹的现象，产生弯裂的主要原因是弯曲变形程度超出被弯材料的成形极限。弯裂是可以避免的。

图 3-1-12 所示为弯裂示意图，这种现象可以通过以下四点来避免。

（1）选择塑性好的材料进行弯曲，对冷作硬化的材料在弯曲前进行退火处理。

（2）采用 r/t 大于 r_{min}/t 的弯曲。

（3）排样时，使弯曲线与板料的纤维组织方向垂直。

（4）将有毛刺的一面朝向弯曲凸模一侧，或弯曲前去除毛刺，避免弯曲毛坯外侧有任何划伤、裂纹等缺陷。

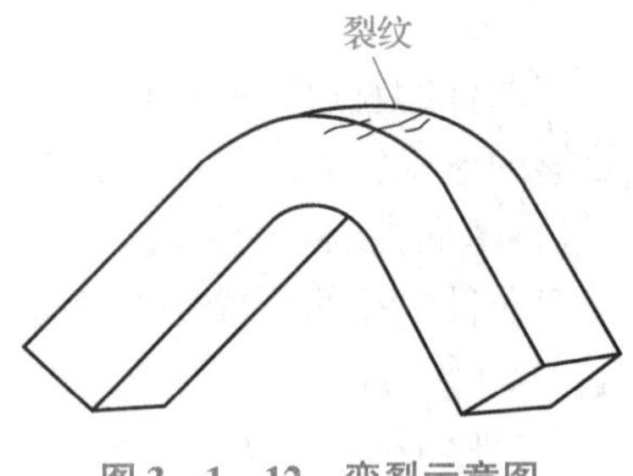

图 3-1-12　弯裂示意图

2）回弹

弯曲回弹是指弯曲件从模具中取出时，其形状和尺寸变得与模具不一致的现象，简称回弹或弹复或回跳。

弯曲时的总变形是由塑性变形和弹性变形两部分组成的，当外载荷去除后，塑性变形被保留下来，而弹性变形会完全消失，弹性变形的消失就会产生回弹，如图 3－1－13 所示。

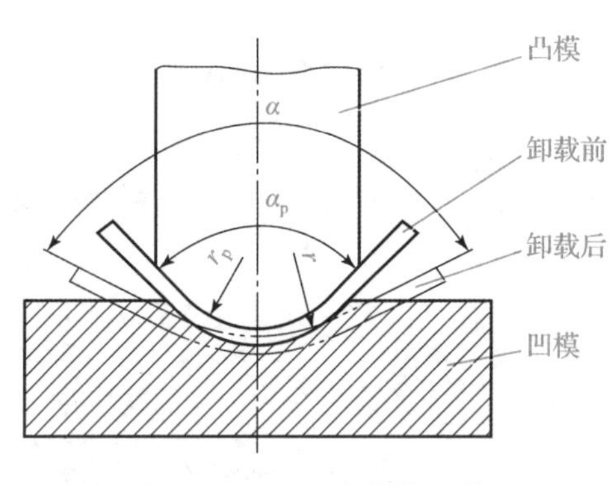

图 3－1－13　弯曲件回弹

弯曲半径改变，即由加载时的 r_p 变为卸载时的 r，弯曲件角度发生改变，改变量为 $\Delta\alpha = \alpha - \alpha_p$，当 $\Delta\alpha > 0$ 时，称为正回弹；当 $\Delta\alpha < 0$ 时，称为负回弹。

影响回弹的因素有以下几方面：

（1）材料的力学性能：屈服极限越大、硬化指数越高，回弹越大；弹性模量越大，回弹越小。

（2）相对弯曲半径：相对弯曲半径越大，回弹越大。

（3）弯曲中心角：弯曲中心角越大，变形区的长度越长，回弹积累值也越大，故回弹增加。

（4）弯曲方式 ：校正弯曲的回弹比自由弯曲时大为减小。

（5）工件形状：形状越复杂、一次弯曲的角度越多，回弹越小。

（6）模具结构：带底凹模的回弹小。

3）偏移

偏移是指弯曲过程中板料毛坯在模具中发生移动的现象。偏移的结果使弯曲件两直边的长度不符合图纸要求，因此必须消除偏移现象。

产生偏移的原因：

（1）弯曲件坯料形状左右不对称；

（2）坯料定位不稳定，压料效果不理想；

（3）模具结构左右不对称。

控制偏移的措施：

（1）选择可靠的定位和压料方式，采用合适的模具结构；

（2）对于小型不对称的弯曲件，采用成对弯曲再剖切的工艺。

1. 形状分析

如图 3－1－1 所示工件的断面形状是燕尾形，零件左右对称，厚度 $t=3$ mm，没有厚度不变的要求，适合弯曲。

2. 材料分析

材料为 Q235，有足够的塑性、较低的屈服极限，适合弯曲。

3. 结构分析

图 3－1－1 中两个弯曲位置的弯曲半径 $r=2$ mm，整个弯曲过程在常温下进行，选择垂直轧制纹方向进行弯曲，则

$$r_{\min}=0.5t=0.5\times3=1.5(\text{mm})$$

由于 $r>r_{\min}$，故弯曲半径符合要求。

因工件中没有涉及孔的冲裁，故不用考虑孔的位置。

直边高度 $H=18-4=14(\text{mm})$，根据直边公式 $h>(r+2t)$ 验证：

$$r+2t=2+2\times3=8(\text{mm})$$

由于 $14>8$，故直边高度符合弯曲要求。

因此，该零件的弯曲工艺性好，可用弯曲工艺加工。

评价项目	分值	得分
弯曲件的材料分析	30	
弯曲件的结构工艺性分析	40	
弯曲件的形状分析	30	

课后思考

(1) 弯曲变形有哪些类型？

(2) 弯曲件结构工艺性需要考虑哪些问题？分别如何进行？

(3) 弯曲件的材料有什么要求？

通过网络等形式了解更多弯曲模的工艺性知识。

学习笔记

任务3.2 工艺计算

任务引入

对图3－1－1所示的闸瓦钢背，该准备多大的坯料？对于该弯曲工艺又该提供多大的弯曲力？最后选择怎样的工艺方案？试对闸瓦钢背进行必要的工艺计算。

任务分析

弯曲件必要进行工艺计算的目的是保证整个弯曲工艺过程的正常进行，包括毛坯尺寸的确定、弯曲力的计算和工艺方案的制定等。

学习目标

● 知识目标

1. 了解弯曲件的展开尺寸计算原则及方法；
2. 掌握弯曲次数的确定方法；
3. 掌握弯曲力的确定方法。

● 能力目标

1. 具备弯曲件展开尺寸的计算能力；
2. 能确定弯曲件弯曲次数；
3. 能正确计算弯曲力。

● 素质目标

1. 培养学生的成本意识及严谨计算的职业素养；
2. 培养学生循序渐进的学习方法。

知识链接

一、弯曲件展开尺寸的计算

在弯曲过程中，中性层的位置由材料厚度的中间向板料内侧移动。若移动后中性层的位置与板料最内层纤维的距离用 xt 表示，则由式（3－1－1）可知，中性层弯曲半径为 $\rho = r + xt$。

1. 有圆角半径弯曲件展开长度计算（$r > 0.5t$）

弯曲件的展开长度是根据弯曲前后中性层不变的原则进行计算的，弯曲件的展开长度等于直线部分长度和圆弧部分中性层长度之和，即

$$L = l_1 + l_2 + \frac{\pi\alpha}{180}\rho = l_1 + l_2 + \frac{\pi\alpha}{180}(r + xt) \qquad (3-2-1)$$

2. 无圆角半径或圆角半径 $r<0.5t$ 的弯曲件

无圆角半径弯曲件的展开长度一般根据弯曲前后体积相等的原则，考虑到弯曲圆角变形区以及相邻直边部分的变薄因素，采用经过修正的公式来进行计算，见表3－2－1。

表3－2－1　圆角半径 $r<0.5t$ 的弯曲件展开长度计算公式

简图	计算公式	简图	计算公式
	$L=l_1+l_2+0.4t$		$L=l_1+l_2+l_3+0.6t$
	$L=l_1+l_2-0.43t$		$L=l_1+2l_2+2l_3+t$（一次同时弯曲四个角） $L=l_1+2l_2+2l_3+1.2t$（分两次弯曲四个角）

3. 铰链弯曲件展开长度计算

对于 $r=(0.6\sim3.5)t$ 的铰链件（见图3－2－1），其坯料长度可按下式近似计算：

$$L=l+1.5\pi(r+x_1t)+r=l+5.7r+4.7x_1t \quad (3-2-2)$$

式中　x_1——中性层位移系数（查表3－2－2）。

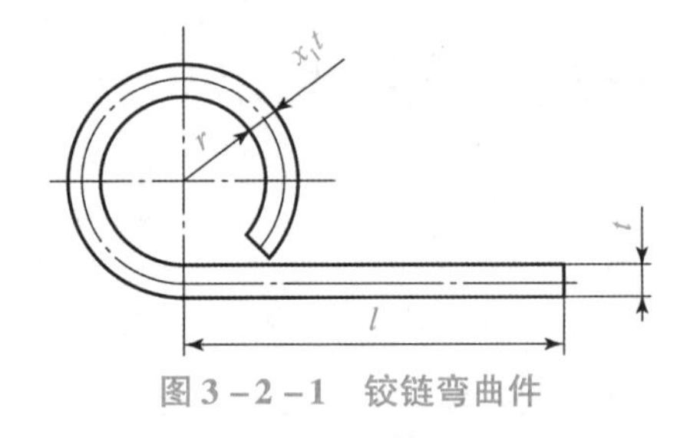

图3－2－1　铰链弯曲件

表3－2－2　铰链弯曲件中性层位移系数 x_1

r/t	x_1	r/t	x_1	r/t	x_1
>0.5～0.6	0.76	>1.0～1.2	0.67	>1.8～2.0	0.58
>0.6～0.8	0.73	>1.2～1.5	0.64	>2.0～2.2	0.54
>0.8～1.0	0.70	>1.5～1.8	0.61	>2.2	0.5

学习笔记

4. 棒料弯曲件展开长度计算

棒料弯曲与其他弯曲有区别，当弯曲半径 $r \geq 1.5d$ 时，断面基本上没有变化，仍保持圆形，中性层系数近似于0.5；当 $r < 1.5d$ 时，断面发生畸变，中性层系数 $x_0 > 0.5$，中性层外移。棒料弯曲时中性层系数可参考表3-2-3。

表3-2-3 棒料弯曲时中性层系数 x_0

弯曲半径 r	$\geq 1.5d$	d	$0.5d$	$0.25d$
x_0	0.5	0.51	0.53	0.55

二、弯曲力的计算

弯曲力是设计冲压工艺过程和选择设备的重要依据之一。弯曲力的大小与毛坯尺寸、零件形状、材料的机械性能、弯曲方法和模具结构等多种因素有关。弯曲力急剧上升部分表示由自由弯曲到接触弯曲转化为校正弯曲的过程。

1. 自由弯曲力

当弯曲终了时，凸模、毛坯、凹模相互吻合后不再发生冲击作用的弯曲称为自由弯曲，用到的力即为自由弯曲力。自由弯曲件主要有V形件和U形件，其计算公式如下：

对于V形件：

$$F = \frac{0.6kbt^2\sigma_b}{r+t} \quad (3-2-3)$$

对于U形件：

$$F = \frac{0.7kbt^2\sigma_b}{r+t} \quad (3-2-4)$$

式中 F——材料在冲压行程结束时的弯曲力；

t——弯曲件厚度；

r——弯曲件内弯曲半径；

σ_b——材料强度极限；

b——弯曲件宽度；

k——安全系数，一般可取 $k=1.3$。

2. 校正弯曲时的弯曲力

校正弯曲是指在自由弯曲阶段后，进一步对贴合凸模、凹模表面的弯曲件进行挤压，其校正力比自由弯曲大得多，由于这两个力的先后作用，故计算弯曲力时，只需计算校正弯曲力。当弯曲件在冲压结束时受到模具的压力校正，则弯曲校正力计算公式如下：

$$F_j = qA \quad (3-2-5)$$

式中 F_j——校正弯曲力；

q——单位校正力，可查表3-2-4；

A——校正部分投影面积。

表 3-2-4　单位校正力 q　MPa

材料	t/mm			
	≤1	>1~2	>2~5	>5~10
铝	>10~15	15~20	20~30	30~40
黄铜	>15~20	20~30	30~40	40~60
10 钢、15 钢、20 钢	>20~30	30~40	40~60	60~80
25 钢、30 钢、35 钢	>30~40	40~50	50~70	70~100

3. 顶件力或压料力

若弯曲模设有顶件装置或压料装置，则其顶件力和压料力可近似取自由弯曲力的30%~80%，即

$$F_{d}=(0.3\sim0.8)F_{自} \tag{3-2-6}$$

4. 压力机公称压力的确定

由于校正力比顶件力或压料力大得多，所以顶件力或压料力可忽略。

对于有压料的自由弯曲，压力机公称压力应为

$$P=(1.6\sim1.8)(F_{自}+F_{d}) \tag{3-2-7}$$

对于校正弯曲，压力机公称压力可取为

$$P=(1.1\sim1.3)F_{j} \tag{3-2-8}$$

三、弯曲次数的确定

能否一次弯曲成形判断的依据是零件的弯曲半径大于其最小弯曲半径，如果满足条件即可通过一次弯曲成形，如果不满足就需要经过两次甚至多次弯曲得到弯曲件。另外，形状简单的弯曲件，采用一次弯曲成形；形状复杂的弯曲件，采用二次或多次弯曲成形。对于尺寸小且薄、形状较复杂的弹性接触件，用一次复合弯曲成形。

当弯曲件的弯曲半径小于最小弯曲半径时的解决方法：

(1) 应分两次或多次弯曲，使变形区域扩大，以减小外缘纤维的拉伸率；

(2) 如材料塑性较差或弯曲过程中硬化情况严重，可预先进行退火；

(3) 对于比较脆的材料及比较小的厚度，可加热弯曲；

(4) 在设计弯曲件时，应使零件的弯曲半径大于其最小弯曲半径。

一次弯曲成形的工件形状举例如图 3-2-2 所示。

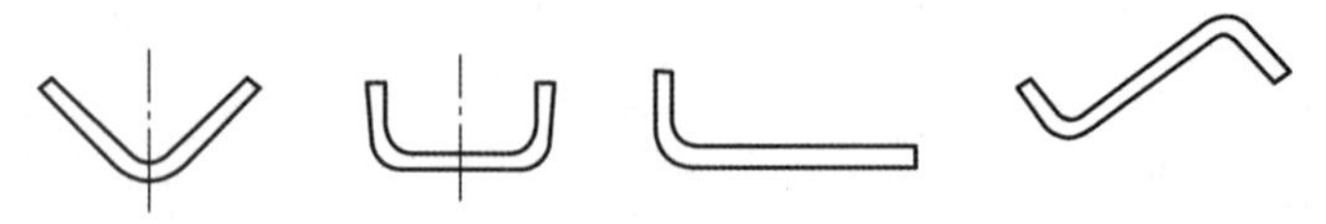

图 3-2-2　一次弯曲成形的工件形状

两次弯曲成形的工件形状举例如图 3-2-3 所示，图 3-2-3 (a) 所示为第一次弯曲呈现的形态，图 3-2-3 (b) 所示为对应件第二次弯曲呈现的形状。

学习笔记

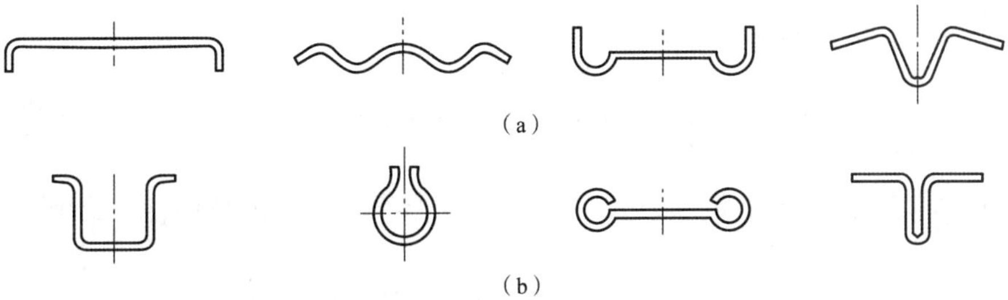

(a)

(b)

图 3-2-3　两次弯曲成形的工件形状

三次弯曲成形的工件形状举例如图 3-2-4 所示，图 3-2-4（a）所示为第一次弯曲呈现的形状，图 3-2-4（b）所示为对应件第二次弯曲呈现的形状，图 3-2-4（c）所示为在第二次弯曲的基础上进行第三次弯曲工艺后工件所呈现的形状。

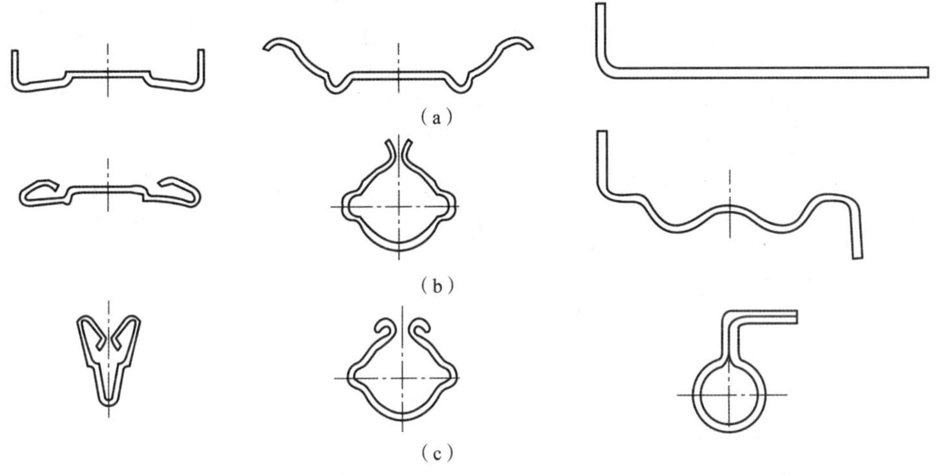

图 3-2-4　三次弯曲成形的工件形状

四次弯曲成形的工件形状举例如图 3-2-5 所示，图 3-2-5（a）所示为第一次弯曲呈现的形状，图 3-2-5（b）所示为对应件第二次弯曲呈现的形状，图 3-2-5（c）所示为在第二次弯曲的基础上进行第三次弯曲工艺后工件所呈现的形状，图 3-2-5（d）所示为在第三次弯曲的基础上进行第四次弯曲工艺后工件所呈现的形状。

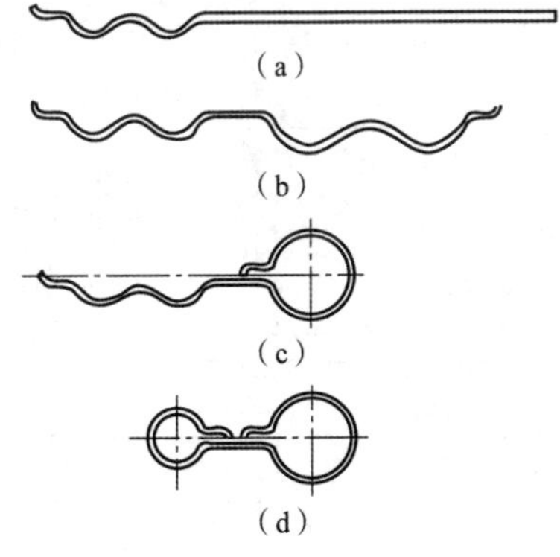

图 3-2-5　四次弯曲成形的工件形状

四、弯曲件工艺方案的确定

弯曲件的工序安排应根据工件形状、精度等级、生产批量以及材料的力学性能等因素进行考虑。

（1）形状简单的弯曲件，采用一次弯曲成形；形状复杂的弯曲件，采用二次或多次弯曲成形。

（2）批量大而尺寸较小的弯曲件：尽可能采用级进模或复合模。

（3）需多次弯曲时：先弯两端，后弯中间部分，前次弯曲应考虑后次弯曲有可靠的定位，后次弯曲不能影响前次已成形的形状。

（4）弯曲件形状不对称时：尽量成对弯曲，然后再剖切，如图 3－2－6 所示，为避免压弯坯料偏移，通常采用成对弯曲，再切成两件。

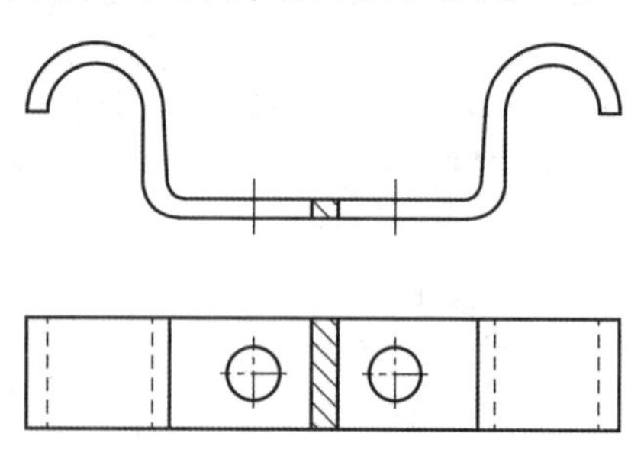

图 3－2－6　弯曲件不对称先成对弯曲

任务实施

一、进行必要的工艺计算

1. 毛坯展开尺寸计算

将零件分成如图 3－2－7 所示的九段，则总长度为

$$L = l_1 + l_2 + l_3 + l_4 + l_5 + l_6 + l_7 + l_8 + l_9$$

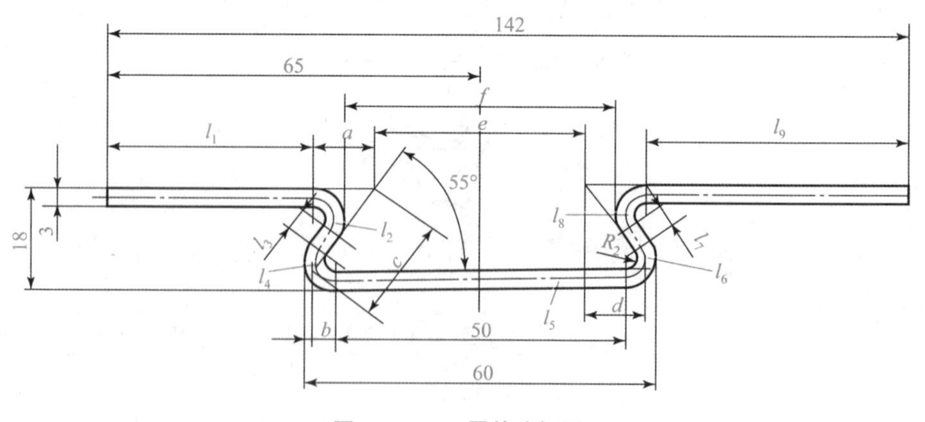

图 3－2－7　零件分解图

因为

$$a=\frac{(3+2)}{\tan(55°/2)}=9.6(\text{mm})$$

$$b=\frac{2}{\tan(55°/2)}=3.8(\text{mm})$$

$$c=\frac{(18-3)}{\sin 55°}=18.3(\text{mm})$$

$$d=\frac{(18-3)}{\tan 55°}=10.5(\text{mm})$$

$$e=50+2b-2d=36.6(\text{mm})$$

$$f=36.6+2\times(a-3-2)=45.8(\text{mm})$$

所以

$$l_1=(65-45.8/2-5)=37.1(\text{mm})$$

$$l_2=l_4=l_6=l_8=\frac{\pi\rho(180°-55°)}{180°}=6.13(\text{mm})$$

$$l_3=l_7=(18.3-9.6-3.8)=4.9(\text{mm})$$

$$l_5=60-2\times(r+t)=50(\text{mm})$$

$$l_9=(142-65-45.8/2-5)=49.1(\text{mm})$$

即毛坯总长 $L=171.32$ mm，取 $L=171.5$ mm，则毛坯尺寸为 171.5 mm×265 mm。

2. 弯曲力的计算

1）自由弯曲力

U 形弯曲件弯曲力为

$$F=\frac{0.7kbt^2\sigma_b}{r+t}$$

式中　k——安全系数，取 $k=1.3$，$\sigma_b=450$ MPa，即

$$F=\frac{0.7\times1.3\times265\times3^2\times450}{2+3}=195\,331.5(\text{N})$$

2）校正弯曲力

$F_j=qA$，查表 3－2－4，单位校正力 q 取 60，故

$$F_j=qA=60\times142\times265=2\,257\,800(\text{N})$$

3）顶件和压料力

$$F_d=(0.3\sim0.8)F_{自}=0.5\times195\,331.5=97\,665.75(\text{N})$$

二、弯曲件工艺方案的确定

方案一：分两次弯曲成形

分两次弯曲成形，即先弯成四个直角形，再侧弯成燕尾形，这需要两套模具，生产率低，不适合该零件的生产批量。

方案二：采用一次成形转轴式弯曲模，该方案效率高

由于该弯曲件生产批量大且材料塑性较好，所以采用方案二。

学习笔记

任务评价

评价项目	分值	得分
能够正确计算弯曲件长度	40 分	
弯曲力的计算	30 分	
工艺方案的确定	30 分	

课后思考

（1）弯曲件需要计算的弯曲力有哪些？分别怎么算？

（2）弯曲用冲压机所需最小冲压力怎么选择？

（3）弯曲件工艺方案需要考虑哪些方面？

拓展任务

电器簧片三维造型如图 3-2-8 所示，材料为 H62（半硬），允许的最小弯曲半径 $r_{min}=0.1t=0.058$ mm，试分析，从毛坯到成品，需要进行几次弯曲。

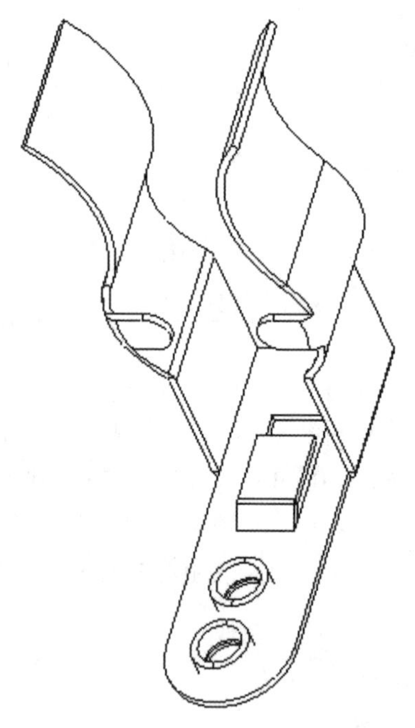

图 3-2-8　电器簧片三维造型

学习笔记

任务3.3 模具工作零件设计

任务引入

产品制造过程中，其形状、尺寸极大地依赖于模具工作零件的形状和尺寸精度。那么针对闸瓦钢背弯曲模的工作零件该如何设计呢？试对图 3－1－1 所示的燕尾形弯曲模的工作零件进行设计。

任务分析

模具工作零件的设计包括弯曲模间隙的确定，弯曲模凸模圆角半径的确定，弯曲模凹模圆角半径的确定和凹模深度的确定，弯曲模回弹量的确定，弯曲模工作部分的尺寸与公差。

学习目标

- **知识目标**

1. 掌握凸、凹模圆角半径的计算方法；
2. 掌握凹模深度的计算方法；
3. 掌握凸、凹模工作部分尺寸及公差的确定。

- **能力目标**

能够计算工作部分各尺寸。

- **素质目标**

培养学生动手计算的习惯。

知识链接

弯曲模工作零件的设计主要是确定凸、凹模工作部分的圆角半径、凹模深度。对于 U 形件的弯曲模，还应有凸、凹模间隙和模具横向尺寸等。凸、凹模安装部分的结构设计与冲裁凸、凹模基本相同。

一、回弹补偿量的确定

1. 回弹量的确定

（1）当 $r/t<5$ 时，对于软性材料，在 90° 单脚校正弯曲时，回弹角的数值可按表 3－3－1 选取。

表 3-3-1　90°单脚校正弯曲时回弹角 $\Delta\alpha$

材料	r/t		
	≤1	1~2	2~3
Q215A、Q235A	-1°30′	0°~2°	1°30′~2°30′
铝、紫铜、黄铜	0°~1.5°	0°~3°	2°~4°

（2）对于 $r/t \geqslant 10$ 的自由弯曲，工件不仅角度有回弹，弯曲半径也有较大的变化，凸模圆角半径与回弹角可按下式进行计算。

凸模圆角半径为

$$r_p = \frac{r_0}{1 + \frac{3\sigma_s r_0}{Et}} \tag{3-3-1}$$

式中　r_p——弯曲件圆角半径；

σ_s——材料屈服极限；

t——板料厚度；

E——材料弹性模量。

回弹角的数值为

$$\Delta\alpha = (180° - \alpha_0)\left(\frac{r_0}{r_p} - 1\right) \tag{3-3-2}$$

2. 减少回弹的措施

1）材料选择

应尽可能选用弹性模量大、屈服极限小、力学性能比较稳定的材料。

2）弯曲件设计方面

在设计弯曲件时可改进一些结构，加强弯曲件的刚度以减小回弹。比如：在变形区压加强筋或压成形边翼，增加弯曲件的刚性，使弯曲件回弹困难。

3）从工艺上采取措施

（1）采用热处理工艺。

对一些硬材料和已经冷作硬化的材料，弯曲前先进行退火处理，降低其硬度，以减少弯曲时的回弹，待弯曲后再淬硬。在条件允许的情况下，甚至可使用加热弯曲。

（2）增加校正工序。

运用校正弯曲工序，对弯曲件施加较大的校正压力，可以改变其变形区的应力应变状态，以减少回弹量。

（3）采用拉弯工艺。

对于相对弯曲半径很大的弯曲件，由于变形区大部分处于弹性变形状态，弯曲回弹量很大，此时可以采用拉弯工艺。

4）从模具结构采取措施

（1）对于软材料，比如 Q215A、Q235A、10、20 等，其回弹角 $\Delta\alpha < 5°$，可在凸模或凹模上作出补偿，并用减少凸、凹模间隙的方法克服回弹，如图 3-3-1 所示。

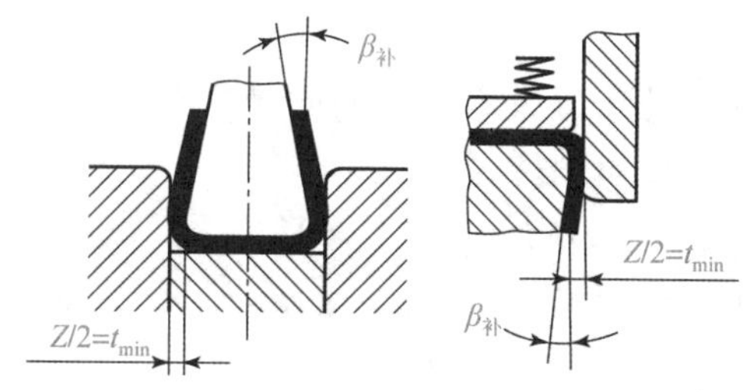

图 3-3-1　凸、凹模作出补偿克服回弹

（2）对于厚度在 0.2 mm 以上的软材料，当其弯曲半径不大时，可把凸模作成局部凸起，以便对变形区进行整形来减少回弹。

（3）对于较硬材料（45、50、Q275），可在凸模或凹模上作出补偿角，以消除回弹角。

（4）在弯曲件直边的端部加压，使弯曲变形区的内、外区都处于压应力状态而减少回弹，并能得到较精确的弯边高度，如图 3-3-2 所示。

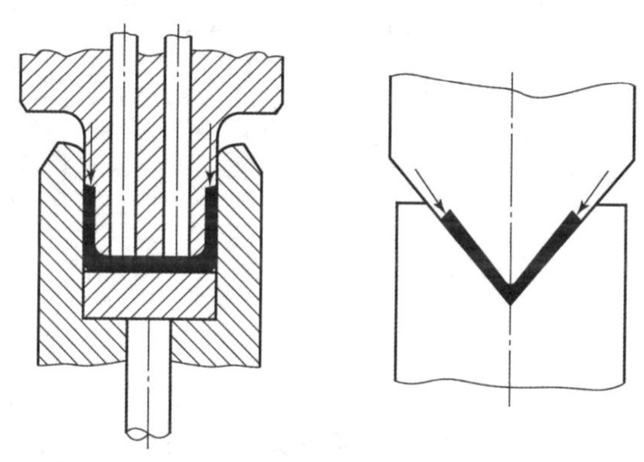
图 3-3-2　在弯曲件直边的端部加压减少回弹

（5）采用橡胶或聚氨酯代替刚性凹模进行软凹模弯曲，如图 3-3-3 所示。

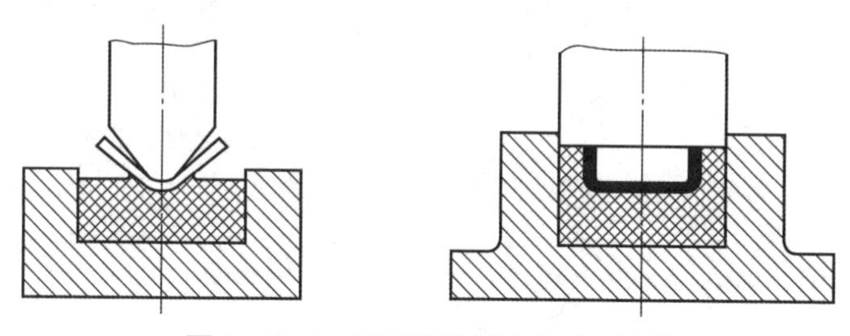
图 3-3-3　采用软凹模弯曲减少回弹

二、凸、凹模圆角半径及凹模深度的计算

1. 凸模圆角半径r_p

当工件的相对弯曲半径 r/t 较小时，凸模圆角半径 r_p 可取为工件的弯曲半径r_0，但不应小于手册所列的最小弯曲半径值r_{min}。

当 $r/t>10$ 时，应考虑回弹，并将凸模圆角半径 r_p加以修正。

学习笔记

2. 凹模圆角半径r_d

凹模圆角半径大小对弯曲力以及弯曲件的质量均有影响。凹模两边的圆角半径应一致，否则在弯曲时坯料会发生偏移。

当$t \leqslant 2$ mm时，　　$r_d = (3 \sim 6)t$　　(3-3-3)

当2 mm$< t <$4 mm时，　　$r_d = (2 \sim 3)t$　　(3-3-4)

当$t >$4 mm时，　　$r_d = 2t$　　(3-3-5)

V形弯曲凹模的底部可开退刀槽或取圆角半径r_d为

$$r_d = (0.6 \sim 0.8)(r_p + t) \tag{3-3-6}$$

3. 凹模深度l_0

凹模深度要适当，如图3-3-4所示，过小，工件回弹大，不平直；过大，多耗模具材料，需要较大的压力机行程。凹模的圆角半径与凹模的深度可查表3-3-2。

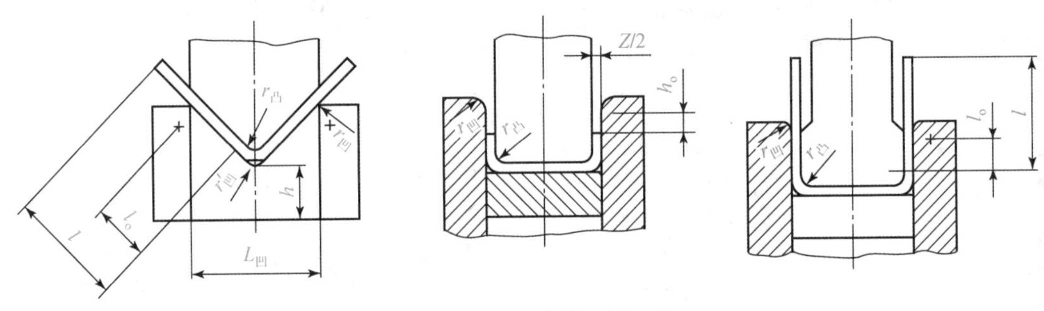

图3-3-4　适当的凹模深度

表3-3-2　凹模圆角半径r_d和深度l_0　　mm

边长L	料厚t							
	≤0.5		0.5~2.0		2.0~4.0		4.0~7.0	
	l_0		r_d		l_0		r_d	
10	6	3	10	3	10	4	—	—
20	8	3	12	4	15	5	20	8
35	12	4	15	5	20	6	25	8
50	15	5	20	6	25	8	30	10
75	20	6	25	8	30	10	35	12
100	—	—	30	10	35	12	40	15
150	—	—	35	12	40	15	50	20
200	—	—	45	15	55	20	65	25

4. 弯曲模具间隙

V形弯曲模的凸、凹模间隙是靠调整压力机的闭合高度来控制的，设计时可以不考虑，但要考虑合模时模具工作部分与工件紧密贴合。

对于U形件弯曲模，在设计时必须选择适当的间隙值。凸模和凹模间的间隙值对弯曲件的回弹、表面质量和弯曲力均有很大的影响。若间隙过大，弯曲件回弹量增大，误差增加，从而降低制件的精度；若间隙过小，则会使零件直边料厚减薄和出现划痕，同时还会降低凹模寿命。生产中，U形件凸、凹模的单边间隙 Z 一般可按下式计算：

弯曲有色金属时 $$Z=(1.05\sim1.15)t \qquad (3-3-7)$$

弯曲黑色金属时 $$Z=(1.0\sim1.1)t \qquad (3-3-8)$$

三、凸、凹模工作部分尺寸与公差的计算

1. 用外形尺寸标注的弯曲件

对于要求外形有正确尺寸的工件，如图3-3-5所示，其模具应以凹模为基准先确定尺寸。

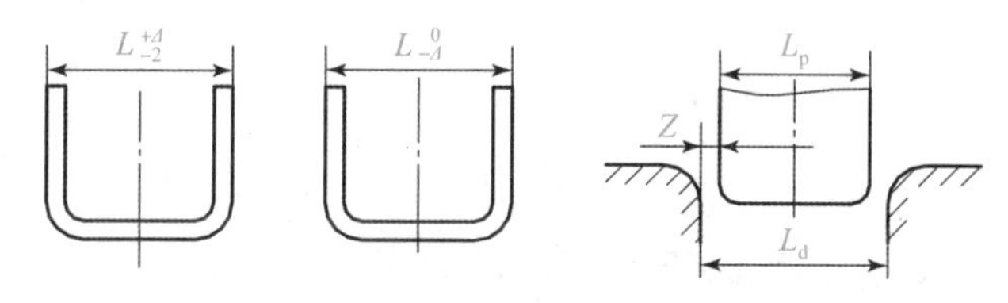

图3-3-5 用外形尺寸标注的弯曲件

当工件为双向偏差时，凹模尺寸为

$$L_d=(L-0.5\Delta)^{+\delta}_{0} \qquad (3-3-9)$$

当工件为单向偏差时，凹模尺寸为

$$L_d=(L-0.75\Delta)^{+\delta}_{0} \qquad (3-3-10)$$

无论工件为双向偏差还是单向偏差，凸模尺寸均为

$$L_p=(L_d-2Z)^{0}_{-\delta} \qquad (3-3-11)$$

式中 L_d——凹模尺寸；

L_p——凸模尺寸；

L——弯曲件的基本尺寸；

Δ——弯曲件的尺寸公差；

Z——凸、凹模的单边间隙；

δ——凸、凹模的制造公差。

2. 用内形尺寸标注的弯曲件

对于要求内形有正确尺寸的工件，如图3-3-6所示，其模具应以凸模为基准先确定尺寸。

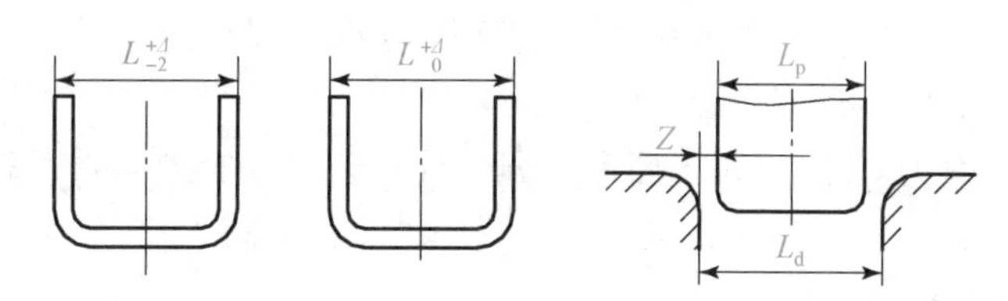

图3-3-6 用内形尺寸标注的弯曲件

学习笔记

当工件为双向偏差时，凸模尺寸为

$$L_p = (L + 0.5\Delta)_{-\delta}^{\ 0} \quad (3-3-12)$$

当工件为单向偏差时，凸模尺寸为

$$L_p = (L + 0.75\Delta)_{-\delta}^{\ 0} \quad (3-3-13)$$

无论工件为双向偏差还是单向偏差，凹模尺寸均为

$$L_d = (L_p + 2Z)_{\ 0}^{+\delta} \quad (3-3-14)$$

式中 L_d——凹模尺寸；

L_p——凸模尺寸；

L——弯曲件的基本尺寸；

Δ——弯曲件的尺寸公差；

Z——凸、凹模的单边间隙；

δ——凸、凹模的制造公差。

任务实施

一、凸、凹模圆角半径及凹模深度的计算

1. 凸模圆角半径r_p

当工件的相对弯曲半径 r/t 较小时，凸模圆角半径 r_p 可取为工件的弯曲半径r_0，但不应小于手册所列的最小弯曲半径值r_{min}。

$$r/t = 2/3 = 0.67$$

由于其数值较小，故$r_p = r_0 = 2$ mm。

2. 凹模圆角半径r_d

如图 3－1－1 所示，毛坯厚度 $t = 3$ mm，此时，2 mm $< t <$ 4 mm，代入公式（3－3－4）得

$$r_d = (2 \sim 3)t = 2 \times 3 = 6(\text{mm})$$

3. 凹模深度 l_0

凸模深度和凹模圆角半径可以通过表 3－3－2 查取，由于板料厚度为 3 mm，r_d为 6 mm，故 l_0为 20 mm。

二、弯曲模具间隙

工件属于 U 形件，其弯曲模具间隙选择要合适，若间隙过大，则弯曲件回弹量增大，误差增加，从而会降低制件的精度；若间隙过小，则会使零件直边料厚减薄和出现划痕，同时还会降低凹模寿命。

工件采用的材料为 Q235，属于黑色金属，代入公式（3－3－8），得

$$Z = (1.0 \sim 1.1)t = 1 \times 3 = 3(\text{mm})$$

故弯曲模间隙为 3 mm。

三、绘制凸、凹模零件图

1. 凸模部分

组合式活动凸模的工作和非工作状态如图 3－3－7 所示。这种组合式凸模分成三个部分：中间一块带有双斜面，为固定式，两边各有一块带斜面的活动凸模，这样当模具开启时，活动凸模会自动下降，工件便可以很容易地被取下。

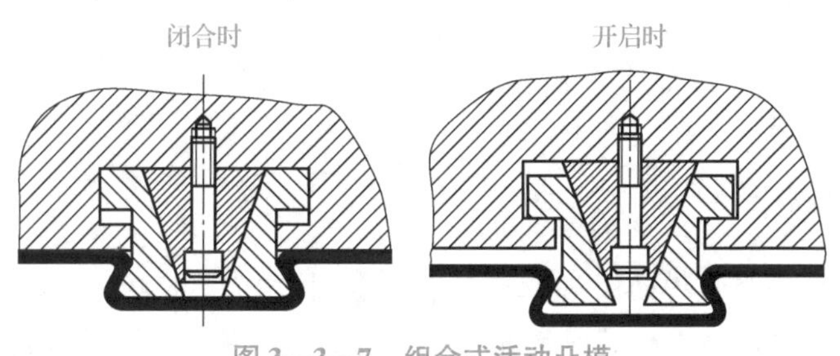

图 3－3－7　组合式活动凸模

（a）开启时；（b）闭合时

2. 凹模部分

凹模是转轴式，左、右两弯曲部分对称，如图 3－3－8 所示。这种形状的凹模不应该制成整体而应是组合的，且镶有凹模镶块，以便于机械加工。另外，镶块部分容易磨损，如此既便于更换又节约金属材料。

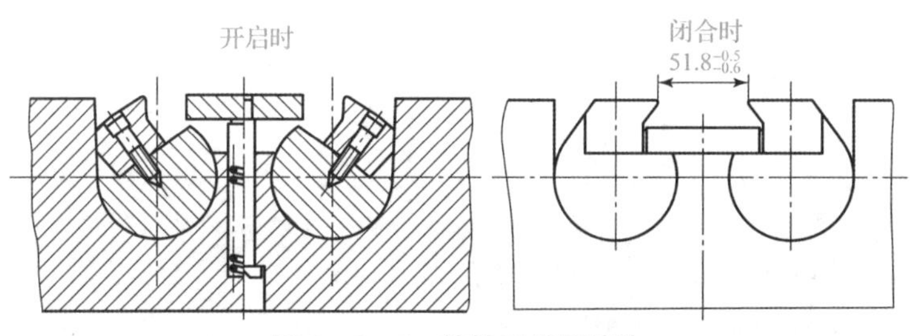

图 3－3－8　转轴凹模及镶块

任务评价

评价项目	分值	得分
弯曲凸、凹模圆角半径的确定	40 分	
凹模深度的确定	30 分	
弯曲模间隙的确定	30 分	

课后思考

（1）弯曲模中，凸、凹模圆角半径怎么确定？

（2）弯曲回弹有哪些？是否都需要补偿？

学习笔记

拓展任务

查阅相关资料，比较冲裁模和弯曲模在工作部件设计过程中，有哪些地方是相同的，有哪些是不同的？分别需要注意什么？

任务3.4 模具的总体设计

前面任务已经将弯曲模的工作零件进行了设计，下面需要设计非标准件，并将这些零件装配在一起形成模具，试对图 3－1－1 所示的燕尾形件弯曲模进行总体设计。

模具的总体设计包括确定模具结构，画出模具总装配图和部分模具零件图。

● 知识目标

1. 了解弯曲模的种类，并可以加以区分；
2. 掌握弯曲模总体结构设计过程。

● 能力目标

1. 能够完成弯曲模的总体设计；
2. 能够完成弯曲模各工作零件的设计。

● 素质目标

培养同学严谨、认真、负责的工作态度。

知识链接

弯曲模是指将毛坯或半成品制件弯曲成一定形状的冲模。弯曲模的结构与一般冲裁模结构相似，分上下两部分，由凸、凹模及定位、卸料、导向和紧固件等组成，但弯曲模具还有它的特点，如凸、凹模除一般动作外，有时还需要做摆动、转动等动作。弯曲模结构形式应根据弯曲件形状、精度要求及生产批量等进行选择。

弯曲模的设计无太多规律可循，因此，弯曲模的设计难以做到标准化，通常参照冲裁模的一般设计要求和方法，根据工件的结构进行设计。

一、弯曲模典型结构

常见的弯曲模结构类型按照工序的组合程度来分有单工序弯曲模、级进弯曲模、

学习笔记

复合弯曲模和通用弯曲模等；按弯曲件形状来分有V形件弯曲模、U形件弯曲模、⊔⊓形件弯曲模、L形件弯曲模、Z形件弯曲模等。下面根据常用程度介绍几种典型的弯曲模结构。

1. V形件弯曲模

V形件弯曲模如图3-4-1所示，通常由凸模、凹模、定位板顶杆等组成，结构比较简单，其典型特点是凹、凸模形状呈V形，通用性好，但弯曲时坯料容易偏移，影响工件精度。

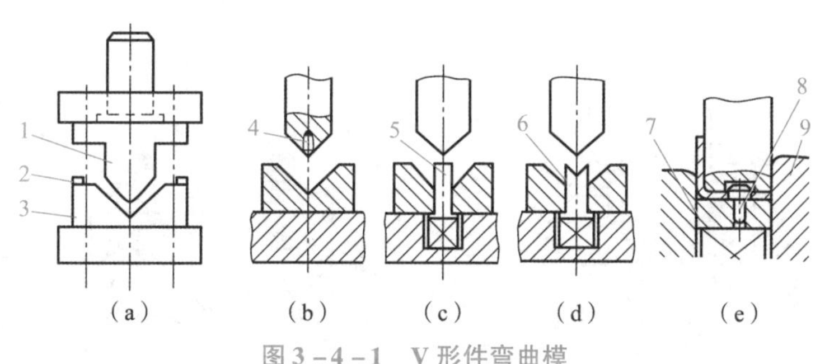

图3-4-1 V形件弯曲模

1—凸模；2—定位板；3—凹模；4—定位尖；5—顶杆；6—V形顶板；7—顶板；8—定料销；9—反侧压块

V形件弯曲模具体可以分为整体式上模V形弯曲模和翻板式V形弯曲模。整体式上模V形弯曲模结构简单、制造方便，适用于弯曲件宽度较小、料厚较大、精度要求不高的制件弯曲；翻板式V形弯曲模适用于有精确孔位、坯料形状不对称以及没有足够压料面的零件成形。

2. U形件弯曲模

U形件弯曲模如图3-4-2所示，通常由凸模、凹模、定位板顶杆等组成，结构比较简单，其典型特点是凹、凸模形状呈U形。

图3-4-2中六个弯曲模的结构分别适用于不同要求的情况。图3-4-2（a）所示的结构用于制件底部无平整性要求的情况；图3-4-2（b）所示的结构用于底部有平整性要求的情况；图3-4-2（c）所示的结构用于对制件外侧尺寸要求较高的情况；图3-4-2（d）所示用于对制件内侧尺寸要求较高的情况；图3-4-2（e）所示的结构可以保证两侧孔的同轴度；图3-4-2（f）所示的结构可使弯曲件两侧壁厚变薄。在U形件弯曲模设计过程中，可以根据自己的需求设计这些结构。

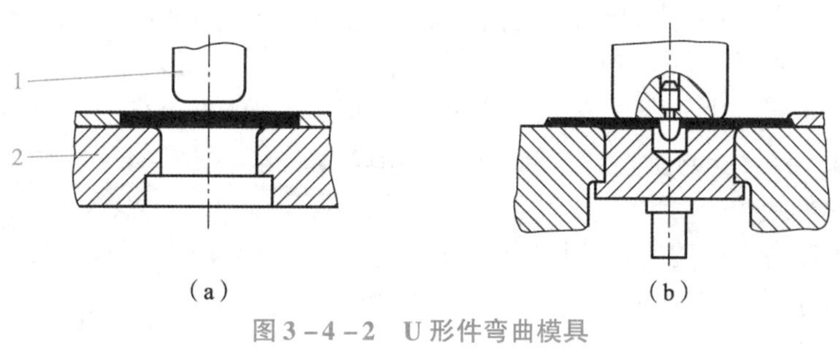

图3-4-2 U形件弯曲模具

1—凸模；2—凹模

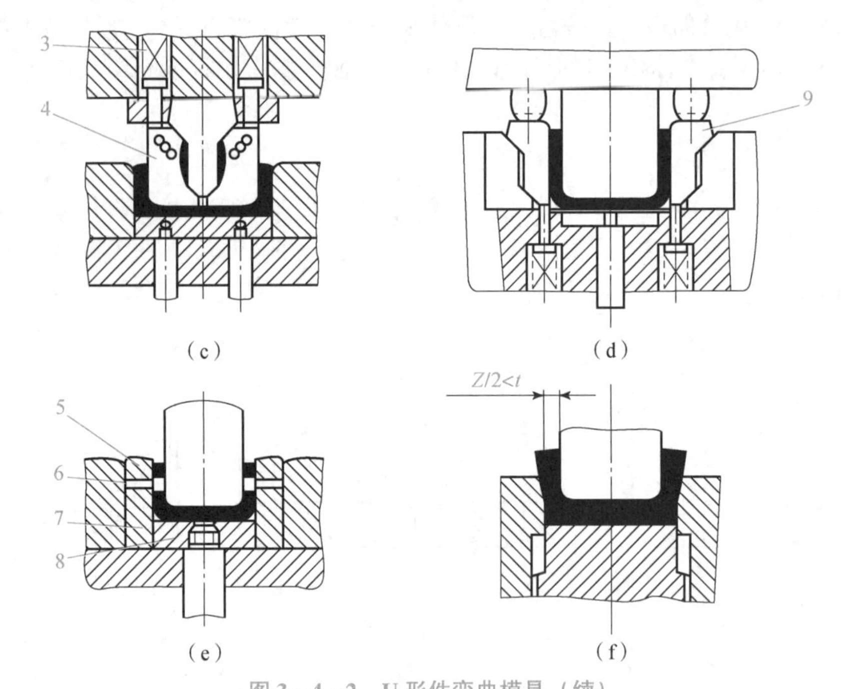

图 3－4－2　U 形件弯曲模具（续）

3—弹簧；4—凸模活动镶块；5，9—凹模活动镶块；6—定位销；7—转轴；8—顶板

3. ┐_┌形件弯曲模

┐_┌形件弯曲模可以一次弯曲成形，也可以二次弯曲成形，一次成形的模具如图 3－4－3 所示，结构简单，但弯曲质量较差。

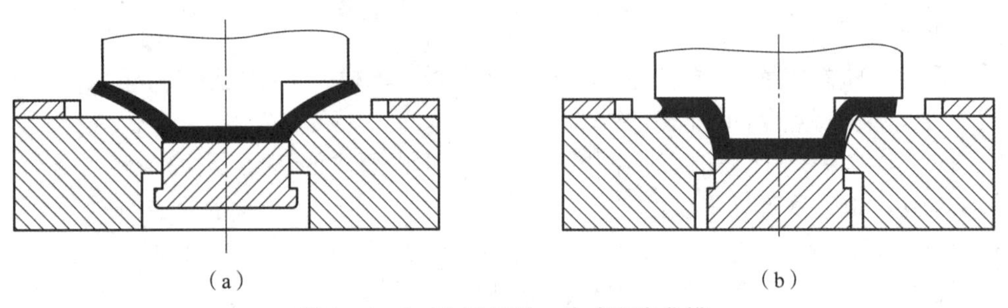

图 3－4－3　┐_┌ 形件一次成形弯曲模

凸模肩部妨碍了坯料的转动，加大了坯料通过凹模圆角的摩擦力。观察图 3－4－3（a）可以发现，成形后，弯曲件侧壁容易擦伤和变薄；观察图 3－4－3（b）可以发现，工件两肩部与底面不易平行。

图 3－4－4 所示为分两次成形的弯曲模，其采用了两副模具，可以避免一次成形的缺点。图 3－4－4（a）所示为首次弯曲所用模具结构，图 3－4－4（b）所示为第二次弯曲所用模具结构。

另外，可以考虑采用复合模具生成┐_┌形件，如图 3－4－5 所示，采用复合模具可以在一个模具上依次完成两个变形，即先成形 U 形件，再成形┐_┌形件，最后顶出工件。

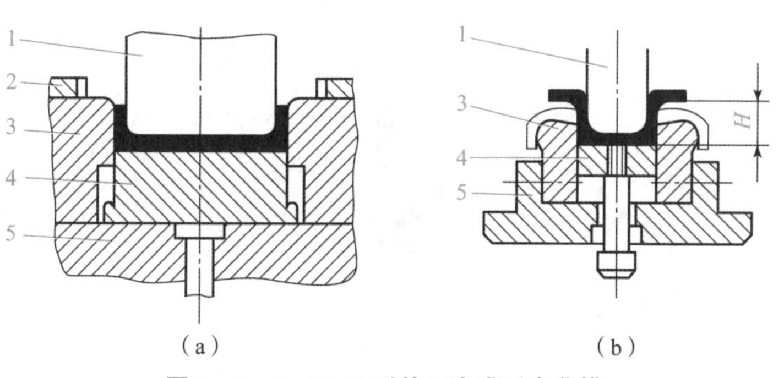

图 3-4-4 ⊓形件两次成形弯曲模

1—凸模；2—定位板；3—凹模；4—顶板；5—下模形

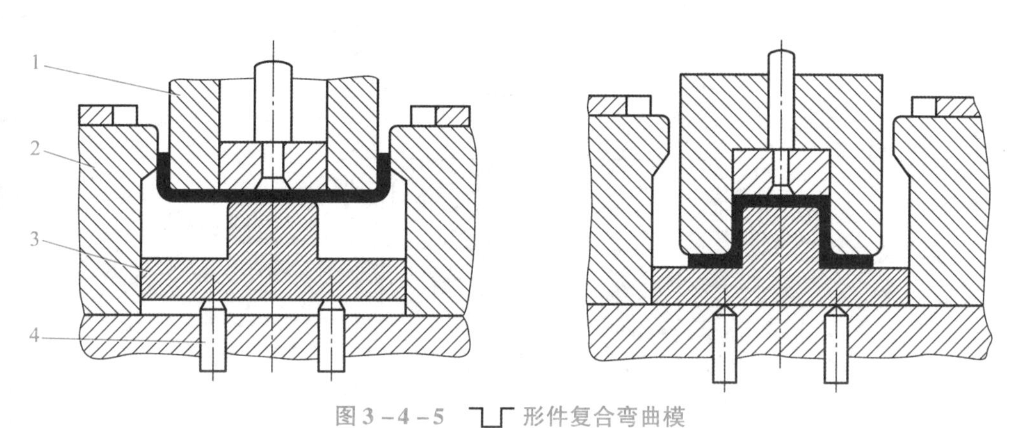

图 3-4-5 ⊓形件复合弯曲模

1—凸、凹模；2—凹模；3—活动凸模；4—顶杆

4. 其他弯曲模具结构

除了以上特殊形状的弯曲模具外，还有很多经典结构的弯曲模，如图 3-4-6～图 3-4-8 所示。

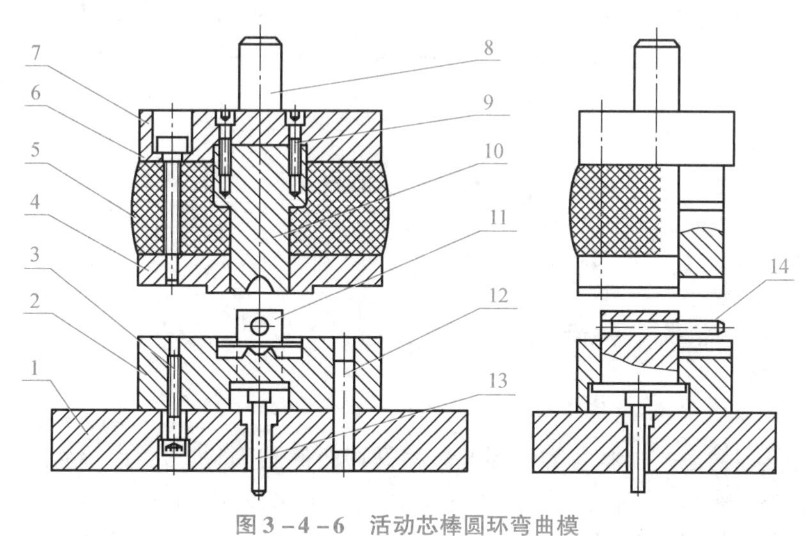

图 3-4-6 活动芯棒圆环弯曲模

1—底座；2—凹模；3，9—螺钉；4—压板；5—橡皮；6—卸料螺钉；7—上模座；8—模柄；10—凸模；11—滑块；12—销钉；13—顶杆；14—芯棒

学习笔记

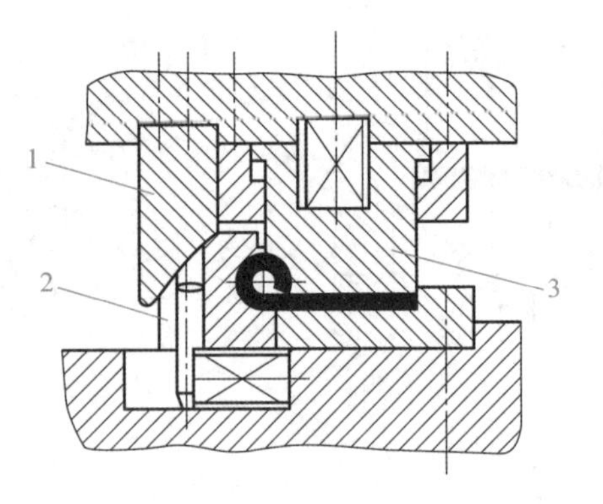

图 3－4－7 铰链件弯曲模

1—斜锲；2—凹模；3—凸模

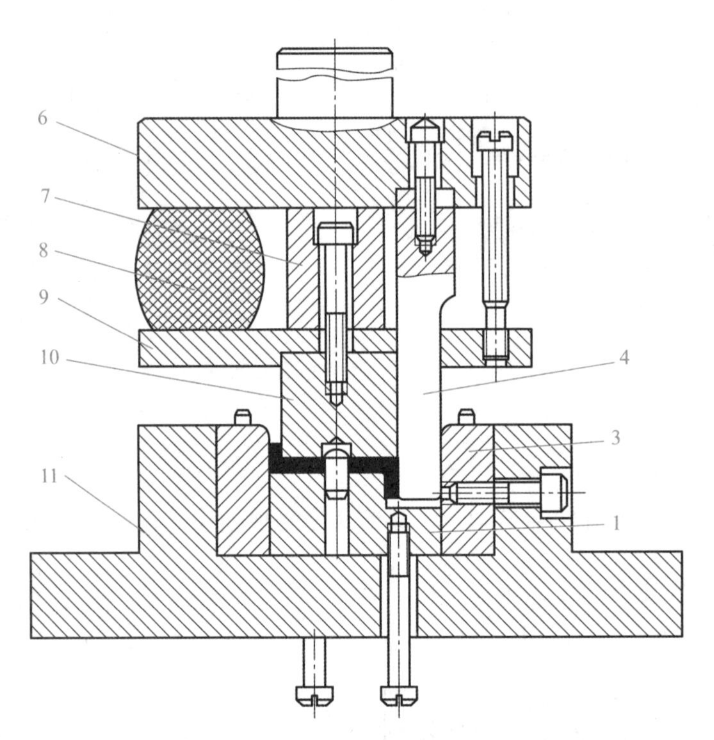

图 3－4－8 Z 形件弯曲模

1—顶板；2—定位销；3—反侧压块；4—凸模；5—凹模；6—上模座；
7—压块；8—橡皮；9—凸模托板；10—活动凸模；11—下模座

二、弯曲模总体结构设计

1. 弯曲模设计要点

弯曲件类型繁多、形状各异，因此，根据弯曲件的形状、尺寸、精度、材料和生产批量等拟定的弯曲工序而设计的弯曲模具也是多种多样的。其设计要点如下：

（1）坯料的定位要准确、可靠，尽可能是水平放置，也可利用坯料上的孔定位。多次弯曲时，最好采用同一定位基准。

（2）模具结构上要防止坯料在冲压变形过程中发生位移，避免材料变薄和断面发生畸变，可以考虑采用对称弯曲和校正弯曲。

（3）坯料的放入和制件的取出要方便、可靠、安全，满足操作简单的要求。

（4）在确保弯曲件尺寸稳定、质量保证的条件下，尽可能使模具结构简单、实用，降低模具加工成本。

（5）模具易于调试、修理。对于弹性大的材料，必须重视凸、凹模试模、调整的可能及强度、刚度要求。

2. 弯曲的基本原理

以 V 形板料弯曲件的弯曲变形为例进行说明。其过程如下：

（1）凸模运动接触板料（毛坯），由于凸、凹模不同的接触力的作用而产生弯矩，在弯矩作用下发生弹性变形，产生弯曲。

（2）塑性变形开始阶段。随着凸模继续下行，毛坯与凹模表面逐渐靠近接触，使弯曲半径及弯曲力臂均随之减少，毛坯与凹模接触点由凹模两肩移到凹模两斜面上。

（3）弯曲阶段。随着凸模的继续下行，毛坯两端接触凸模斜面开始弯曲。

（4）压平阶段。随着凸、凹模间的间隙不断变小，板料在凸、凹模间被压平。

（5）校正阶段。当行程终了，对板料进行校正，使其圆角直边与凸模全部贴合而成所需的形状。

任务实施

1. 模具总体设计

依照压弯力的大小，初步考虑使用 1 000 kN 油压机压制，模具结构草图如图 3－4－9 所示，其主要由上模板、凸模、转轴式凹模、下模板和垫板等组成。

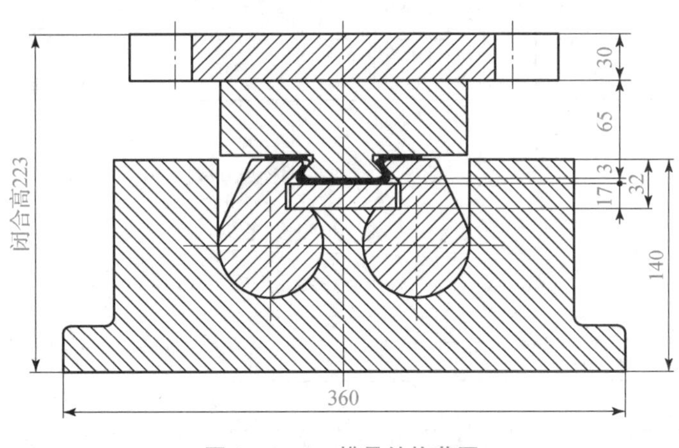

图 3－4－9　模具结构草图

初步计算，模具闭合高度 $H = 223$ mm，凹模座的外廓尺寸为 280 mm × 360 mm。

2. 绘制模具总图（见图 3-4-10）

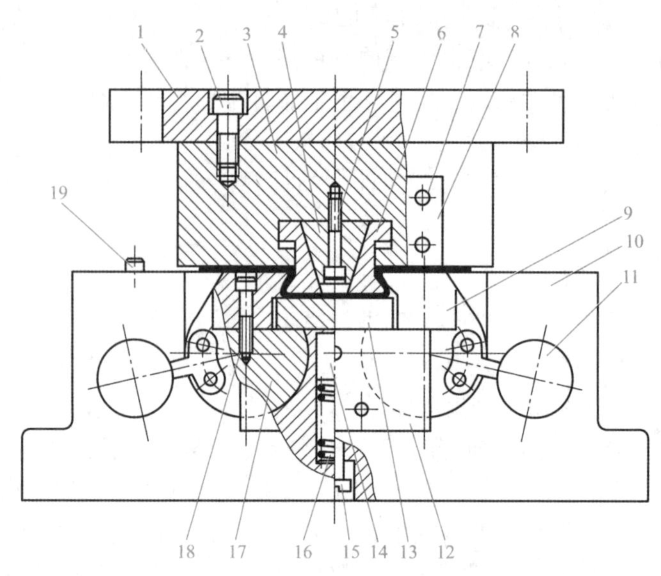

图 3-4-10　塑料闸瓦钢背压弯模

1—上模板；2，5，15，18—螺钉；3—凸模座；4—固定凸模镶块；6—活动凸模镶块；7—螺栓；8—连接板；9—凹模镶块；10—凹模座；11—复原重锤；12—盖板；13—顶板；14—顶柱；16—弹簧；17—凹模转轴；19—定位销

3. 绘制非标准件（见图 3-4-11～图 3-4-13）

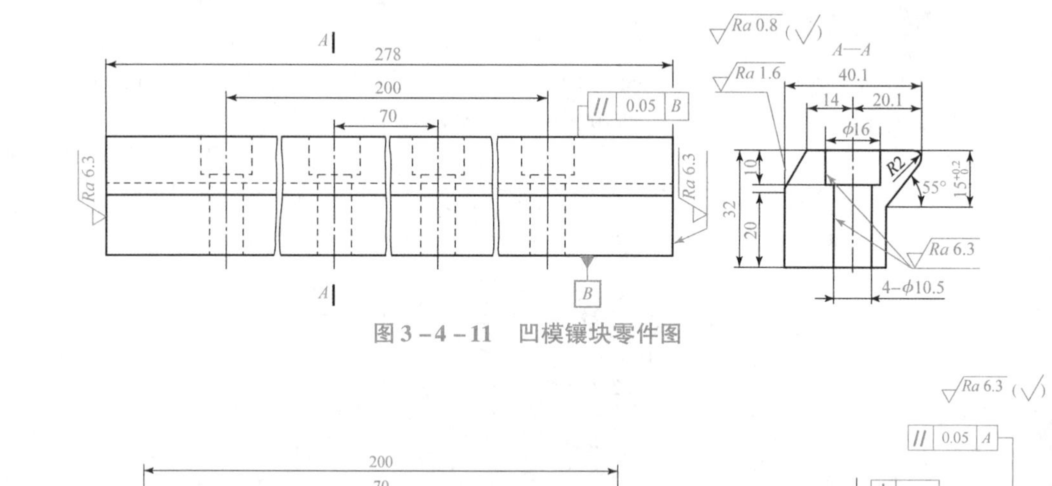

图 3-4-11　凹模镶块零件图

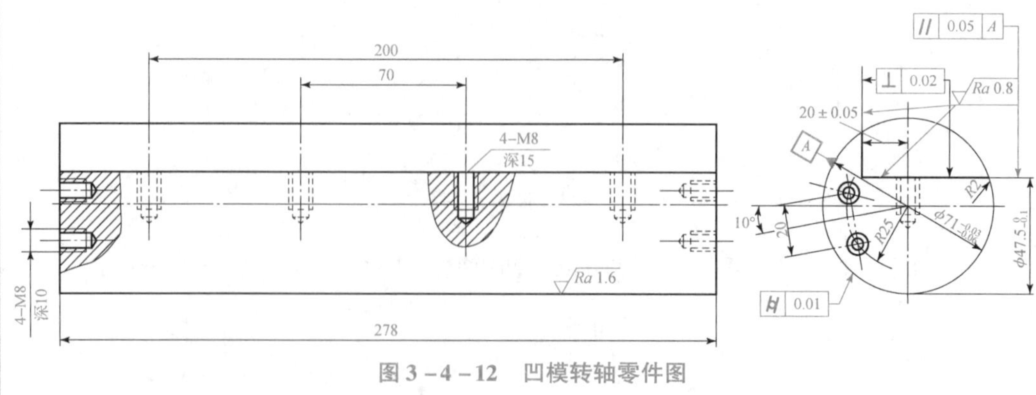

图 3-4-12　凹模转轴零件图

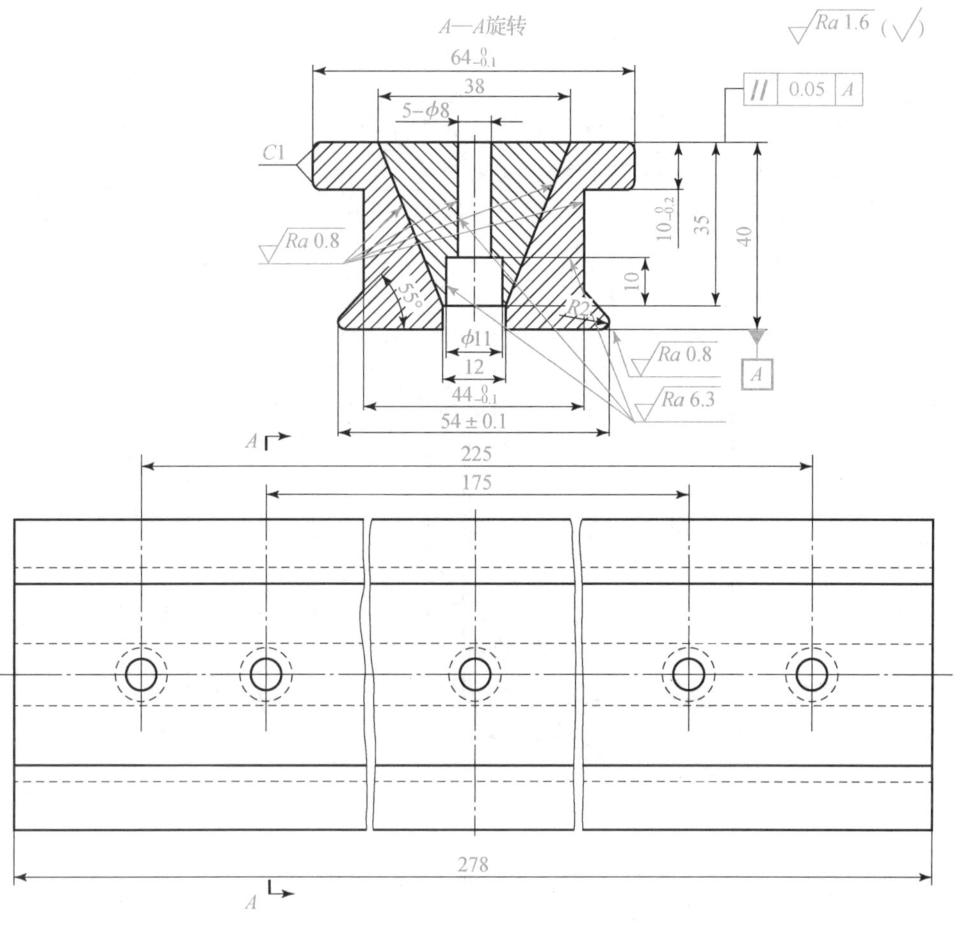

图 3-4-13　组合凸模装配图

任务评价

评价项目	分值	得分
装配二维图的绘制	40 分	
组合凸模装配图的绘制	20 分	
凹模转轴零件图	20 分	
凹模镶块零件图	20 分	

课后思考

（1）弯曲模有哪些类型？

（2）设计弯曲模时，需要考虑哪些方面？

学习笔记

拓展任务

（1）图 3－1－1 所示实例中燕尾形弯曲模是否可以采用其他弯曲工艺？如果可以，试着完成；如果不可以，请说明原因。

（2）材料：Q235。

料厚：1.2 mm。

生产纲领：大批量生产。

试着对图 3－4－14 所示 U 形支板进行模具工作零件和总体结构设计。

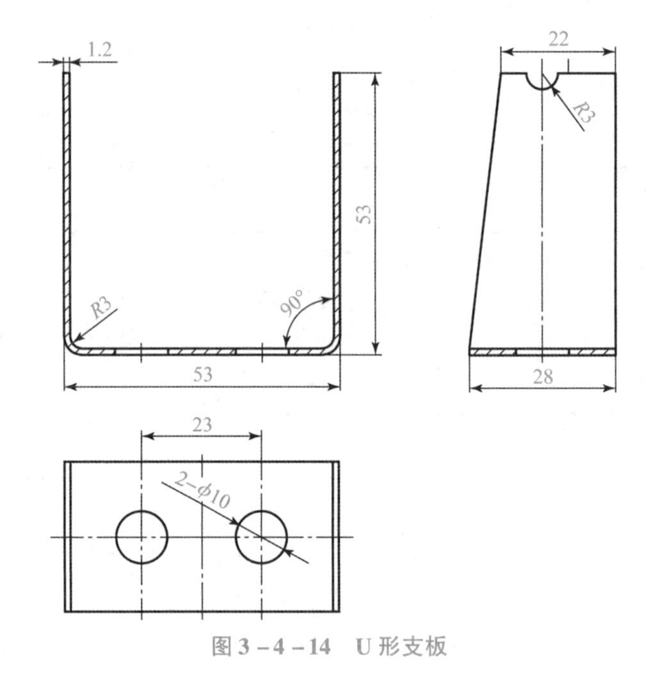

图 3－4－14　U 形支板

项目四　拉深工艺及模具设计

任务4.1　拉深工艺性分析

任务引入

零件名称：圆筒。
零件图：如图 4－1－1 所示。
材料：08 钢。
厚度：1 mm。
批量：大批量。

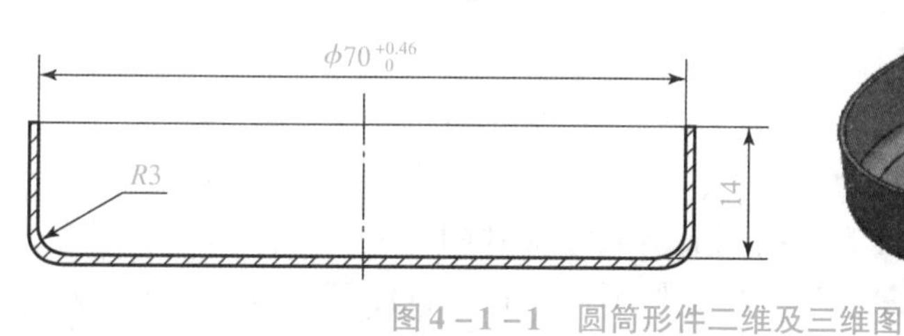

图 4－1－1　圆筒形件二维及三维图

如图 4－1－1 所示圆筒形件，其工艺性能怎么样?

任务分析

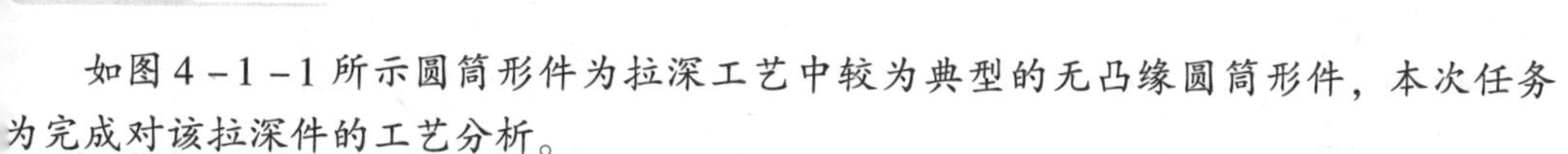
如图 4－1－1 所示圆筒形件为拉深工艺中较为典型的无凸缘圆筒形件，本次任务为完成对该拉深件的工艺分析。

学习目标

● 知识目标

1. 了解拉深的概念和类型；
2. 掌握拉深变形过程及拉深件的工艺性。

● 能力目标

1. 能够分析拉深件的工艺性；

学习笔记

2. 掌握拉深件质量问题的控制措施。

● 素质目标

培养学生具有安全、质量、效率及环保意识。

一、拉深的概念和类型

拉深（又称压延、拉延、引伸或拉伸）是指将一定形状的平板毛坯通过拉深模具冲压成各种开口的空心件，或以开口空心件作为毛坯，通过拉深进一步改变其形状和尺寸的一种冷冲压工艺方法。拉深工艺应用非常广泛，是冷冲压重要的基本工序之一。

根据拉深前、后零件的厚度是否变化，可以将拉深分为不变薄拉深和变薄拉深两种。不变薄拉深是指把毛坯拉压成空心体，或者把空心体拉压成外形更小而板厚没有明显变化的空心体的冲压工序；变薄拉深是指凸、凹模之间间隙小于空心毛坯壁厚，把空心毛坯加工成侧壁厚度小于毛坯厚度的薄壁制件的冲压工序。

根据拉深件的形状，可分为以下几类：

（1）旋转体拉深件（包括无凸缘圆筒形件、带凸缘圆筒形件、半球形件、锥形件、抛物线形件、阶梯形件和复杂旋转体拉深件等），如搪瓷杯（盆）、喇叭等。

（2）盒形拉深件，如矩形饭盒、汽车油箱等。

（3）复杂形状拉深件，如汽车覆盖件等。

二、拉深过程分析

1. 拉深变形过程

图4－1－2所示为将平板毛坯拉深成空心筒形件的过程，拉深模具的三个关键工作零件为凸模、凹模和压边圈。与冲裁模具不同的是，拉深模凸模、凹模刃口部位具有一定的圆角，凸、凹模之间的单边间隙稍大于板料的厚度，平板毛坯放在凹模上，凸模下行时，先由压边圈压住毛坯，然后凸模继续下行，将坯料拉入凹模，拉深完成后，凸模上行，拉深件脱模。

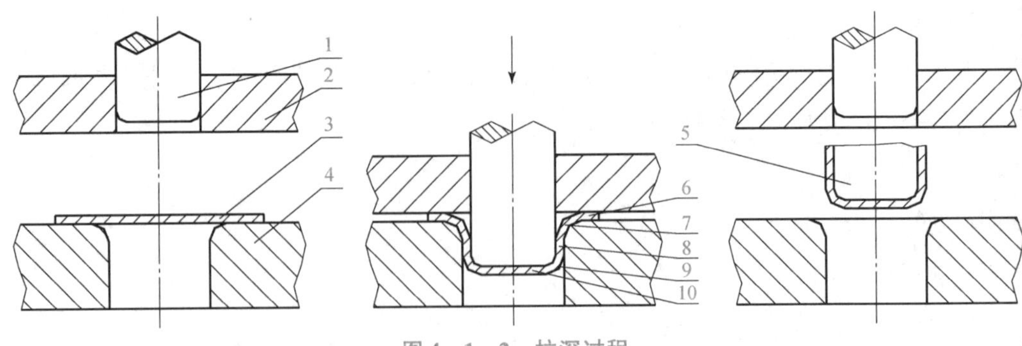

图4－1－2　拉深过程

1—凸模；2—压边圈；3—毛坯；4—凹模；5—拉深件；6—平面凸缘部分；7—凸缘圆角部分；8—筒壁部分；9—底部圆角部分；10—筒底部分

学习笔记

为了分析材料在拉深时的变化情况，在圆形毛坯的表面画上许多间距都等于 a 的同心圆和等分度的辐射线，由这些同心圆和辐射线组成了如图 4－1－3 所示的网格。拉深后，圆筒形件底部的网格基本上保持原来的形状，而圆筒形件筒壁部分的网格则发生了很大的变化，原来的同心圆变为筒壁上直径相等的圆，而且间距增大了，越靠近筒壁上部增大越多，即 $a_1 > a_2 > a_3 > \cdots > a$；原来分度相等的辐射线变成了筒壁上的垂直平行线，间距缩小了，越靠近筒壁上部缩小越多，且 $b_1 = b_2 = b_3 = \cdots = b$。

从网格中取一个小单元来看，其在拉深前是扇形，面积为 A_1，而在拉深后是矩形，其面积为 A_2。由于拉深后材料厚度变化很小，故可认为拉深前、后小单元的面积不变，即 $A_1 = A_2$。

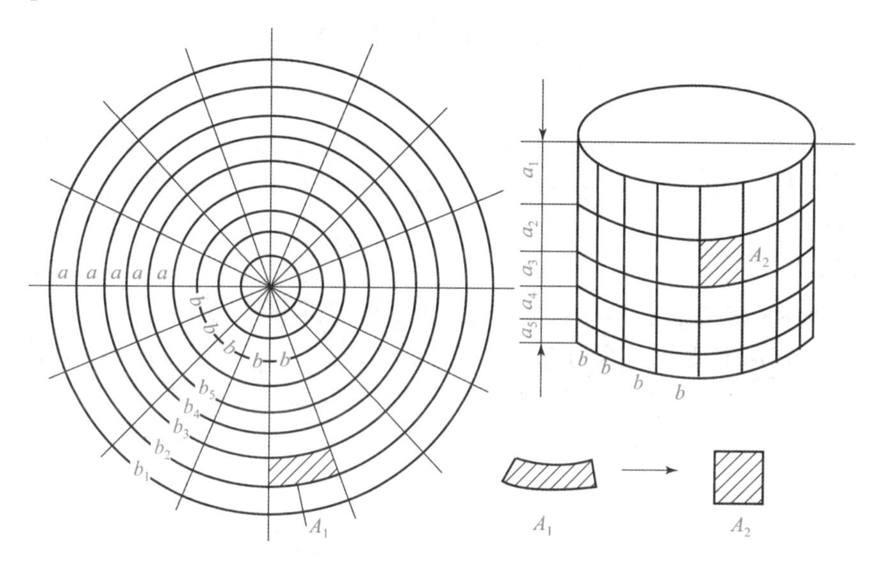

图 4－1－3　拉深网格实验

网格的变化说明，在拉深过程中，坯料的外部环形部分是主要变形区，而与凸模底部接触的中心部分为非变形区。

圆筒形件拉深的变形程度，通常以圆筒形件直径 d 与坯料直径 D 的比值来表示，即

$$m = d/D \tag{4-1-1}$$

式中　m——拉深系数，m 越小，拉深变形程度越大；相反，m 越大，拉深变形程度越小。

拉深后圆筒形件的筒壁厚度和硬度均有一定的变化，如图 4－1－4 所示。一方面，平面凸缘区材料在流向凸、凹模间隙构成筒壁时，厚度将增加；另一方面，已经构成筒壁的材料在传递拉深力时，厚度将减小。筒壁上部的材料在拉深变形时的增厚量较大，而在传力时的减薄量较小，其壁厚大于毛坯厚度 t，越靠近口部，壁厚越厚。筒壁下部的材料在拉深变形时的增厚量较小，而在传力时的减薄量较大，其壁厚小于毛坯厚度 t，壁厚最薄处位于筒壁部分和底部圆角部分的交界面附近。由于变形程度不同，筒壁材料的冷作硬化程度也不同，导致筒壁材料的硬度随高度 h 的增加而提高，越靠近口部的材料，变形程度越大，冷作硬化程度越高，其硬度也就越高。

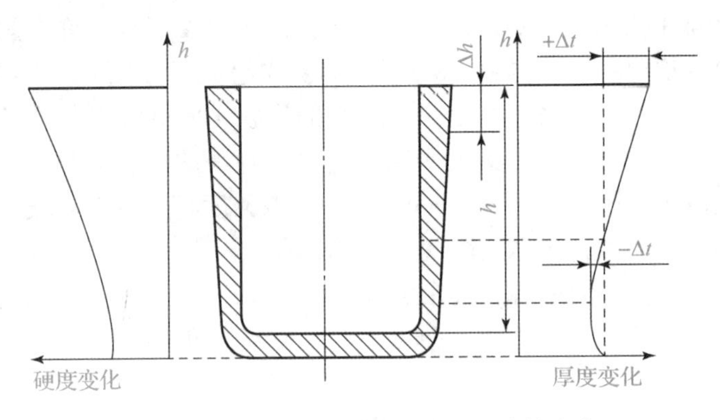

图 4－1－4　拉深件筒壁厚度和硬度的变化

2. 拉深中存在的工艺问题

拉深过程中常见的质量问题包括平面凸缘部分的起皱、筒壁危险断面的拉裂、材料的厚度变化不均匀和材料硬化不均匀。凸缘部分的起皱及筒壁危险断面的拉裂是拉深的两个主要工艺问题。

1）起皱

凸缘平面部分是拉深过程中的主要变形区，该变形区受最大切向压应力作用，其主要变形是切向压缩变形。当切向压应力较大而坯料的相对厚度 t/D（t 为料厚，D 为坯料直径）又较小时，凸缘部分的料厚与切向压应力之间失去了应有的比例关系，从而在整个凸缘部分产生波浪形的连续弯曲，这就是拉深时的起皱现象。如图 4－1－5 所示。

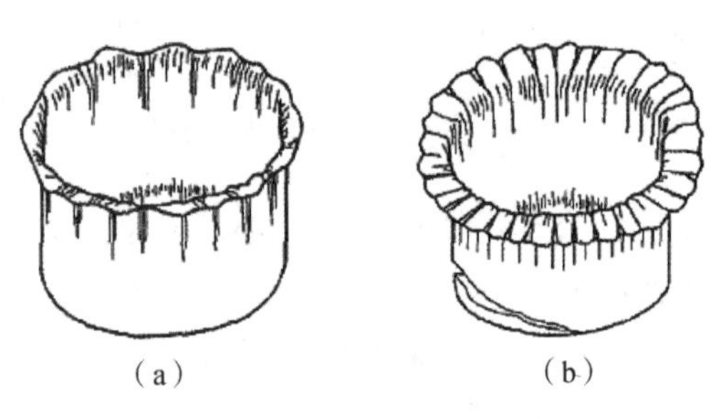

图 4－1－5　拉深件的起皱

（a）轻微起皱；（b）严重起皱

正常拉深时起皱是不允许的，对于高度小、厚度大的零件，起皱不大，材料在滑入凸、凹模间隙时能被凸、凹模碾平。起皱大的毛坯很难通过凸、凹模间隙而进入凹模，容易使毛坯承受过大的拉力而断裂，即使勉强把已经起皱的毛坯拉入凹模，起皱的痕迹也会被保留下来，因而得不到光洁的零件表面，同时模具也会因为磨损而降低寿命。

对于圆筒形拉深件，可以利用压边圈的压力来压住凸缘部分的材料，防止起皱。但压边力应合适，太小仍然会起皱，太大则会拉裂。是否采用压边圈可根据表 4－1－来确定。

表 4-1-1　是否使用压边圈的条件

拉深方法	首次拉深		以后各次拉深	
	$t/D/\%$	m_1	$t/d_{n-1}/\%$	m_n
使用压边圈	<1.5	<0.6	<1	<0.8
可用可不用	1.5~2.0	0.6	1~1.5	0.8
不用压边圈	>2.0	>0.6	>1.5	>0.8

注：t/D 表示毛坯的相对厚度；D 表示毛坯直径；t 表示材料的厚度；m_1 表示第一次拉深系数；d_{n-1} 表示 $n-1$ 道工序半成品直径；m_n 表示第 n 道工序拉深系数。

学习笔记

2）拉裂

筒壁部分在拉深过程中起到传递拉深力的作用，可近似认为受单向拉应力作用。当拉深力过大，筒壁材料的应力达到抗拉强度极限时，筒壁将被拉裂。由于在筒壁部分与底部圆角部分的交界面附近材料的厚度最薄，硬度最低，因而该处是发生拉裂的危险断面，拉深件的拉裂一般都发生在危险断面，如图 4-1-6 所示。

筒壁危险断面是否被拉裂取决于拉深力的大小和筒壁材料的强度，凡是有利于减小拉深力、提高筒壁材料强度的措施，都有利于防止拉裂的发生。在设计拉深模时，首先应控制材料的变形程度，然后再采取其他各种措施防止危险断面被拉裂。

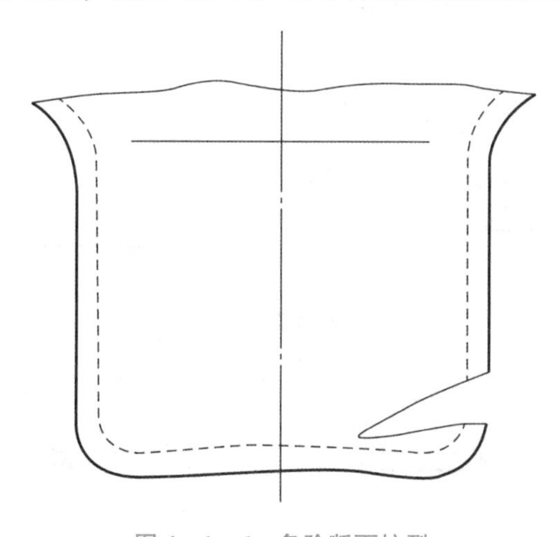

图 4-1-6　危险断面拉裂

三、拉深件的工艺性

1. 拉深件材料

用于拉深成形的材料应具有良好的拉深性能，要求塑性高、屈强比（σ_s/σ_b）小、板厚方向性系数 r 大。

材料的屈强比（σ_s/σ_b）越小，则一次拉深允许的极限变形程度越大，拉深性能越好。例如，低碳钢的屈强比约为 0.57，其一次拉深允许的最小拉深系数为 0.48~0.50；

65 Mn 的屈强比约为 0.63，其一次拉深允许的最小拉深系数为 0.68 ~ 0.70。用于拉深的钢板，屈强比不宜大于 0.66。

当材料的厚向异性系数 $r>1$ 时，说明材料在宽度方向上的变形比厚度方向上的变形容易，在拉深过程中不易变薄和拉裂。r 值越大，表明材料的拉深性能越好。

2. 拉深件的结构工艺性

(1) 拉深件的形状应尽量简单、对称，尽可能一次拉深成形。

(2) 需多次拉深的零件，在保证必要的表面质量的前提下，应允许内、外表面存在拉深过程中可能产生的痕迹。

(3) 在保证装配要求的前提下，应允许拉深件侧壁有一定的斜度。

(4) 一般不变薄拉深工艺的筒壁最大增厚量为 $(0.2 \sim 0.3)t$，最大变薄量为 $(0.1 \sim 0.18)t$，其中 t 为板料厚度。

(5) 拉深件的径向尺寸应只标注外形尺寸或内形尺寸，而不能同时标注内、外形尺寸。带台阶的拉深件，其高度方向的尺寸标注一般应以拉深件底部为基准，如图 4-1-7 (a) 所示。

(6) 拉深件的底部或凸缘上有孔时，孔边到侧壁的距离应满足 $a \geq R+0.5t$ 或 $a \geq (r+0.5t)$，如图 4-1-7 (b) 所示。

(7) 拉深件的底与壁、凸缘与壁、矩形件的四角等处的圆角半径应满足：$r \geq t$，$R \geq 2t$，$r_g \geq 3t$，如图 4-1-7 (b) 和图 4-1-7 (c) 所示。如增加一次整形工序，则其圆角半径可取 $r \geq (0.1 \sim 0.3)t$，$R \geq (0.1 \sim 0.3)t$。

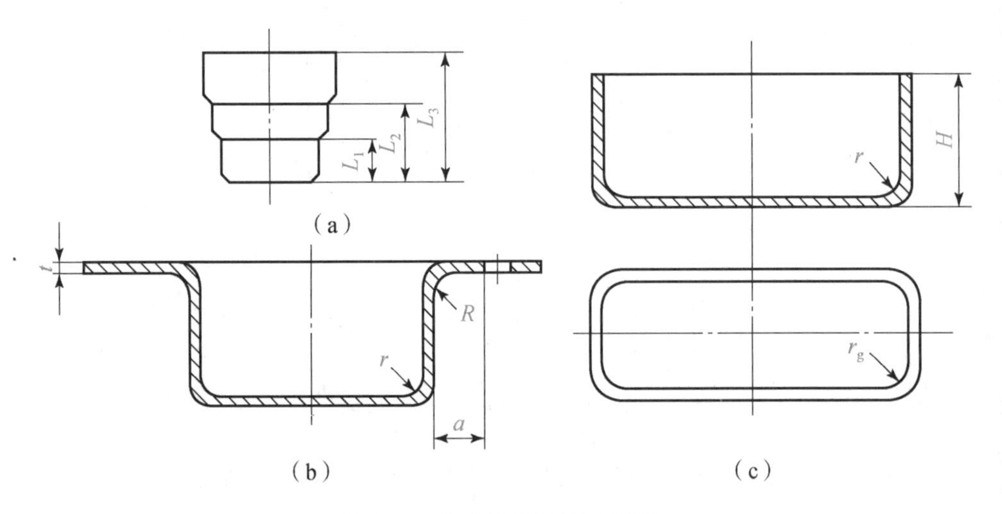

图 4-1-7　拉深件结构工艺性

3. 拉深件的精度

一般情况下，拉深件的尺寸精度应在 IT13 级以下，如高于 IT13 级，则应在拉深后增加整形工序或用机械加工方法提高精度。

任务实施

学习笔记

如图 4－1－1 所示工件为无凸缘圆筒形件，要求内形尺寸，料厚 $t=1$ mm，没有厚度不变的要求。零件的形状简单、对称，底部圆角半径 $r=2$ mm $>t$，满足拉深工艺对形状和圆角半径的要求，尺寸 $\phi70^{+0.46}_{0}$ mm 公差等级为 IT13 级，其余尺寸为自由公差，满足拉深工艺对精度等级的要求。零件所用材料 08 钢的拉深性能好，易于拉深成形。

因此，该零件的拉深工艺性好，可用拉深工序加工。

任务评价

评价项目	分值	得分
能够分析拉深件的材料	30	
正确分析拉深件的结构工艺性	40	
正确分析拉深件的精度等级	30	

课后思考

（1）拉深变形有哪些类型？

（2）拉深过程中存在哪些工艺问题？如何加以控制？

（3）拉深件的结构工艺性有哪些要求？

拓展任务

零件名称：圆筒。

生产批量：大批量。

尺寸参数见表 4－1－2。

表 4－1－2　尺寸参数

mm

序号	材料	D	H	R	板厚
1	铝	$30^{\ 0}_{-0.45}$	$75^{\ 0}_{-0.3}$	4	1.0
2	30 钢	$40^{\ 0}_{-0.50}$	$75^{\ 0}_{-0.3}$	10	0.5
3	2A12	$25^{\ 0}_{-0.45}$	$50^{\ 0}_{-0.2}$	4	2.0

分组对表 4－1－2 中的三种拉深件进行工艺性分析。

学习笔记

任务4.2 工艺计算

任务引入

图4-1-1所示的圆筒形件毛坯尺寸怎么确定？是否可以一次成形？拉深力怎么计算？

任务分析

拉深件工艺计算包括毛坯尺寸的确定、拉深次数和工序尺寸的确定，以及压边力和拉深力的计算。本任务重点进行工艺计算。

学习目标

● 知识目标

1. 了解拉深件的坯料尺寸计算原则及方法；
2. 掌握圆筒形件拉深次数的确定方法及多次拉深时各工序件尺寸的计算；
3. 掌握拉深力的确定方法。

● 能力目标

1. 具备拉深件的坯料尺寸计算能力；
2. 能确定圆筒形件拉深次数，能计算圆筒形件多次拉深时各工序件的尺寸；
3. 能正确计算拉深力。

● 素质目标

1. 培养学生成本意识及严谨计算的职业素养；
2. 培养学生循序渐进的学习方法。

知识链接

一、拉深件毛坯尺寸计算

1. 确定毛坯尺寸原则

1）形状相似

坯料的形状应符合金属在塑性变动时的流动规律。毛坯的形状和拉深件的筒部截面形状一般相似，因此旋转体拉深件的毛坯形状为圆形，计算毛坯尺寸就是确定毛坯的直径。

2）增加切边余量

由于材料存在各向异性，以及材料在各个方向上流动阻力的不同，毛坯经拉深，尤其是经多次拉深后，拉深件的口部或凸缘边缘一般不平齐，需要进行切边，因此，

在计算毛坯尺寸时，必须加上一定的切边余量。切边余量的取值见表 4－2－1 和表4－2－2。

表 4－2－1　无凸缘拉深件的切边余量 Δh　mm

附图	拉深件总高度 h	拉深件相对高度 h/d			
		0.5～0.8	>0.8～1.6	>1.6～2.5	>2.5～4.0
	≤10	1.0	1.2	1.5	2.0
	>10～20	1.2	1.6	2.0	2.5
	>20～50	2.0	2.5	3.3	4.0
	>50～100	3.0	3.8	5.0	6.0
	>100～150	4.0	5.0	6.5	8.0
	>150～200	5.0	6.3	8.0	10.0
	>200～250	6.0	7.5	9.0	11.0
	>250	7.0	8.5	10.0	12.0

表 4－2－2　带凸缘拉深件的切边余量 Δd　mm

附图	凸缘直径 d_1	凸缘的相对直径 d_1/d			
		≤1.5	>1.5～2	>2～2.5	>2.5
	≤25	1.6	1.4	1.2	1.0
	>25～50	2.5	2.0	1.8	1.6
	>50～100	3.5	3.0	2.5	2.2
	>100～150	4.3	3.6	3.0	2.5
	>150～200	5.0	4.2	3.5	2.7
	>200～250	5.5	4.6	3.8	2.8
	>250	6.0	5.0	4.0	3.0

3）表面积相等

对于不变薄拉深，拉深件的平均壁厚与毛坯的厚度相差不大，因此可用等面积条件，即毛坯的表面积和拉深件表面积相等的条件计算毛坯的尺寸。

2. 简单旋转体拉深件毛坯尺寸计算

对于简单旋转体拉深件，可以将它划分为若干个简单的几何形状，分别求出各部分的表面积并相加，从而得到拉深件的总表面积，然后根据表面积相等原则求出坯料直径。

常见简单形状旋转体拉深件毛坯尺寸的计算公式见表4-2-3。

表4-2-3　常见简单形状旋转体拉深件毛坯尺寸计算公式　mm

序号	拉深件形状	毛坯直径 D
1		$D=\sqrt{d_1^2+4d_2h+6.28rd_1+8r^2}$ 或 $D=\sqrt{d_2^2+4d_2H-1.72rd_2-0.56r^2}$
2		当 $r\neq R$ 时 $D=\sqrt{d_1^2+6.28rd_1+8r^2+4d_2h+6.28Rd_2+4.56R^2+d_4^2-d_3^2}$ 当 $r=R$ 时 $D=\sqrt{d_4^2+4d_2H-3.44rd_2}$
3		$D=\sqrt{d_1^2+2l(d_1+d_2)}$
4		$D=\sqrt{d_1^2+2r(\pi d_1+4r)}$
5		$D=\sqrt{8rh}$ 或 $D=\sqrt{s^2+4h^2}$
6		$D=\sqrt{2d^2}=1.414d$

续表

序号	拉深件形状	毛坯直径 D
7		$D=\sqrt{d_1^2+4h^2+2l(d_1+d_2)}$
8		$D=\sqrt{8r_1\left[x-b\left(\arcsin\frac{x}{r_1}\right)\right]+4dh_2+8rh_1}$
9		$D=\sqrt{8r^2+4dH-4dr-1.72dR+0.56R^2+d_4^2-d^2}$
10		$D=1.414\sqrt{d^2+2dh}$ 或 $D=2\sqrt{dH}$

3. 复杂旋转体拉深件毛坯尺寸计算

复杂旋转体拉深件是指母线较复杂的旋转体零件，求表面积时按照久里金法则求出，即任何形状的母线，绕轴线旋转一周得到的旋转体的表面积，等于该母线的长度与其中心绕轴旋转轨迹的长度的乘积。

此外，也可以通过三维设计软件，利用属性查询功能精确得知任意形状的实体表面积，或者利用 CAE 软件（如 DYNAFORM）精确估测毛坯的尺寸。

二、拉深系数、拉深次数与工序尺寸的确定

1. 拉深系数

1）拉深系数的概念

当拉深件由板料拉深成制件时，因为变形程度太大，故会产生起皱和拉裂，在拉深工艺中，有些拉深件可以一次拉深成形，而有些高度大的拉深件，则需要采用多次

拉深的方法成形。在制定拉深工艺和设计拉深模时，通常将拉深系数作为计算的依据，以确定拉深次数。

圆筒形件的拉深系数是每次拉深后圆筒形件直径与拉深前毛坯（或半成品）直径的比值，用 m 表示。图 4－2－1 所示为圆筒形件的多次拉深。

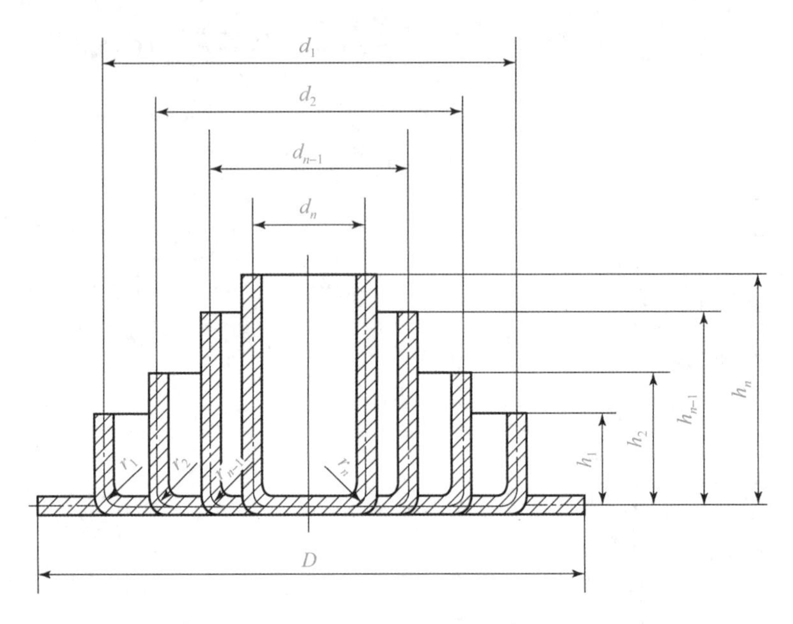

图 4－2－1　圆筒形件的多次拉深

第一次拉深系数：

$$m_1 = \frac{d_1}{D}$$

第二次拉深系数：

$$m_2 = \frac{d_2}{d_1}$$

第 n 次拉深系数：

$$m_n = \frac{d_n}{d_{n-1}} = \frac{d}{d_{n-1}}$$

式中　D——毛坯直径（mm）；

$d_1, d_2, \cdots, d_n$——各次拉深后的筒部直径；

d——最终拉深件的筒部直径。

多次拉深的总拉深系数：

$$m = m_1 m_2 \cdots m_{n-1} m_n = \frac{d_1}{D} \times \frac{d_2}{d_1} \times \cdots \times \frac{d_{n-1}}{d_{n-2}} \times \frac{d_n}{d_{n-1}} = \frac{d_n}{D} = \frac{d}{D} \qquad (4-2-1)$$

拉深系数可以用来表示拉深时材料的变形程度，拉深系数 m 的数值越小，则变形程度越大。从降低拉深件生产成本、提高经济效益出发，在制定拉深工艺时，拉深的次数越少越好，所以需要尽可能地降低每一次的拉深系数，但是，对于某一次拉深而言，拉深系数不能无限制地减小。

2）拉深系数的影响因素

拉深系数的影响因素很多，主要包括以下几种：

（1）材料的力学性能。一般来说，塑性好、屈强比 σ_s/σ_b 小的材料的拉深系数可小些。

（2）板料的相对厚度 t/D。板料相对厚度较大时，拉深过程中不易起皱，m 可取小些。

（3）模具工作部分结构和尺寸。有压边圈的拉深模，减少了起皱的可能，m 可取小些；凸、凹模圆角半径较大时，m 可取小些。

（4）拉深次数。后一次的拉深系数都略大于前一次的拉深系数，因为在第一次拉深后，材料产生了冷作硬化现象，变形比较困难。

（5）润滑条件。凹模与板料之间施加润滑剂，使摩擦阻力减小，m 可适当取小些；凸模工作表面不需要润滑，凸模工作表面与板料之间有较大的摩擦阻力，有助于阻止断面变薄，有利于减小拉深系数。

3）拉深系数的确定

实际采用的拉深系数都是在一定的拉深条件下，通过实验得到的，为了保证拉深工艺的顺利进行，就必须使拉深系数大于一定的数值，这个数值即为一定条件下的极限拉深系数。极限拉深系数见表 4－2－4～表 4－2－5。

表 4－2－4　圆筒形件极限拉深系数（用压边圈）

拉深系数	坯料相对厚度(t/D)/%					
	2.0～1.5	1.5～1.0	1.0～0.6	0.6～0.3	0.3～0.15	0.15～0.08
m_1	0.48～0.50	0.50～0.53	0.53～0.55	0.55～0.58	0.58～0.60	0.60～0.63
m_2	0.73～0.75	0.75～0.76	0.76～0.78	0.78～0.79	0.79～0.80	0.80～0.82
m_3	0.76～0.78	0.78～0.79	0.79～0.80	0.80～0.81	0.81～0.82	0.82～0.84
m_4	0.78～0.80	0.80～0.81	0.81～0.82	0.82～0.83	0.83～0.85	0.85～0.86
m_5	0.80～0.82	0.82～0.84	0.84～0.85	0.85～0.86	0.86～0.87	0.87～0.88

注：①表中拉深系数适用于 08 钢、10 钢和 15 Mn 钢等普通拉深碳素钢及黄铜 H62。对于拉深性能较差的材料，如 20 钢、25 钢、Q215 钢、硬铝等，取值应比表中数值大 1.5%～2%；而对于塑性较好的材料，如 05、08F 等拉深钢及软铝等，取值应比表中数值小 1.5%～2%。

②表中数值适用于未经中间退火的拉深。当采用中间退火工序时，取值可比表中数值小 2%～3%。

③凹模圆角半径较大时（$r_d=8t\sim15t$），应取表中的较小数值；凹模圆角半径较小时（$r_d=4t\sim8t$），应取表中的较大数值。

表 4－2－5　圆筒形件极限拉深系数（不用压边圈）

拉深系数	坯料相对厚度(t/D)/%						
	0.8	1.0	1.5	2.0	2.5	3.0	>3.0
m_1	0.80	0.75	0.65	0.60	0.55	0.53	0.50
m_2	0.88	0.85	0.80	0.75	0.75	0.75	0.70

学习笔记

续表

拉深系数	坯料相对厚度(t/D)/%						
	0.8	1.0	1.5	2.0	2.5	3.0	>3.0
m_3	—	0.90	0.84	0.80	0.80	0.80	0.75
m_4	—	—	0.87	0.84	0.84	0.84	0.78
m_5	—	—	0.90	0.87	0.87	0.87	0.82
m_6	—	—	—	0.90	0.90	0.90	0.85

注：表中数值要求同表4-2-4。

在实际生产中，过小及接近极限值的拉深系数，会导致拉深件起皱、拉裂或严重变薄超差，影响拉深件的质量，所以一般都采用大于极限值的拉深系数。

2. 拉深次数

当拉深件的拉深系数 $m=d/D$ 大于第一次极限拉深系数时，该拉深件只需一次拉深既可，否则就要进行多次拉深。拉深次数的确定可查表4-2-6。

表4-2-6 圆筒形件拉深次数的确定

相对高度 H/d 拉深次数	坯料相对厚度(t/D)/%					
	2~1.5	1.5~1.0	1.0~0.6	0.6~0.3	0.3~0.15	0.15~0.08
1	0.94~0.77	0.84~0.65	0.71~0.57	0.62~0.50	0.52~0.45	0.46~0.38
2	1.88~1.54	1.60~1.32	1.36~1.10	1.13~0.94	0.96~0.83	0.90~0.70
3	3.50~2.70	2.80~2.20	2.30~1.80	1.90~1.50	1.60~1.30	1.30~1.10
4	5.60~4.30	4.30~3.50	3.60~2.90	2.90~2.40	2.40~2.00	2.00~1.50
5	8.80~6.60	6.60~5.10	5.20~4.10	4.10~3.30	3.30~2.70	2.70~2.00

注：①表中数据适用材料为08F钢、10F钢；
②凹模圆角半径大时（$R=8t\sim12t$），H/d 取大值；凹模圆角半径小时（$R=4t\sim8t$），H/d 取小值。

圆筒形拉深件的拉深次数也可通过试算法确定，先根据表4-2-4或表4-2-5选取拉深系数，然后根据拉深系数的定义计算各次拉深后的半成品筒部直径，即

$$d_1=m_1D;\ d_2=m_2d_1;\ \cdots;\ d_{n-1}=m_{n-1}d_{n-2};\ d_n=m_nd_{n-1}$$

逐次计算各次拉深后的筒部直径，直到 $d_n\leqslant d$ 为止，计算的次数 n 即为所需的拉深次数。

3. 各次拉深工序尺寸的确定

1）工序件直径的确定

拉深次数确定后，先取 $d_n=d$，然后分别调整 d_{n-1}、…、d_2、d_1，调整时应保证各

次拉深的实际拉深系数大于或等于表4－2－4或表4－2－5中选取的数值。

学习笔记

2）工序件底部圆角半径的计算

各次拉深后的工序件底部圆角半径按下式计算：

$$r_{gi} = r_{pi} + t/2 \qquad (4-2-2)$$

式中 r_{gi}——第 i 次拉深后的工序件底部圆角半径（mm）；

r_{pi}——第 i 次拉深后的凸模圆角半径（mm）；

t——材料厚度（mm）。

最后一次拉深时凸模的圆角半径应与制件底部的圆角半径相等，中间各次凸模圆角半径与凹模圆角半径尽量相等，各次拉深时凸模的圆角半径可逐渐减小。

3）工序件高度的计算

由求毛坯尺寸的公式演变即可求得各次拉深后的工序件高度计算公式：

$$h_i = 0.25\left(\frac{D^2}{d_i} - d_i\right) + 0.43\frac{r_{gi}}{d_i}(d_i + 0.32r_{gi}) \qquad (4-2-3)$$

式中 h_i——第 i 次拉深后的工序件高度（mm）；

D——毛坯直径（mm）；

d_i——第 i 次拉深后的工序件直径（mm）；

r_{gi}——第 i 次拉深后的工序件底部圆角半径（mm）。

三、压料力与拉深力的确定

1. 压料装置及压料力的确定

在拉深过程中，如果材料的相对厚度较小，变形程度较大，则在凸缘变形区容易失稳起皱。防止起皱的主要方法是采用施加轴向力的压料装置。目前，常用的压料装置有弹性压料装置和刚性压料装置，在单动压力机上拉深时一般使用弹性压料装置，在双动压力机上一般使用刚性压料装置。

1）弹性压料装置

普通单动压力机上用的弹性压料装置如图4－2－2所示，气垫安装在压力机的工作台上，弹簧垫和橡胶垫一般安装在模具上，有时作为通用缓冲器也可以安装在压力机的工作台上。

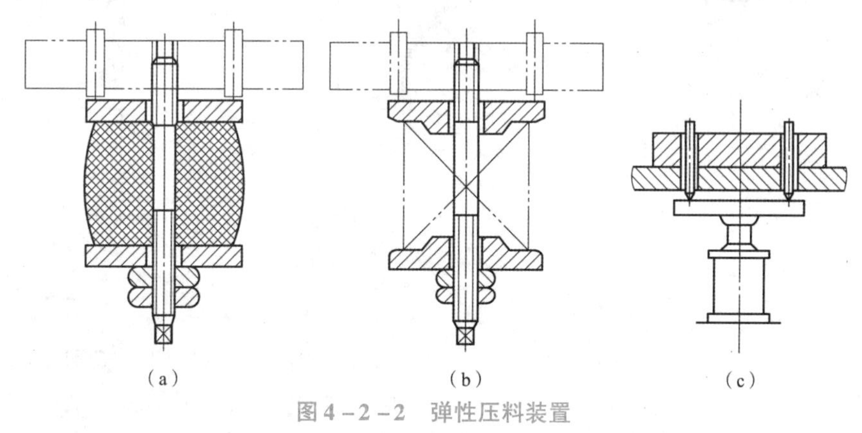

图4－2－2 弹性压料装置

(a) 橡胶式压料装置；(b) 弹簧式压料装置；(c) 气垫式压料装置

上述三种压料装置的压料力随压力机行程变化的曲线如图 4－2－3 所示，气垫式压料装置的压料力不随行程而变化，压料效果较好，但是气垫结构较复杂，制造不容易，且必须使用压缩空气。弹簧和橡胶式压料装置的压料力随行程的增大而升高，橡胶压料装置更为严重。而拉深变形随着拉深深度的增加，凸缘变形区的材料不断减少，需要的压料力也逐渐减小，这样如果使用弹簧和橡胶压料装置使压料力增加，将导致零件拉裂，因此对于弹簧式压料装置，选择弹簧时应选总压缩量大、压料力随压缩量增加缓慢的弹簧；对于橡胶式压料装置，应选择软橡胶，且橡胶的总高度不应小于拉深行程的 5 倍，橡胶的高度在不影响模具结构的前提下越大越好。弹簧和橡胶式压料装置通常只适用于浅拉深。

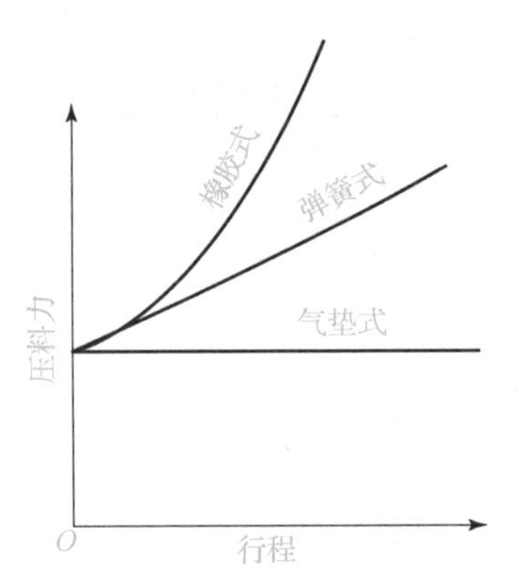

图 4－2－3　压料力和行程的关系

压边圈是压料装置的关键零件，常见的结构形式有三种，如图 4－2－4 所示，一般拉深模采用平面压边圈；锥形压边圈能降低极限拉深系数，其锥角和凹模的锥角相对应，一般取 $\beta=30°\sim40°$，主要用于拉深系数较小的拉深件；弧形压边圈适用于坯料相对厚度较小、凸缘小且圆角半径较大的拉深件。

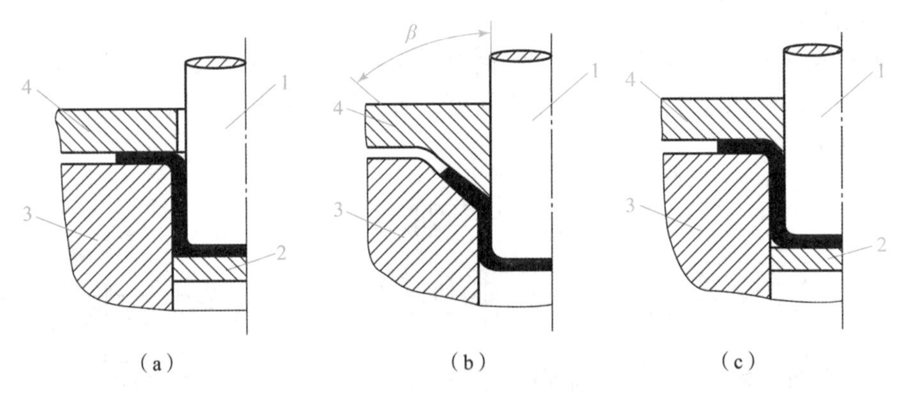

图 4－2－4　压边圈的结构形式

(a) 平面形；(b) 锥形；(c) 弧形

1—凸模；2—顶板；3—凹模；4—压边圈

在拉深过程中，为了保持压料力的均衡，防止坯料被压得过紧，特别是拉深薄材料或宽凸缘零件时可以采用带限位装置的压边圈，如图 4－2－5 所示，限位装置可以使压边圈和凹模之间始终保持一定的距离 s，通常拉深铝合金工件时，$s=1.1t$；拉深钢件时，$s=1.2t$；拉深带凸缘工件时，$s=t+(0.05\sim0.1)$ mm。

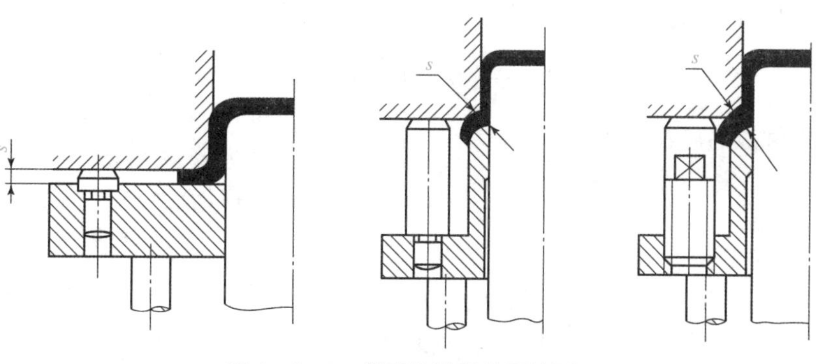

图 4－2－5　带限位装置的压边圈

2）刚性压料装置

刚性压料装置一般设置于双动压力机上用的拉深模中，如图 4－2－6 所示，压边圈装在外滑块上，凸模装在内滑块上，曲轴旋转，通过凸轮带动外滑块使压边圈进行压料，随后内滑块带动凸模进行拉深。拉深过程中，外滑块保持不动，以保证压边圈对毛坯的持续压紧。由于毛坯凸缘变形区在拉深过程中厚度有增大现象，所以在调整模具时，应使 c 略大于板厚 t。这种压料装置的特点是压料力不随压力机行程的变化而变化，拉深效果较好，且模具结构简单。

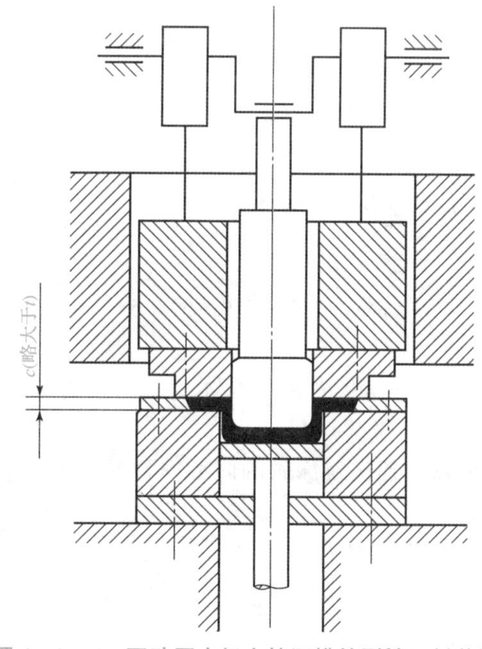

图 4－2－6　双动压力机上拉深模的刚性压料装置

3）压料力的确定

压料力过大，会增大坯料拉入凹模的拉力，导致危险断面拉裂；压料力不足，不能防止起皱，所以要在保证坯料变形区不起皱的前提下，尽量选用较小的压料力。

压料力常按下面的经验公式计算：

任何形状的拉深件：

学习笔记

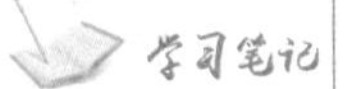

$$F_Y = Ap \qquad (4-2-4)$$

圆筒形件首次拉深：

$$F_Y = \frac{\pi}{4}[D^2 - (d_1 + 2r_{d1})^2]p \qquad (4-2-5)$$

圆筒形件以后各次拉深：

$$F_Y = \frac{\pi}{4}[d_{i-1}^2 - (d_i + 2r_{di})^2]p \quad (i=2,3,\cdots,n) \qquad (4-2-6)$$

式中　F_Y——压料力（N）；

A——压边圈上坯料的投影面积（mm^2）；

p——单位面积压料力（MPa），见表 4-2-7；

D——坯料直径（mm）；

d_i——各次拉深工序件直径（mm）；

r_{di}——各次拉深凹模的圆角半径（mm）。

表 4-2-7　单位面积压料力　　MPa

材料	p	材料	p
铝	0.8～1.2	软钢（$t<0.5$ mm）	2.5～3.0
纯铜、硬铝（已退火）	1.2～1.8	镀锡钢	2.5～3.0
黄铜	1.5～2.0	耐热钢	2.8～3.5
软钢（$t>0.5$ mm）	2.0～2.5	高合金钢、不锈钢、高锰钢	3.0～4.5

2. 拉深力的确定

拉深力常用下列经验公式计算：

首次拉深：

$$F = K_1 \pi d_1 t \sigma_b \qquad (4-2-7)$$

以后各次拉深：

$$F = K_2 \pi d_i t \sigma_b \qquad (4-2-8)$$

式中　F——拉深力（N）；

d_1, d_i——第一次及以后各次拉深后的筒形件直径（mm）；

t——材料厚度（mm）；

σ_b——材料的强度极限（MPa）；

K_1, K_2——修正系数，查表 4-2-8。

表 4-2-8　修正系数 K_1、K_2

拉深系数 m_1	0.55	0.57	0.60	0.62	0.65	0.67	0.70	0.72	0.75	0.77	0.80	—	—	—
K_1	1.00	0.93	0.86	0.79	0.72	0.66	0.60	0.55	0.50	0.45	0.40	—	—	—

学习笔记

续表

拉深系数 m_n	—	—	—	—	—	—	0.70	0.72	0.75	0.77	0.80	0.85	0.90	0.95
K_2	—	—	—	—	—	—	1.00	0.95	0.90	0.85	0.80	0.70	0.60	0.50

3. 拉深压力机的选用

对于单动压力机，其标称压力F_g应大于拉深力 F 与压料力F_Y之和，即

$$F_g > F + F_Y \tag{4-2-9}$$

对于双动压力机，应使内滑块标称压力$F_{g内}$与外滑块标称压力$F_{g外}$分别大于拉深力 F 和压料力F_Y，即

$$F_{g内} > F,\ F_{g外} > F_Y \tag{4-2-10}$$

选用压力机时需注意，当拉深工作行程较大，尤其是落料拉深复合时，应校核压力机的行程负荷曲线，即保证拉深工艺总力的变化曲线被包络在压力机的行程负荷曲线以下。

实际生产中，常按下列经验公式选择压力机的规格：

浅拉深时：

$$F_g \geqslant (1.6 \sim 1.8)\ F_\Sigma \tag{4-2-11}$$

深拉深时：

$$F_g \geqslant (1.8 \sim 2.0)\ F_\Sigma \tag{4-2-12}$$

式中　F_Σ——冲压工艺总力，与模具结构有关，包括拉深力、压料力和冲裁力等。

任务实施

一、计算毛坯尺寸

由图 4-1-1 有

$$h = 14 + 1 = 15(\text{mm}),\ d = 70 + 1 = 71(\text{mm})$$

求得相对高度：

$$h/d = 15/71 \approx 0.21$$

查表 4-2-1，得到切边余量 $\Delta h = 1.2$ mm。

将

$$d_2 = 71\ \text{mm}$$

$$H = 14 + 0.5 + + 1.2 = 15.7(\text{mm})$$

$$r = 3 + 0.5 = 3.5(\text{mm})$$

代入表 4-2-3 对应公式，求得毛坯直径为

$$D = \sqrt{d_2^2 + 4d_2H - 1.72rd_2 - 0.56r^2}$$

$$= \sqrt{71^2 + 4 \times 71 \times 15.7 - 1.72 \times 3.5 \times 71 - 0.56 \times 3.5^2} \approx 95(\text{mm})$$

二、判断拉深次数

毛坯的相对厚度为

$$(t/D)\times 100=(1/95)\times 100\approx 1.05$$

根据是否采用压边圈的条件可知，需要采用压边圈。

工件总的拉深系数为

$$m_{总}=d/D=71/95\approx 0.75$$

查表4－2－4，$m_1=0.50\sim 0.53<m_{总}$，说明制件可一次拉深成形，即拉深次数为$n=1$。

为了提高生产效率，可将落料与拉深复合。

三、压边力、拉深力的计算

按照公式（4－2－5），压边力为

$$F_Y=\frac{\pi}{4}[D^2-(d_1+2r_{d1})^2]p=\frac{\pi}{4}\times[95^2-(71+2\times 3.92)^2]\times 2.5=5\ 513(\text{N})$$

式中　r_{d1}——计算公式在任务4.3里会详细介绍，即

$$r_{d1}=0.8\sqrt{(D-d)t}=0.8\sqrt{(95-71)\times 1}=3.92$$

p——$p=2.5$ MPa，由表4－2－7查得。

按照公式（4－2－7）可得拉深力为

$$F=K_1\pi d_1 t\sigma_b=0.5\times 3.14\times 71\times 1\times 400=44\ 588(\text{N})$$

式中　K_1——$K_1=0.5$，由表4－2－8查得。

任务评价

评价项目	分值	得分
能够正确计算毛坯尺寸	20分	
能够确定拉深次数	30分	
能够正确计算压边力、拉深力	20分	
能够正确确定毛坯排样和尺寸	30分	

课后思考

（1）什么是拉深系数？拉深系数和变形程度有什么关系？

（2）怎样确定圆筒形件拉深时所需要的拉深次数？

（3）常用的压边装置有哪些形式？各有何特点？

学习笔记

拓展任务

计算如图 4－2－7 所示圆筒形拉深件的毛坯尺寸和各中间工序尺寸，工件材料为 10 钢，厚度为 1.5 mm，小批量生产。

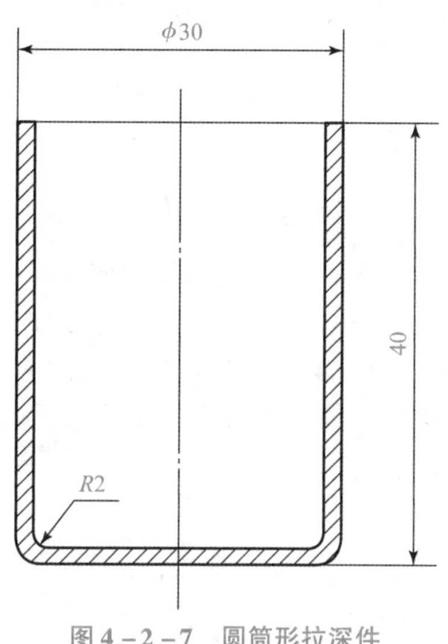

图 4－2－7　圆筒形拉深件

任务4.3　模具工作零件设计

任务引入

如图 4－1－1 所示的圆筒形件拉深模的工作零件包括哪些？怎么确定其尺寸及公差？

任务分析

模具工作零件的设计包括拉深模间隙的确定，拉深模圆角半径的确定，凸、凹模工作部分的尺寸和公差以及凸模通气孔的确定。

学习目标

● **知识目标**

1. 掌握凸、凹模圆角半径的计算方法；
2. 了解拉深间隙值的选择及计算方法；
3. 掌握凸、凹模工作部分尺寸及公差的确定。

• 能力目标

能够计算凸、凹模尺寸及公差。

• 素质目标

培养学生细致、严谨的工作态度。

知识链接

一、常用拉深凸、凹模的结构

1. 无压料装置的拉深凸、凹模结构

无压料装置的一次拉深成形的凸、凹模结构如图4-3-1所示，图4-3-1（a）所示为平端面带圆弧凹模的结构形式，毛坯的定位可以使用定位销等定位装置，一般适用于大件；图4-3-1（b）和图4-3-1（c）所示的两种凹模结构对抗失稳起皱有利，但加工较复杂，适用于拉深系数较小的拉深件。

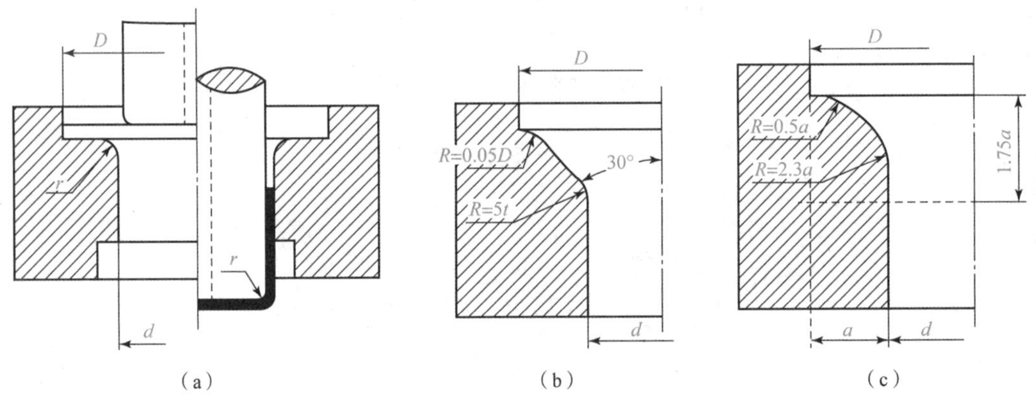

图4-3-1　无压料装置的拉深凹模的结构

（a）平端面带圆弧凹模；（b）锥形凹模；（c）渐开线形凹模

无压料装置的多次拉深凸、凹模结构如图4-3-2所示。

2. 有压料装置的拉深凸、凹模结构

有压料装置的拉深凸、凹模结构如图4-3-3所示，图4-3-3（a）所示为带圆角半径的凸模和凹模的结构形式，适用于直径小于100 mm的拉深件；图4-3-3（b）所示为带有斜角的凸模和凹模的结构形式，这种结构形式使毛坯在下次拉深工序中容易定位，减轻了毛坯的反复弯曲变形，减少了材料变薄，提高了拉深件的侧壁质量，一般适用于尺寸较大的拉深件。

二、凸、凹模圆角半径的确定

1. 凹模圆角半径的确定

拉深时，平面凸缘区材料经过凹模圆角流入凸、凹模间隙。如果凹模圆角半径过小，则材料流入凸、凹模间隙时的阻力和拉深力太大，将使拉深件表面产生划痕，或

学习笔记

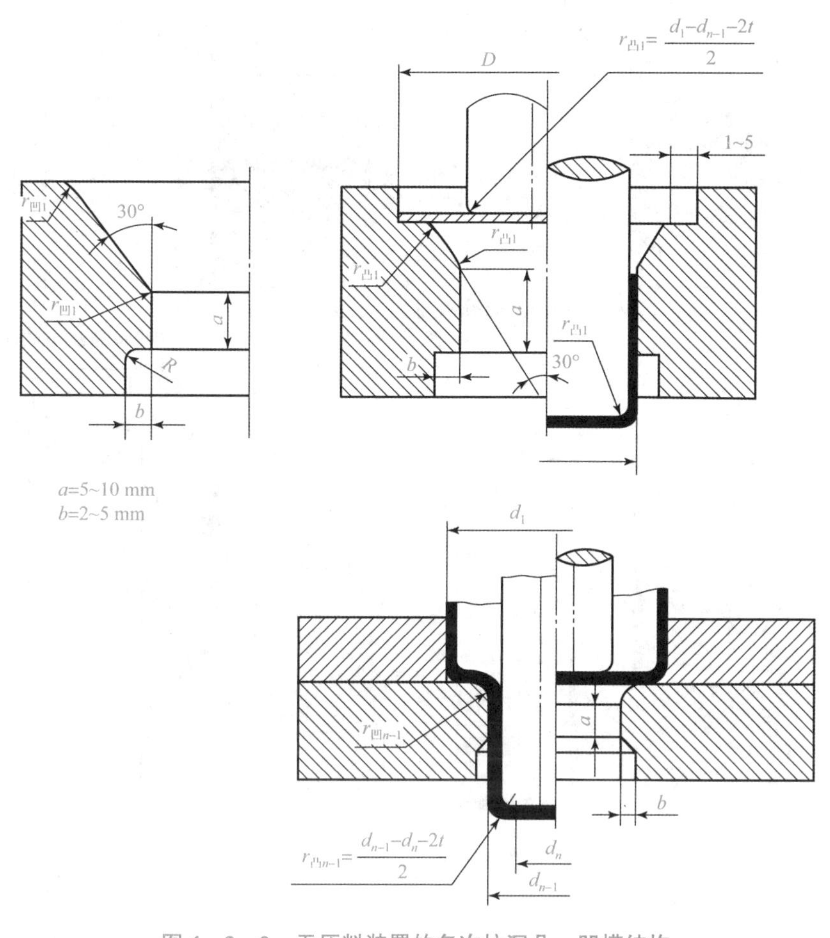

图 4－3－2　无压料装置的多次拉深凸、凹模结构

使危险断面破裂；如果凹模圆角半径过大，则材料在流经凹模圆角时会起皱。

首次的拉深凹模圆角半径可按下式计算：

$$r_{d1}=0.8\sqrt{(D-d)t} \tag{4-3-1}$$

式中　r_{d1}——凹模圆角半径；

D——坯料直径；

d——凹模内径（当工件料厚 $t\geqslant 1$ mm 时，也可取首次拉深时工件的中线尺寸）；

t——材料厚度。

以后各次拉深时，凹模圆角半径应逐渐减小，即

$$r_{di}=(0.6\sim0.8)r_{di-1}\quad (i=2,3,\cdots,n) \tag{4-3-2}$$

盒型件拉深凹模圆角半径按下式计算：

$$r_d=(4\sim8)t \tag{4-3-3}$$

以上计算所得的凹模圆角半径均应符合$r_d\geqslant 2t$ 的拉深工艺性要求。对于带凸缘的圆筒形件，最后一次拉深的凹模圆角半径还应与零件的凸缘圆角半径相等。当凸缘圆角半径太小时，则应以较大的凹模圆角半径拉深，然后增加整形工序，以缩小凸缘圆角半径。

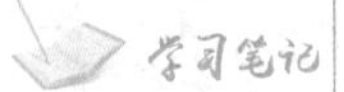

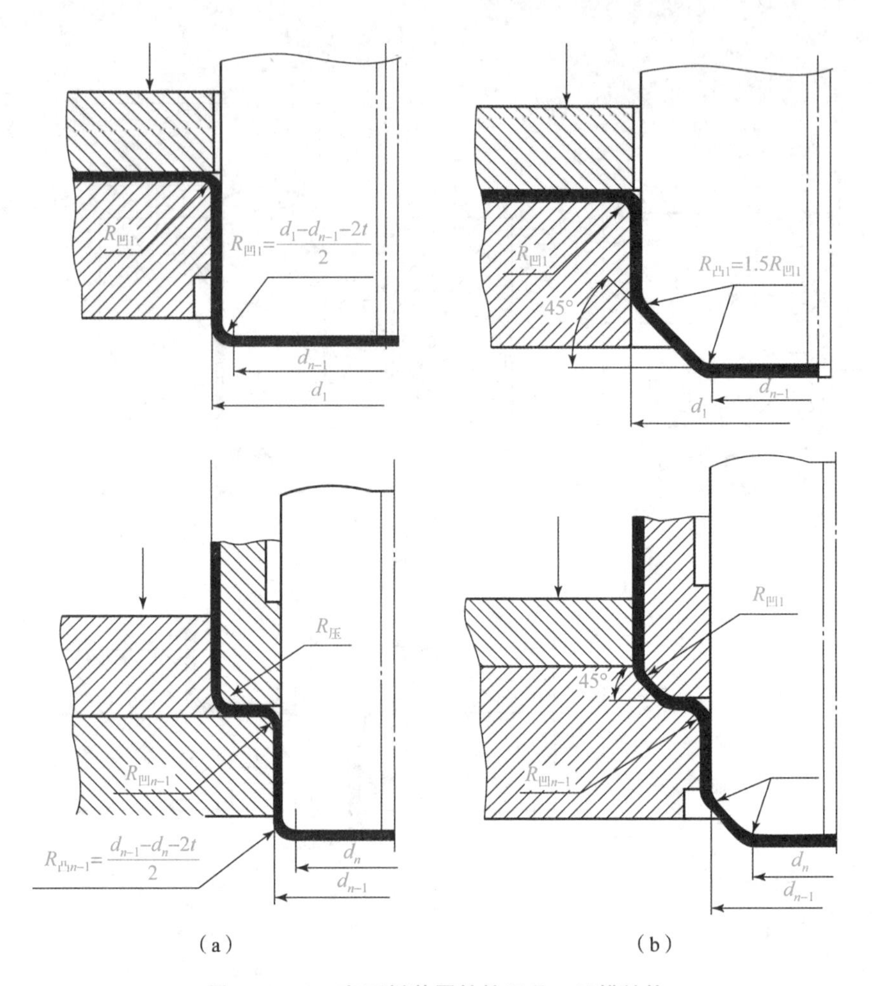

图4－3－3　有压料装置的拉深凸、凹模结构

2. 凸模圆角半径的确定

凸模圆角半径过大，拉深时底部材料的承压面积小，易产生底部变薄和内起皱；凸模圆角半径过小，拉深过程中危险断面容易产生局部变薄，甚至被拉裂。

首次的拉深凸模圆角半径可按下式计算：

$$r_{p1}=(0.7\sim1.0)r_{d1} \tag{4-3-4}$$

以后各次拉深的凸模圆角半径可按下式计算：

$$r_{p(i-1)}=0.5(d_{i-1}-d_i-2t)(i=3,4,\cdots,n) \tag{4-3-5}$$

式中　$r_{p(i-1)}$——拉深凸模圆角半径；

d_{i-1},d_i——各次拉深工序件的直径。

最后一次拉深时，凸模圆角半径应与拉深件底部的圆角半径相等。如拉深件底部圆角半径过小，则应按拉深工艺要求确定凸模圆角半径，拉深后通过增加整形工序缩小拉深件底部圆角半径。

三、凸、凹模间隙的确定

拉深模的凸模与凹模间隙对拉深件质量和模具寿命都有重要的影响，间隙取值较小时，拉深件的回弹较小，尺寸精度较高，但拉深力较大，凸模和凹模磨损较快，模具寿命较低；间隙值过小，拉深件容易破裂；间隙值过大，又容易使拉深件起皱，影响工件的精度。在确定凸、凹模工作部分尺寸时，必须先确定该间隙。

学习笔记

无压料装置的拉深模的间隙按照下式确定：

$$\frac{Z}{2}=(1\sim1.1)t_{max} \tag{4-3-6}$$

式中 Z——凸、凹模间隙（mm）；

t_{max}——毛坯厚度的上极限尺寸；

1～1.1——系数，对于首次和中间各次拉深，或尺寸精度要求不高的拉深件取较大值，对于最后一次拉深或尺寸精度要求较高的拉深件取较小值。

有压料装置的拉深模的单边间隙 $Z/2$ 可按表 4－3－1 确定。

表 4－3－1　有压料装置拉深时凸、凹模的单边间隙 Z/2

总拉深次数	拉深工序	单边间隙	总拉深次数	拉深工序	单边间隙
1	第 1 次拉深	$(1\sim1.1)t$	4	第 1、2 次拉深	$1.2t$
2	第 1 次拉深	$1.1t$		第 3 次拉深	$1.1t$
	第 2 次拉深	$(1\sim1.05)t$		第 4 次拉深	$(1\sim1.05)t$
3	第 1 次拉深	$1.2t$	5	第 1、2、3 次拉深	$1.2t$
	第 2 次拉深	$1.1t$		第 4 次拉深	$1.1t$
	第 3 次拉深	$(1\sim1.05)t$		第 5 次拉深	$(1\sim1.05)t$

注：①t 为材料厚度，取材料厚度允许偏差的中间值；
②拉深精密零件时，最后一次拉深时间隙取 $Z=t$。

四、凸、凹模工作部分尺寸及公差

拉深凸、凹模的工作部分尺寸及公差，仅在最后一道工序保证，对于首次和中间工序没有严格要求。具体尺寸计算分为以下两种情况。

（1）工件标注外形尺寸时，如图 4－3－4（a）所示，应当以凹模为基准，先计算确定凹模的工作尺寸，然后通过减小凸模尺寸保证凸、凹模间隙，计算公式如下：

$$D_d=(D_{max}-0.75\Delta)^{+\delta_d}_{0} \tag{4-3-7}$$

$$D_p=(D_{max}-0.75\Delta-Z)^{0}_{-\delta_p} \tag{4-3-8}$$

（2）工件标注内形尺寸时，如图 4－3－4（b）所示，应当以凸模为基准，先计算确定凸模的工作尺寸，然后通过增大凹模尺寸保证凸、凹模间隙，计算公式如下：

$$d_p=(d_{min}+0.4\Delta)^{0}_{-\delta_p} \tag{4-3-9}$$

$$d_d=(d_{min}+0.4\Delta+Z)^{+\delta_d}_{0} \tag{4-3-10}$$

对于首次和中间各次拉深，半成品的尺寸可按下列公式计算：

$$D_{di}=(D_i)^{+\delta_d}_{0} \tag{4-3-11}$$

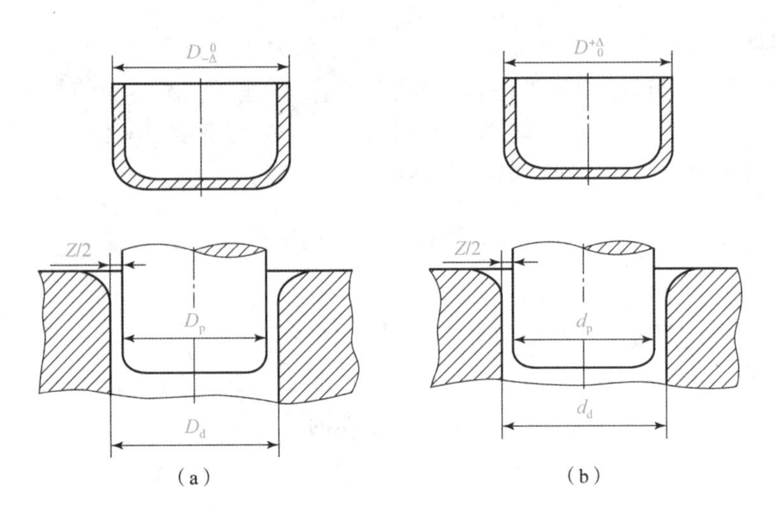

图 4-3-4 拉深件尺寸与凸、凹模工作尺寸

(a) 工件标注外形尺寸时；(b) 工件标注内形尺寸时

$$D_{pi} = (D_i - Z)_{-\delta_p}^{\ 0} \qquad (4-3-12)$$

式中 D_d，d_d——凹模的公称尺寸（mm）；

D_p，d_p——凸模的公称尺寸（mm）；

D_{max}——拉深件外径的上极限尺寸（mm）；

d_{min}——拉深件内径的下极限尺寸（mm）；

D_i——首次和中间各次拉深半成品的外径的公称尺寸（mm）；

Δ——拉深件的制造公差（mm）；

δ_d，δ_p——凹模和凸模的尺寸公差（mm），可查表 4-3-2 取值；

Z——拉深模间隙（mm）。

表 4-3-2 拉深凸模和凹模的尺寸公差 mm

坯料厚度 t	拉深件直径 d					
	≤20		>20~100		>100	
	δ_d	δ_p	δ_d	δ_p	δ_d	δ_p
≤0.5	0.02	0.01	0.03	0.02	—	—
>0.5~1.5	0.04	0.02	0.05	0.03	0.08	0.05
>1.5	0.06	0.04	0.08	0.05	0.10	0.06

拉深凹模工作表面的表面粗糙度应达到 $Ra0.8\ \mu m$，圆角处的表面粗糙度一般要求为 $Ra0.4\ \mu m$；凸模工作部分的表面粗糙度一般要求为 $Ra0.8 \sim 1.6\ \mu m$。

五、拉深凸模排气孔尺寸

在拉深模具里，当凸、凹模间隙较小或拉深件较深时，为便于凸模下行时拉深件容腔内气体顺利排出，避免制件脱模困难而发生变形，通常在凸模上开有排气孔，如图 4-3-5 所示。凸模排气孔的大小可查表 4-3-3。

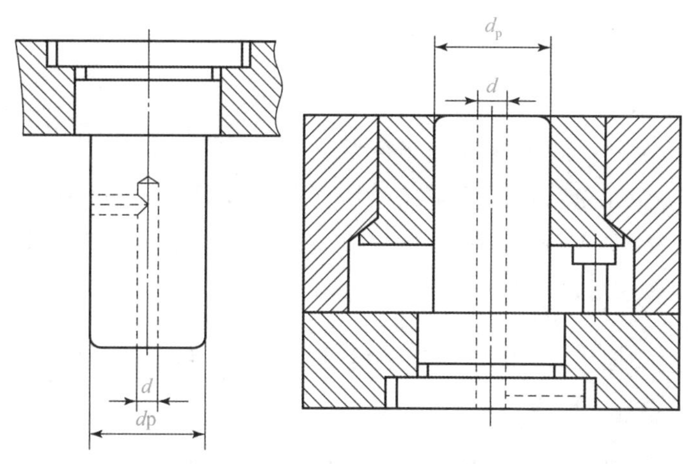

图 4-3-5 拉深凸模排气孔的设置

表 4-3-3 凸模排气孔直径

mm

凸模直径	≤50	50~100	100~200	200
排气孔直径	5	6.5	8	9.5

任务实施

一、落料拉深复合模落料工序工作零件设计

采取落料凸模和凹模分开加工方式，落料尺寸按未注公差（IT14）计算，因此落料尺寸为$\phi95_{-0.87}^{\ 0}$ mm。

落料凹模：

$$D_d=(D_{max}-x\Delta)_{\ 0}^{+\delta_d}=(95-0.5\times0.87)_{\ 0}^{+0.035}=94.57_{\ 0}^{+0.035}(mm)$$

式中，冲裁件精度在 IT14 时，$x=0.5$，$\delta_d=0.035$ mm（凹模制造精度按 IT7 级确定）。

落料凸模：

$$D_p=(D_d-Z_{min})_{-\delta_p}^{\ 0}=(94.57-0.100)_{-0.025}^{\ 0}=94.47_{-0.025}^{\ 0}(mm)$$

式中，查阅相关模具设计手册得到模具材料为 08 钢，制件厚度为 1 mm，$Z_{min}=0.100$ mm，$Z_{max}=0.140$ mm，凸模下偏差为$\delta_p=0.025$ mm。

为了保证冲裁间隙在合理范围内，验算：

$$|\delta_d|+|\delta_p|=0.035+0.025=0.06(mm)$$

$$Z_{max}-Z_{min}=0.140-0.100=0.04(mm)$$

不满足新制造模具$|\delta_d|+|\delta_p|\leqslant Z_{max}-Z_{min}$的条件，所以修正落料凸模、凹模制造公差为

$$\delta_d=0.6(Z_{max}-Z_{min})=0.024\ mm,\ \delta_p=0.4(Z_{max}-Z_{min})=0.016\ mm$$

修正后为

$$D_d=94.57_{\ 0}^{+0.024}\ mm,\ D_p=94.47_{-0.016}^{\ 0}\ mm$$

二、落料拉深复合模拉深工序工作零件设计

1. 拉深凸、凹模圆角半径

根据公式（4-3-1），凹模圆角半径为

$$r_{d1}=0.8\sqrt{(D-d)t}=0.8\sqrt{(95-71)\times1}=3.92(\text{mm})$$

取凹模圆角半径为 4 mm，凸模圆角半径为 3 mm，与工件内圆角半径相等。

2. 拉深凸、凹模间隙

查表 4-3-1，取单边间隙$\frac{Z}{2}=1.1t=1.1\times1=1.1$（mm），$Z=2.2$ mm。

3. 拉深凸、凹模工作部分尺寸及公差

由于工件要求内形尺寸，故拉深凸、凹模工作尺寸及公差分别按式（4-3-9）和式（4-3-10）计算，查表 4-3-2，取$\delta_p=0.03$ $\delta_d=0.05$，则

$$d_p=(d_{min}+0.4\Delta)_{-\delta_p}^{0}=(70+0.4\times0.46)_{-0.03}^{0}=70.18_{-0.03}^{0}(\text{mm})$$

$$d_d=(d_{min}+0.4\Delta+Z)_{0}^{+\delta_d}=(70.18+2.2)_{0}^{+0.05}=72.38_{0}^{+0.05}(\text{mm})$$

三、落料凹模、凸凹模、拉深凸模的二维设计图

落料凹模、凸凹模、拉深凸模的二维设计图如图 4-3-6~图 4-3-8 所示。

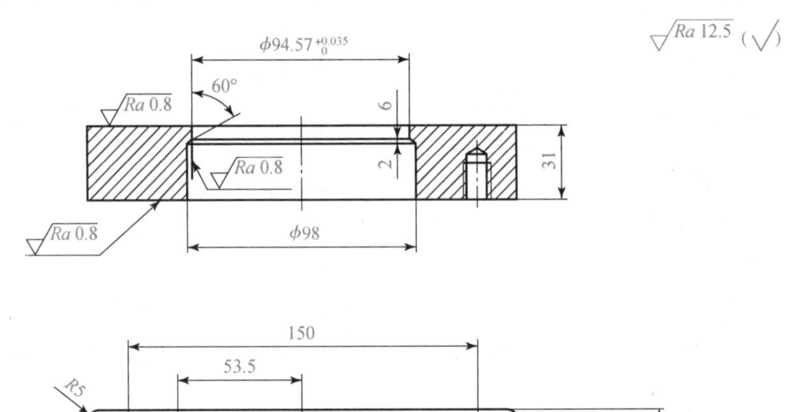

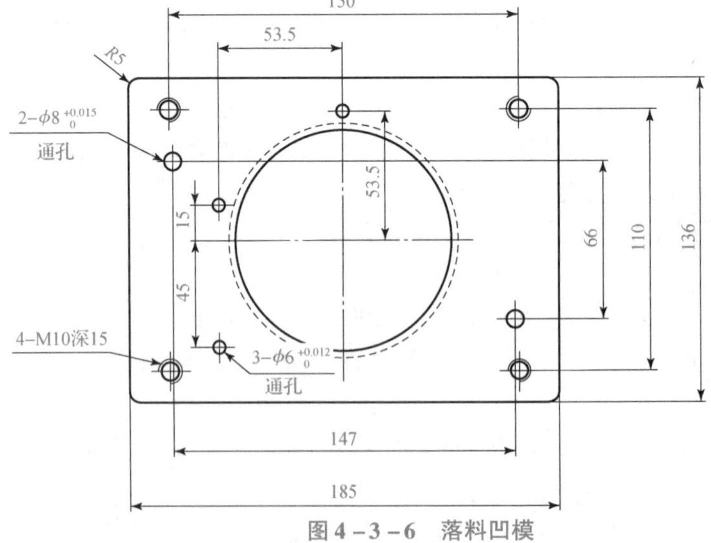

图 4-3-6　落料凹模

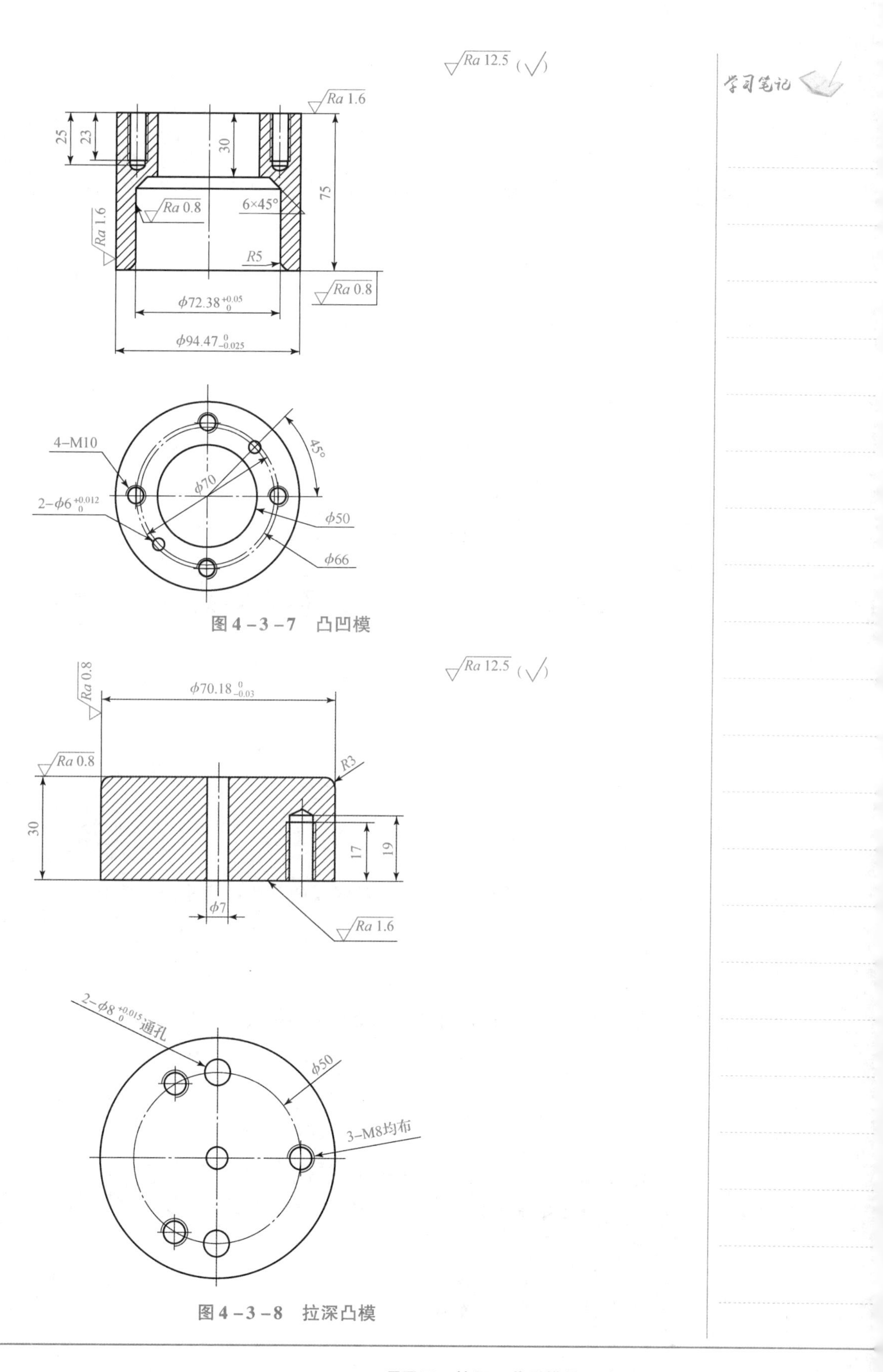

图 4-3-7　凸凹模

图 4-3-8　拉深凸模

任务评价

评价项目	分值	得分
正确确定拉深凸、凹模圆角半径	5 分	
正确确定拉深凸、凹模间隙	5 分	
能够计算拉深凸、凹模工作部分尺寸及公差	50 分	
正确确定落料凸、凹模工作部分尺寸	40 分	

课后思考

(1) 怎样确定圆筒形件拉深凸、凹模工作部分尺寸及公差?

(2) 凸模排气孔的作用是什么?

拓展任务

计算如图 4－2－7 所示圆筒形拉深件最后一次拉深凸、凹模工作部分的尺寸及公差。

任务4.4 模具的总体设计

任务引入

如图 4－1－1 所示的圆筒形件拉深模的总体结构是什么样子的呢?

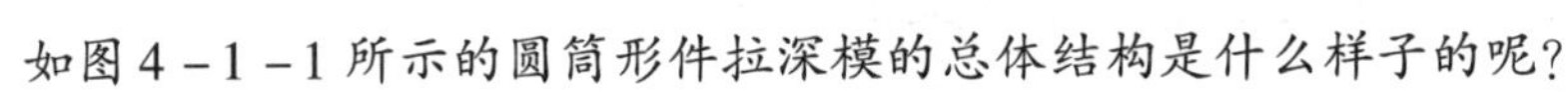

任务分析

模具的总体设计包括确定模具结构，画出模具总装配图。

学习目标

● 知识目标

1. 了解首次拉深模及以后各次拉深模的结构;
2. 掌握落料拉深复合模典型结构。

● 能力目标

1. 能够设计圆筒形件拉深模;
2. 会设计压料装置结构。

- **素质目标**

培养同学们严谨、细致的工作态度。

学习笔记

拉深模按照模具结构特点可分为带导柱、不带导柱和带压边圈、不带压边圈的拉深模；按工序集中程度可分为单工序、复合和级进拉深模具；按工艺顺序可分为首次和以后各次拉深模；按使用的压力机可分为单动压力机（通用曲柄压力机）用拉深模和双动拉深压力机用拉深模。

一、首次拉深模

1. 无压边装置的首次拉深模

图4－4－1所示为无压边装置的首次拉深模，工作时，毛坯放置于定位板2内定位，凸模3下行进行拉深，拉深完成后，凸模回升，卸料靠工件口部拉深后弹性恢复张开，被凹模止口面刮落，凸模上开有排气孔，可以使拉深的圆筒件不至于紧贴在凸模上，影响工件的刮落。此类拉深模结构简单，适用于拉深变形程度不大、相对厚度（t/D）较大的零件。

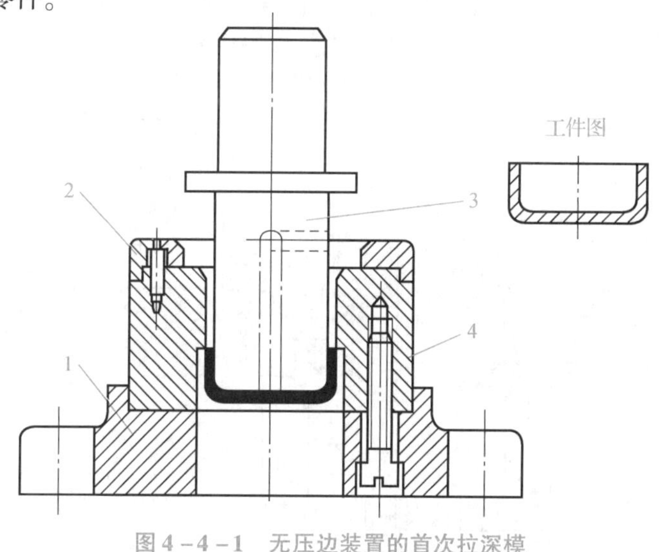

图4－4－1　无压边装置的首次拉深模

1—下模座；2—定位板；3—凸模；4—凹模

2. 带压边装置的首次拉深模

图4－4－2所示为压边装置安装在上模的正装首次拉深模，由于弹性元件安装在上模，所以凸模长度较大，适用于拉深深度不大的工件。

二、以后各次拉深模

图4－4－3所示为以后各次拉深模，前次拉深得到的半成品由压边圈4定位，拉深后零件留在拉深凸模上，由弹顶装置推动压边圈将零件从拉深凸模上刮掉，如果拉深后零件留在凹模内，则上模上行时由顶杆推动推件板将零件从拉深凹模内推出。

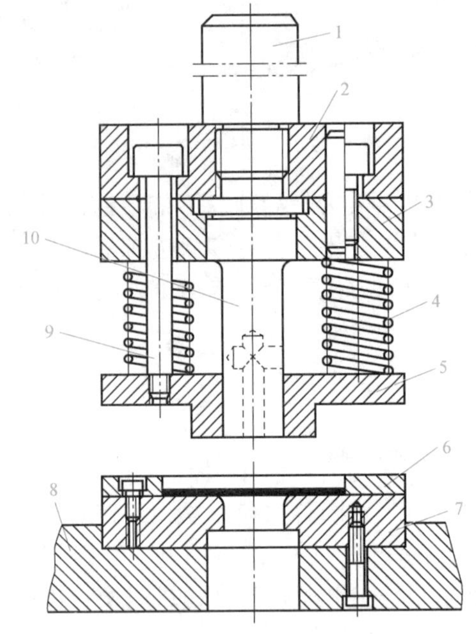

图 4-4-2　带压边装置的首次拉深模

1—模柄；2—上模座；3—凸模固定板；4—弹簧；5—压边圈；6—定位板；7—凹模；8—下模座；9—卸料螺钉；10—凸模

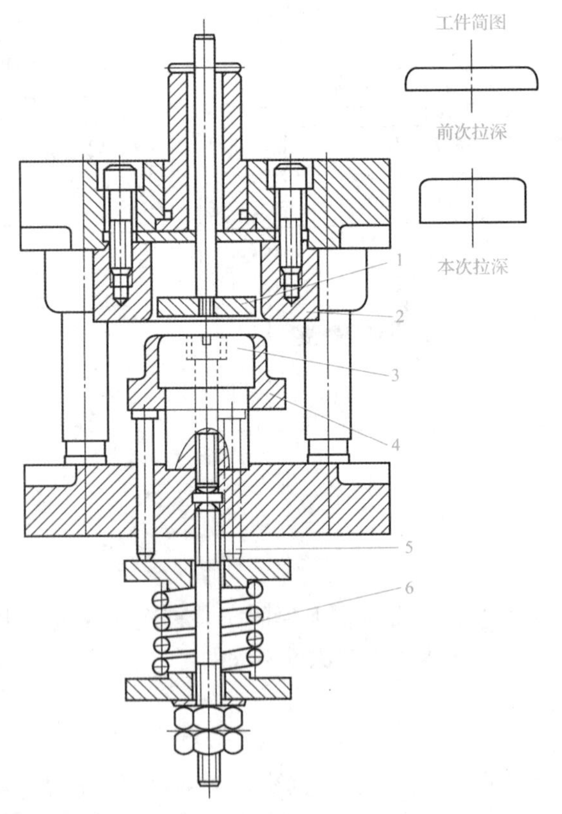

图 4-4-3　以后各次拉深模

1—推件板；2—拉深凹模；3—拉深凸模；4—压边圈；5—顶杆；6—弹簧

学习笔记

三、落料拉深复合模

图4-4-4所示为落料拉深复合模，条料送进时，由挡料销1定位，上模下行，先由凸凹模2和落料凹模6完成落料，再由凸凹模2和拉深凸模7完成拉深。拉深时，顶块5起到压边圈的作用。拉深完成后，上模回升，卸料板4卸料，顶块5顶件，推块3推件。设计落料拉深复合模时应注意：拉深凸模的工作端面一般应比凹模的工作端面低一个料厚，保证落料完成后再进行拉深。

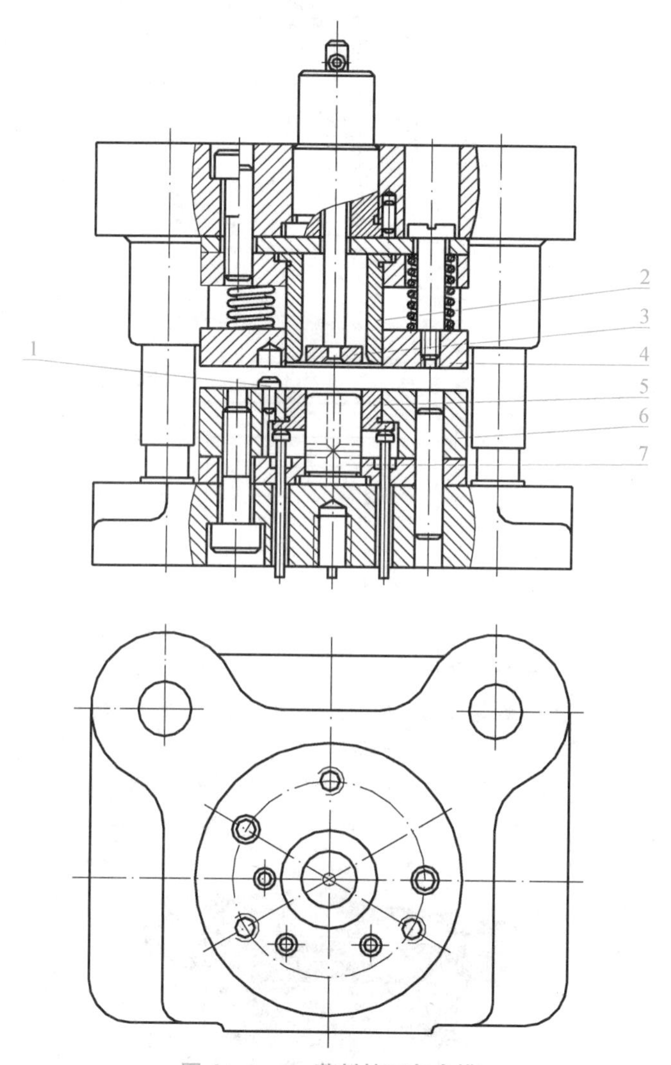

图4-4-4　落料拉深复合模

1—挡料销；2—凸凹模；3—推块；4—卸料板；5—顶块；6—落料凹模；7—拉深凸模

图4-1-1所示的圆筒拉深件的落料拉深复合模具二维装配图和三维装配图如图4-4-5~图4-4-6所示。

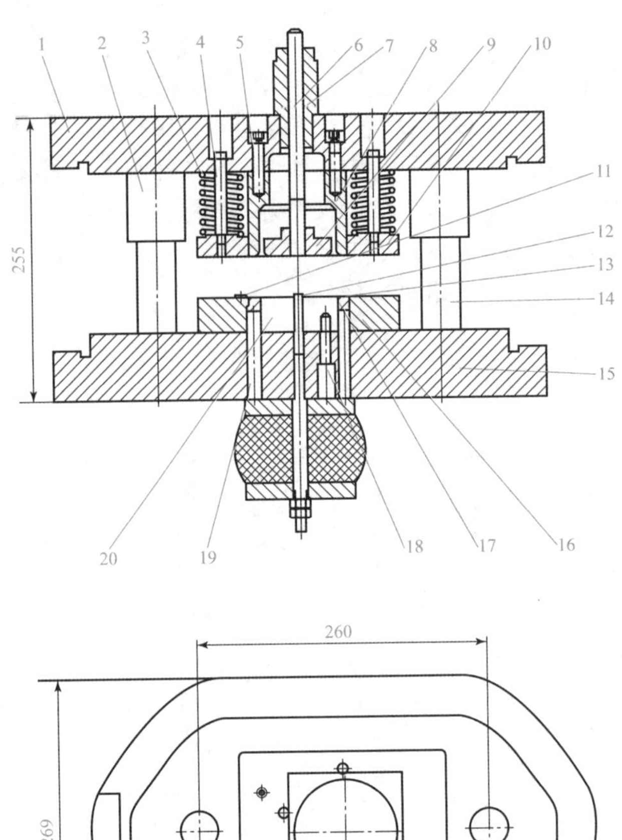

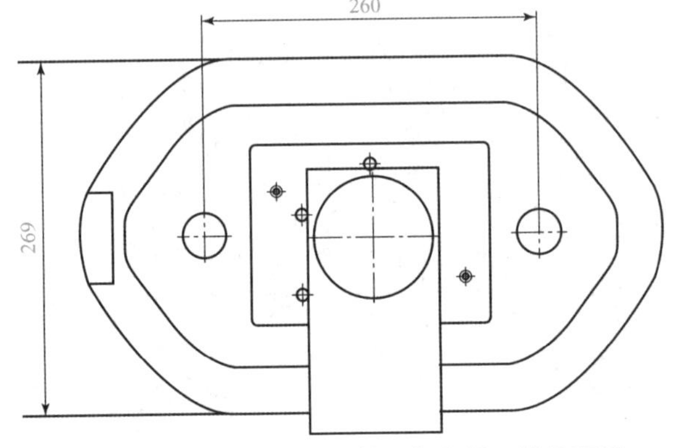

图 4-4-5　圆筒件落料拉深复合模二维装配图

1—上模座；2—导套；3—卸料弹簧；4—卸料螺钉；5，18—螺钉；6—推杆；7—模柄；8—凸凹模；9—推件块；10—卸料板；11—导料销；12—挡料销；13—板料；14—导柱；15—下模座；16—落料凹模；17—压边圈；19—推杆；20—拉深凸模

图 4-4-6　圆筒件落料拉深复合模三维装配图

任务评价

学习笔记

评价项目	分值	得分
能够绘制装配二维图	40 分	
能够绘制落料凹模二维图	20 分	
能够绘制凸凹模二维图	20 分	
能够绘制拉深凸模二维图	20 分	

课后思考

（1）拉深模有哪些类型？

（2）设计落料拉深复合模时，拉深凸模的工作端面一般应比凹模的工作端面低多少？

拓展任务

绘制如图 4－2－7 所示圆筒形拉深件最后一次拉深模的结构草图。

学习笔记

项目五　其他成形工艺及模具

任务5.1　了解胀形工艺及模具

任务引入

零件名称：凸肚零件。

零件图：如图5－1－1所示。

材料：黄铜H62。

料厚：1 mm。

批量：中批量。

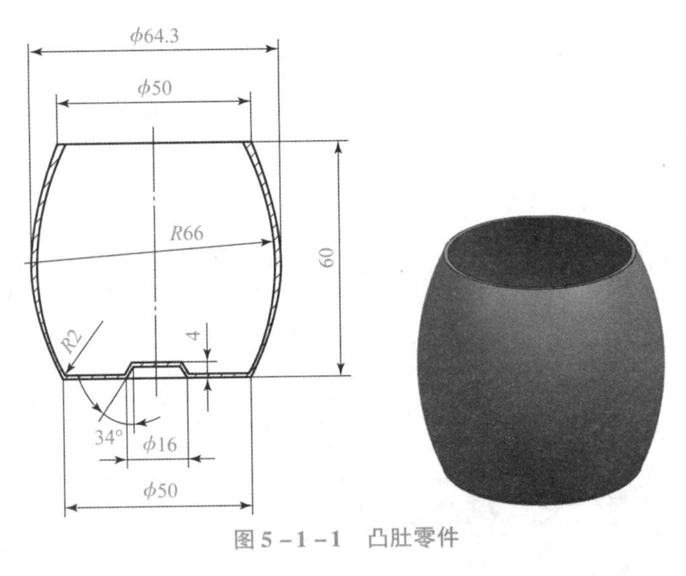

图5－1－1　凸肚零件

如图5－1－1所示凸肚零件怎么成形?

任务分析

经分析，如图5－1－1所示零件，其侧壁由空心毛坯胀形而成，底部靠压包凸模和压包凹模成形。

学习笔记

学习目标

● **知识目标**

1. 了解胀形的概念和变形特点；
2. 掌握平板、空心坯料的胀形。

● **能力目标**

1. 能够进行胀形工艺的分析及计算；
2. 能够进行胀形件模具的设计。

● **素质目标**

培养学生严谨、审慎、精细的职业素养。

知识链接

一、胀形的概念

胀形是指将平板毛坯、空心件或者管状毛坯在模具的作用下形成各种形状的凸起或凹进的成形方法。胀形能制出加强筋、百叶窗、文字、花纹等，对制件进行装饰和提高其刚性；还能使空心件或者管状毛坯沿径向往外扩张，胀出凸起曲面，如高压气瓶、波纹管、自行车三通接头、壶嘴等零件。图 5－1－2 所示为各种胀形制件。

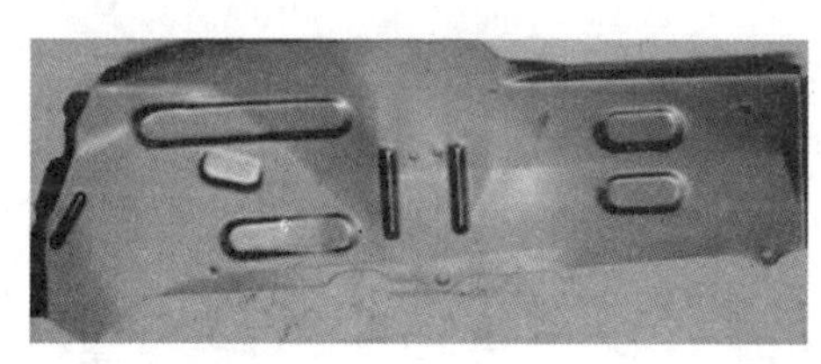

图 5－1－2　各种胀形制件

二、平板坯料的胀形

平板坯料的胀形又称为起伏成形，该成形方法的极限变形程度通常有两种确定方法，即试验法和计算法，起伏成形的极限变形程度主要受材料性能、零件几何形状、

模具结构、胀形方法以及润滑等因素的影响，所以对复杂形状的零件，应力、应变的分布比较复杂，其危险部位和极限变形程度一般通过试验方法确定，对于比较简单的起伏成形零件，可近似地确定其极限变形程度：

$$\epsilon_{极} = \frac{l_1 - l_0}{l_0} \times 100\% \leqslant K\delta \tag{5-1-1}$$

式中 $\epsilon_{极}$——起伏成形的极限变形程度；

l_1，l_0——胀形变形区变形前、后截面的长度；

K——形状系数，加强筋 $K=0.7 \sim 0.75$（半圆筋取大值，梯形筋取小值）；

δ——材料单向拉深的延伸率。

如果超出起伏成形的极限变形程度，则可以采用如图 5－1－3 所示的两次胀形方法，先压制成半球形形状，再胀形到所要求的尺寸。

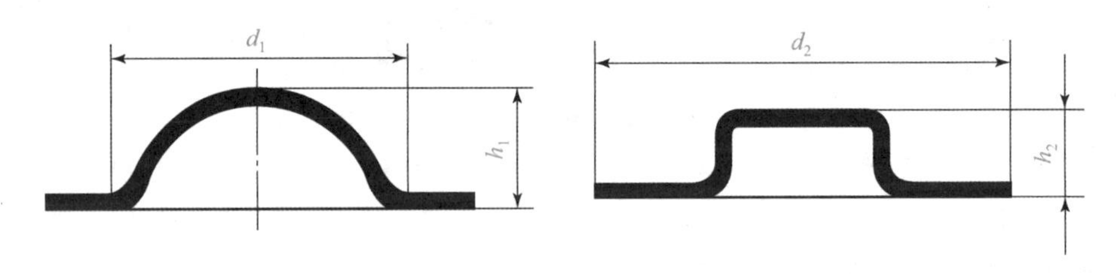

图 5－1－3　两次胀形方法

1. 加强筋

加强筋的常见形式和尺寸见表 5－1－1。

表 5－1－1　加强筋的常见形式及尺寸　mm

简图	R	h	r	D 或 B	α
	$(3 \sim 4)t$	$(2 \sim 3)t$	$(1 \sim 2)t$	$(7 \sim 10)t$	—
	—	$(1.5 \sim 2)t$	$(0.1 \sim 1.5)t$	$\geqslant 3h$	$15° \sim 30°$

2. 压凹坑

压凹坑也叫压制加强窝，可以看成是带有宽凸缘的低浅空心圆筒形件。

常见凹坑的形状和尺寸见表 5－1－2。

表 5－1－2　凹坑的形状和尺寸　　mm

简图	h	α	D	L	l
	$(2\sim2.5)t$	$15°\sim30°$	6.5	10	6
			8.5	13	7.5
			10.5	15	9
			13	18	11
			15	22	13
			18	26	16
			24	34	20
			31	44	26
			36	51	30
			43	60	35
			48	68	40
			55	78	45

3. 平板坯料胀形的冲压力可按下式计算：

$$F = KLt\sigma_b \qquad (5-1-2)$$

式中　K——系数，$K=0.7\sim1$，加强筋窄而深时取大值，宽而浅时取小值；

L——加强筋的周长；

t——料厚；

σ_b——材料的抗拉强度。

在曲柄压力机上压制厚度小于 1.5 mm，面积小于 2 000 mm^2 的小而薄的工件时，可按以下经验公式计算冲压力：

$$F = KAt^2 \qquad (5-1-3)$$

式中　A——成形面积，mm^2；

K——系数，钢取 $200\sim300$ N/mm^4，铜、铝取 $150\sim200$ N/mm^4。

三、空心坯料的胀形

空心坯料的胀形又称凸肚，采用这种工艺方法可以获得形状复杂的空心曲面零件。

1. 空心坯料胀形的分类

根据所用模具不同，可将圆柱形空心毛坯胀形分成两类，一类是刚性凸模胀形，另一类是软体凸模胀形。

1）刚性凸模胀形

刚性凸模胀形如图 5－1－4 所示，分瓣凸模 1 在向下移动时因锥形心轴的作用向外

胀开，使毛坯胀形成所需形状尺寸的工件3。胀形结束后，分瓣凸模1在顶杆4的作用下复位，便可取出工件3。刚性凸模分瓣越多，所得到的工件精度越高，但模具结构复杂，成本较高。

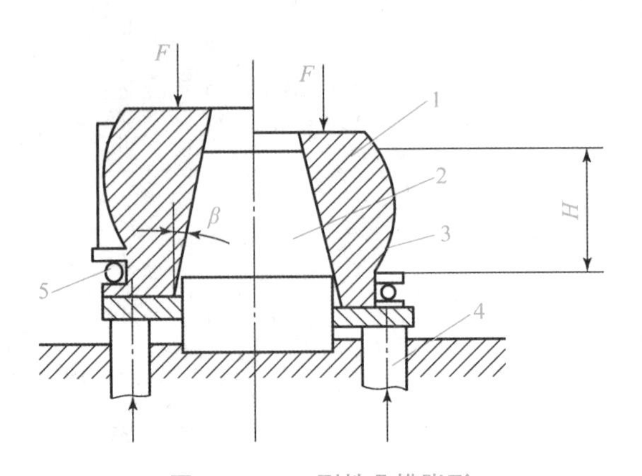

图5－1－4　刚性凸模胀形

1—分瓣凸模；2—锥形芯块；3—工件；4—顶杆；5—拉簧

2）软体凸模胀形

软体凸模胀形如图5－1－5所示，凸模1将力传递给橡胶3，橡胶3再将力作用于毛坯使之胀形并贴合于分块凹模2，从而得到所需形状尺寸的工件。

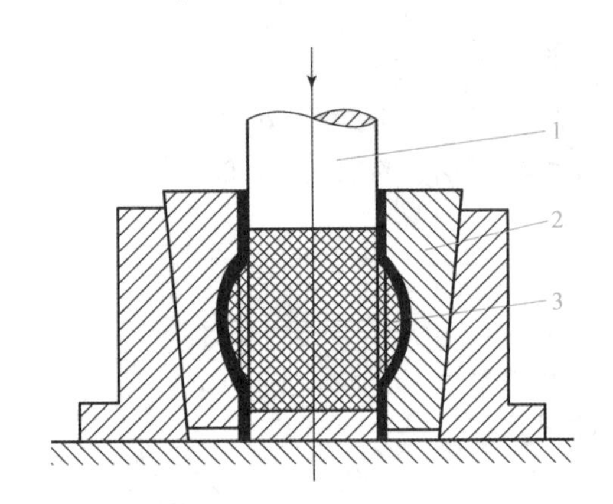

图5－1－5　软体凸模胀形

1—凸模；2—分块凹模；3—橡胶

2. 胀形系数

胀形的变形程度用胀形系数 K 表示，用下式计算：

$$K=\frac{d_{max}}{d_0} \tag{5-1-4}$$

式中　K——胀形系数，极限胀形系数（制件达到胀破时的极限值）用 K_{max} 表示；

d_{max}——胀形后凸肚的最大直径（mm）；

d_0——毛坯原始直径（mm），如图5－1－6所示。

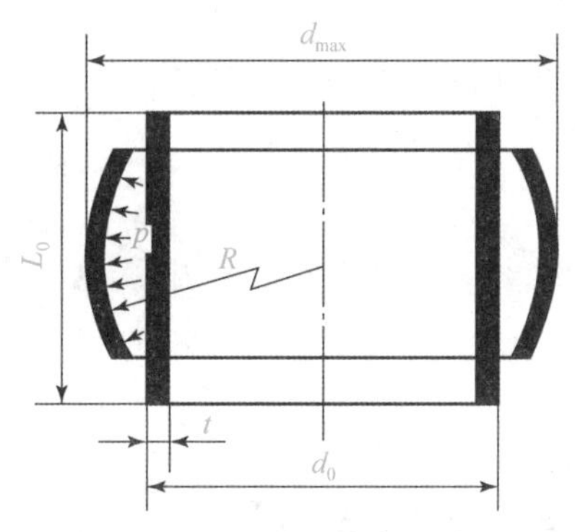

图 5-1-6　胀形的变形过程

胀形系数 K 和坯料切向拉深延伸率 δ 的关系为

$$\delta = \frac{d_{max} - d_0}{d_0} = K - 1$$

$$K = \delta + 1 \qquad (5-1-5)$$

坯料的变形程度受到材料延伸率的限制，可以根据断后延伸率按照公式（5-1-5）求出极限胀形系数，表 5-1-3 列出了一些材料的极限胀形系数和切向许用延伸率。

表 5-1-3　极限胀形系数和切向许用延伸率

材料		厚度/mm	极限胀形系数 K_{max}	切向许用延伸率 δ_w/%
铝合金 3A21-M		0.5	1.25	25
1070A、1060A（L1、L2）		1.0	1.28	28
纯铝 1050A、1035（L3、L4）		1.5	1.32	32
1200、8A06（L5、L6）		2.0	1.32	32
黄铜	H62	0.5~1.0	1.35	35
	H68	1.5~2.0	1.40	40
低碳钢	08F	0.5	1.20	20
	10、20	1.0	1.24	24
不锈钢		0.5	1.26	26
1Cr18Ni9Ti		1.0	1.28	28

3. 胀形毛坯尺寸的计算

圆柱形空心毛坯胀形时，为了增加材料在圆周方向的变形程度和减小材料的变薄，毛坯两端一般不固定，使其自由收缩，毛坯长度 L_0 应比工件长度增加一定的收缩量。通常可按以下公式计算：

$$L_0 = L[1 + (0.3 \sim 0.4)\delta_w] + \Delta h \qquad (5-1-6)$$

式中　L_0——毛坯长度（mm）；

L——制件母线长度（mm）；

δ_w——切向许用延伸率（按表 5－1－3 选取）；

Δh——修边余量，取 3～20 mm。

4. 胀形力的计算

圆柱形空心毛坯软模胀形时，所需胀形压力为

$$F = Ap \tag{5-1-7}$$

式中 A——成形面积；

p——单位压力，分为如下两种情况计算：

当两端不固定，允许毛坯轴向自由收缩时：

$$p = \frac{2t}{d_{max}}\sigma_b$$

当两端固定，毛坯轴向不能自由收缩时：

$$p = 2\sigma_b\left(\frac{t}{d_{max}} + \frac{t}{2R}\right)$$

式中 t，d_{max}，R——其意义如图 5－1－6 所示；

σ_b——材料的抗拉强度。

一、工件的工艺性分析

如图 5－1－1 所示的凸肚零件，侧壁由空心毛坯胀形而成，底部属于压制凹坑，形状简单，结构尺寸均为自由公差，材料为黄铜 H62，具有良好的冲压成形性能。

二、工艺计算

1. 胀形系数的计算

根据式（5－1－4），可求得胀形系数：

$$K = \frac{d_{max}}{d_0} = \frac{64.3}{49} = 1.31$$

由表 5－1－3 查得极限胀形系数为$K_{max} = 1.35$，因此可一次胀形成形。

2. 胀形毛坯长度L_0的计算

由工件图可求得弧 $R66$ mm 的弧长 $L = 62.24$ mm，查表 5－1－3 得到 $\delta_w = 0.35$，Δh 取 5 mm，根据式（5－1－6），有

$$L_0 = L[1 + (0.3 \sim 0.4)\delta_w] + \Delta h = 62.24 \times (1 + 0.35 \times 0.35) + 5 \approx 74.86(\text{mm})$$

胀形毛坯长度L_0取整为 75 mm，胀形毛坯如图 5－1－7 所示。

3. 成形力的计算

底部凹坑成形由式（5－1－3），求得成形力为

$$F_{成} = KAt^2 = 200 \times \frac{\pi}{4} \times 16^2 \times 1^2 = 40\ 192(\text{N})$$

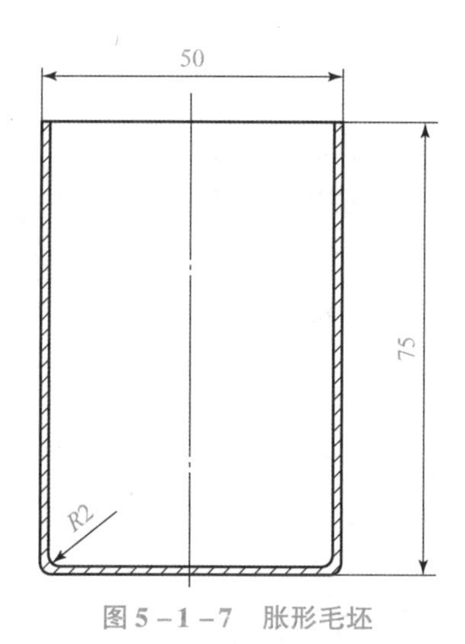

图 5-1-7 胀形毛坯

侧壁胀形采用两端不固定，查手册得$\sigma_b = 420$ MPa，由式（5-1-7）求得胀形力为

$$F_{胀} = Ap = A\frac{2t}{d_{max}}\sigma_b = \pi \times 64.3 \times 60 \times \frac{2 \times 1}{64.3} \times 420 = 158\ 256(\mathrm{N})$$

因此，总成形为

$$F = F_{成} + F_{胀} = 40\ 192 + 158\ 256 = 198\ 448(\mathrm{N}) = 198.448\ \mathrm{kN}$$

4. 模具结构设计

凸肚零件的胀形模装配图如图 5-1-8 所示，采用聚氨酯橡胶进行软模胀形，为便于工件成形后取出，将凹模分为上下两部分，用止口定位，在模具闭合时靠弹簧压紧。侧壁靠橡胶的胀开成形，底部凹坑靠压包凸、凹模成形。

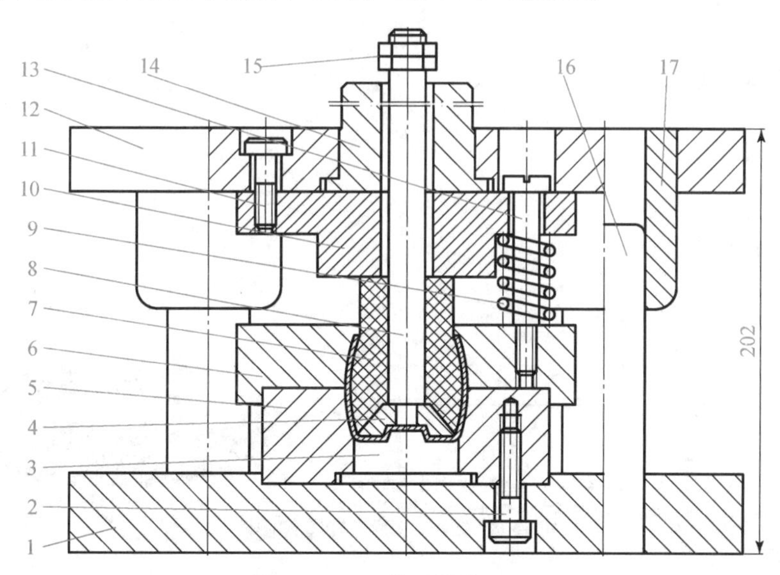

图 5-1-8 胀形模装配图

1—下模座；2，11—螺栓；3—压包凸模；4—压包凹模；5—胀形下模；6—胀形上模；7—聚胺脂橡胶；8—打料杆；9—弹簧；10—上固定板；12—上模座；13—卸料螺钉；14—模柄；15—拉杆螺母；16—导柱；17—导套

任务评价

评价项目	分值	得分
能够进行工件的工艺性分析	30	
能够对胀形件的工艺进行计算	40	
能够进行胀形模具结构设计	30	

课后思考 

(1) 什么是胀形?

(2) 根据所用模具不同，可将圆柱形空心毛坯胀形分为哪两类?

(3) 胀形力怎么计算?

拓展任务 

将图 5-1-1 所示零件的材料改为 10 钢，试进行工艺分析及工艺计算。

任务5.2 了解翻孔和翻边工艺及模具

任务引入 

零件名称：固定套。

零件图：如图 5-2-1 所示。

材料：10 钢。

料厚：1 mm。

批量：中批量。

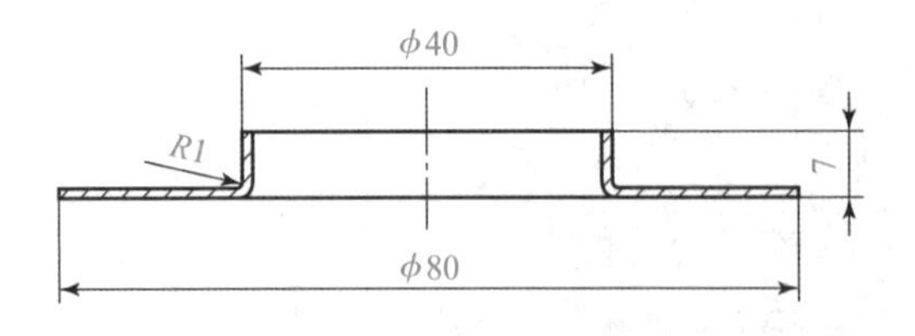

图 5-2-1 固定套零件图

如图 5-2-1 所示固定套零件的内孔怎么成形?

由图 5 - 2 - 1 分析可知，$\phi40$ mm 处由平板毛坯预孔翻边成形。

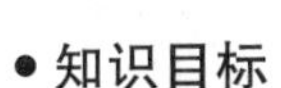

- **知识目标**

1. 了解翻孔与翻边的变形特点及其应用；
2. 掌握翻孔与翻边的工艺计算方法及模具设计的基本要点。

- **能力目标**

能完成翻孔与翻边的工艺计算及模具设计。

- **素质目标**

具备创新性地提出并解决各种问题的能力。

知识链接

翻孔和翻边也是通过板料的局部变形来改变毛坯的形状和尺寸的冲压成形工序。

一、翻孔

翻孔是沿内孔周围将材料翻成侧立凸缘的冲压工序。翻孔可分为圆孔翻边和非圆孔翻边。

1. 圆孔翻边

1）圆孔翻边的变形特点及变形程度

圆孔翻边受切向拉应力和径向拉应力的作用，其中切向拉应力是最大主应力，在坯料孔口处切向拉应力达到最大值，因此圆孔翻边的工艺问题是孔口边缘被拉裂。是否拉裂取决于材料变形程度的大小。圆孔翻边的变形程度用翻边系数 K 表示：

$$K = d/D \qquad (5-2-1)$$

式中 D——翻孔后的直径（按中线尺寸计算，mm）；

d——翻孔前的预孔直径（mm）；

翻边系数 K 值越小，则变形程度越大，圆孔翻边时孔边不破裂所能达到的最小翻边系数称为极限翻边系数 K_{min}。

极限翻边系数与许多因素有关，主要包括以下几种。

（1）材料的塑性。

材料的延伸率、应变硬化指数和各向异性系数越大，极限翻边系数越小，越有利于翻边。

（2）孔的边缘状况。

预制孔的加工方法决定了孔的边缘状况，当孔的边缘无毛刺、撕裂、硬化层等缺陷时，极限翻边系数小，有利于翻边。目前，预制孔主要用冲孔或钻孔方法加工，

学习笔记

常规冲孔方法生产率高，特别适于加工较大的孔，但会形成孔口表面的硬化层、毛刺、撕裂等缺陷，导致极限翻边系数变大。采取冲孔后热处理退火、修孔或沿与冲孔方向相反的方向进行翻孔，以使毛刺位于翻孔内侧等方法，能获得较低的极限翻边系数。用钻孔后去毛刺的方法也能获得较低的极限翻边系数，但生产率要低一些。

(3) 预制孔的相对直径。

预制孔的相对直径指的是翻边前预制孔的直径与材料厚度的比值，即 d/t，d/t 越小，则断裂前材料的绝对伸长可大些，故极限翻边系数可相应小一些。

(4) 凸模的形状。

因为在翻边变形时，球形或锥形凸模在凸模前端最先与预制孔口接触，在凹模口区产生的弯曲变形比平底凸模的小，更容易使孔口部产生塑性变形。所以当翻边后孔径 D 和材料厚度 t 相同时，可以翻边的预制孔孔径更小，即球形凸模的极限翻边系数比平底凸模的小，抛物线、锥形面和较大圆角半径的凸模也比平底凸模的极限翻边系数小。

表 5－2－1 列出了低碳钢的极限翻边系数。

表 5－2－1　低碳钢的极限翻边系数 K_{min}

凸模形状	预制孔形状	预制孔相对直径 d/t									
		100	50	35	20	15	10	8	5	3	1
球形凸模	钻孔	0.70	0.60	0.52	0.45	0.40	0.36	0.33	0.30	0.25	0.20
	冲孔	0.75	0.65	0.57	0.52	0.48	0.45	0.44	0.42	0.42	—
平底凸模	钻孔	0.80	0.70	0.60	0.50	0.45	0.42	0.40	0.35	0.30	0.25
	冲孔	0.85	0.75	0.65	0.60	0.55	0.52	0.50	0.48	0.47	—
注：采用表中 K_{min} 值，翻孔后边缘会出现小的裂纹，所以实际翻边系数应该加大 10%～15%。											

2) 圆孔翻边的工艺设计计算

(1) 平板坯料翻孔的工艺计算。

在平板坯料上进行圆孔翻边前，必须在坯料上加工出待翻边的孔，如图 5－2－2 所示，预制孔孔径可按弯曲展开的原则求出，即

$$d = D - 2(H - 0.43r - 0.72t) \tag{5-2-2}$$

直边高度则为

$$H = \frac{D-d}{2} + 0.43r + 0.72t = \frac{D}{2}(1-K) + 0.43r + 0.72t \tag{5-2-3}$$

如果以极限翻边系数 K_{min} 代入，则可求出一次翻边能达到的最大极限高度为

$$H_{max} = \frac{D}{2}(1-K_{min}) + 0.43r + 0.72t \tag{5-2-4}$$

式 (5－2－4) 是按中性层长度不变的原则推导的，是近似公式，生产实践中往往通过试冲来检验和修正计算值。当 $K \leqslant K_{min}$ 时，可采用多次翻边，在第二次翻孔前要将

中间毛坯进行软化退火，故较少采用。对于一些较薄料的小孔翻边，可以不先加工预制孔，而是采用带尖的锥形凸模在翻边时先完成刺孔，然后再进行翻孔。

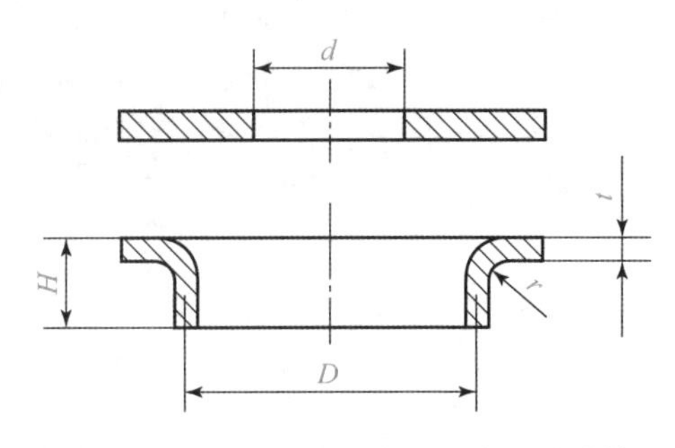

图 5-2-2 平板坯料内孔翻边尺寸计算

(2) 先拉深后冲预制孔再翻孔的工艺计算。

当 $K \leq K_{min}$ 时，可采用先拉深，在底部冲孔，然后再翻边的方法。在这种情况下，应先决定预拉深后翻边所能达到的最大高度，然后根据翻边高度及零件高度来确定拉深高度及预冲孔直径，如图 5-2-3 所示。

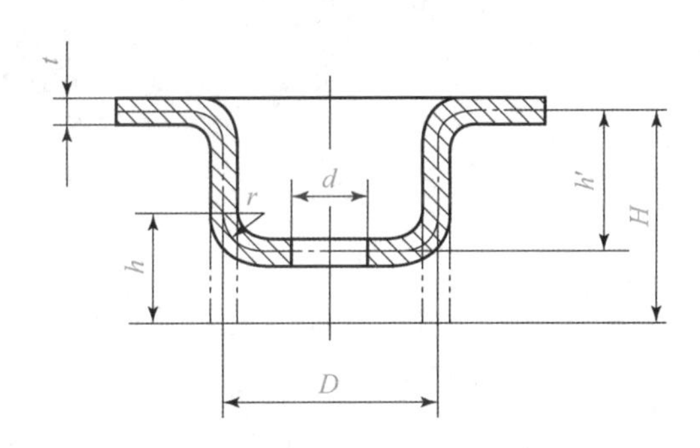

图 5-2-3 先拉深后冲孔再翻边的尺寸计算

拉深后翻边的高度为

$$h = \frac{D-d}{2} + 0.57r = \frac{D}{2}(1-K) + 0.57r \tag{5-2-5}$$

如果以极限翻边系数 K_{min} 代入 K，则可求得翻边的极限高度为

$$h_{max} = \frac{D}{2}(1-K_{min}) + 0.57r \tag{5-2-6}$$

此时预先冲孔的直径 d 为

$$d = K_{min}D \tag{5-2-7}$$

或

$$d = D + 1.14r - 2h_{max}$$

拉深高度 h' 为

$$h' = H - h_{max} + r \tag{5-2-8}$$

3) 翻边模结构设计

翻孔凸模的形状有平底形、曲面形（球形、抛物线形等）和锥形，图 5-2-4 所

示为几种常见翻孔凸、凹模的结构形状。翻边凹模圆角半径一般对翻边成形影响不大，可按零件的圆角半径选取；翻边凸模圆角半径应尽量取大些，以利于翻孔变形。凸模直径 D_0段为凸模工作部分，凸模直径 d_0段为导正部分，1 为整形台阶，2 为锥形过渡部分。图 5-2-4（a）所示为带导正销的锥形凸模，当竖边高度不高，竖边直径大于 10 mm 时，可设计整形台阶，否则可不设整形台阶，当翻边模采用压边圈时也可不设整形台阶；图 5-2-4（b）所示为无导正销的双圆弧曲面形凸模，当竖边直径大于 6 mm 时用平底，当竖边直径小于或等于 6 mm 时用圆底；图 5-2-4（c）所示为带导正销的凸模，当竖边直径小于 4 mm 时，可同时冲孔和翻边。

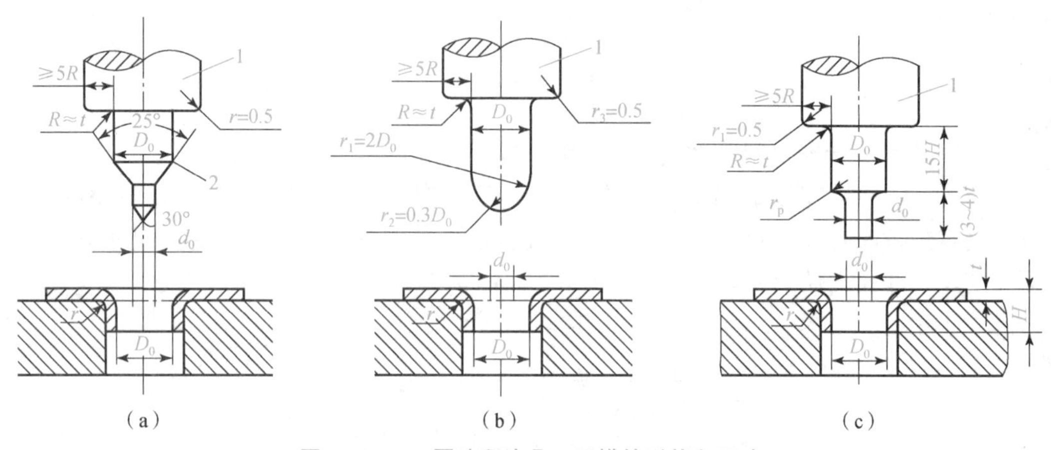

图 5-2-4 圆孔翻边凸、凹模的形状和尺寸

1—整形台阶；2—锥形过渡部分

由于翻边变形区材料变薄，所以为了保证竖边的尺寸及其精度，翻边凸、凹模间隙以稍小于材料厚度 t 为宜，可取单边间隙 $Z/2$ 为

$$\frac{Z}{2}=(0.75\sim0.85)t \tag{5-2-9}$$

平板冲孔翻边取大值，拉深后冲孔翻边取小值。

4）翻边力的计算

圆孔翻边力 F 一般不大，用圆柱形平底凸模翻孔时，按下式计算：

$$F=1.1\pi(D-d)t\sigma_s \tag{5-2-10}$$

式中 D——翻孔后的直径（按中线尺寸计算，mm）；

d——翻孔前的预孔直径（mm）；

t——材料厚度（mm）；

σ_s——材料的屈服强度（MPa）。

用锥形或球形凸模翻边的力略小于式（5-2-10）的计算值。

2. 非圆孔翻边

非圆孔翻边的变形性质比较复杂，同时含有圆孔翻边、弯曲、拉深等变形性质。对于非圆孔翻边的预孔，可以分别按翻边、弯曲、拉深展开，然后用作图法把各展开线光滑连接。在非圆孔翻边中，极限翻边系数要小一些。

学习笔记

二、翻边

翻边是指沿外形曲线周围将材料翻成侧立短边的冲压工序，也叫外缘翻边，分为外凸缘翻边和内凹外缘翻边，如图 5-2-5 所示，图 5-2-5（a）所示为内凹外缘翻边，其应力应变特点与内孔翻边相似，变形区主要受切向拉应力作用，属于伸长类平面翻边，材料变形区外缘边所受的拉伸变形最大，容易开裂；图 5-2-5（b）所示为外凸缘翻边，其应力应变特点类似于浅拉深，变形区主要受切向压应力作用，属于压缩类平面翻边，材料变形区受压缩变形容易失稳起皱。

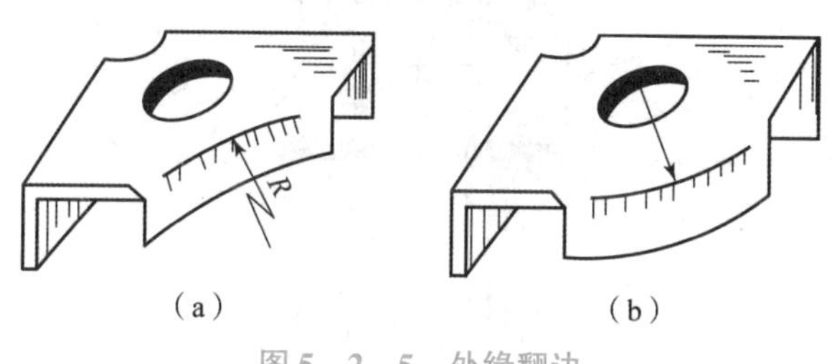

图 5-2-5　外缘翻边

一、工艺性分析

由图 5-2-1 分析可知，$\phi40$ mm 处可由内孔翻边成形，形状简单，结构尺寸均为自由公差，材料为 10 钢，具有良好的冲压成形性能。

二、翻边工艺计算

1. 预孔直径的确定

已知，$t=1$ mm，$D=39$ mm，$H=7$ mm，$r=1$ mm，通过式（5-2-2）计算待翻边的孔的孔径为

$$d=D-2(H-0.43r-0.72t)=39-2\times(7-0.43\times1-0.72\times1)=27.3(\text{mm})$$

2. 计算翻边系数

$$K=d/D=27.3/39=0.7$$

由表 5-2-1 查得低碳钢的极限翻边系数为 0.60，所以该零件可一次翻边成形。

3. 计算翻边力

由式（5-2-10），并查得$\sigma_s=190$ MPa，计算翻边力为

$$F=1.1\pi(D-d)t\sigma_s=1.1\times3.14\times(39-27.3)\times1\times190\approx7\ 678(\text{N})$$

三、翻边模结构设计

固定套零件的翻孔模结构如图 5-2-6 所示，模具为倒装结构，工件由凸模定位，在翻孔之前，卸料板与凹模将工件压紧，保证翻边位置的准确性。

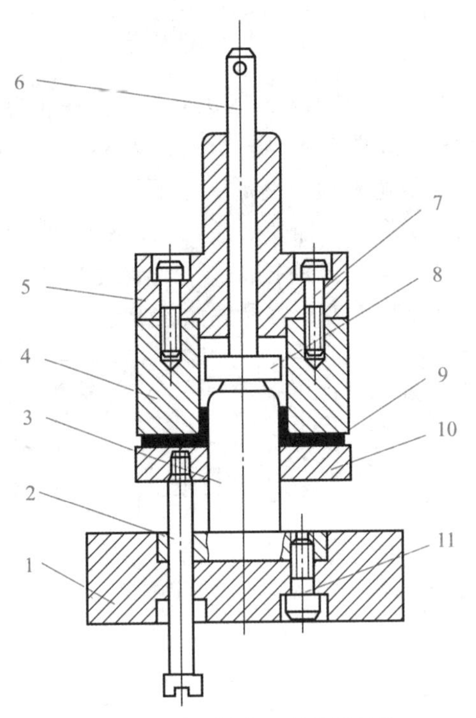

图 5－2－6　固定套翻边模结构

1—下模座；2—卸料螺钉；3—凸模；4—凹模；5—上模座；6—打料杆；
7，11—螺钉；8—推件块；9—制件；10—卸料板

任务评价

评价项目	分值	得分
能够对工件工艺性进行分析	30	
能够对工件工艺设计进行计算	40	
能够进行翻边模结构设计	30	

课后思考

（1）翻孔和翻边的区别是什么？
（2）极限翻边系数与哪些因素有关？
（3）翻边凸模有哪些形状？

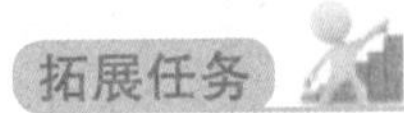

拓展任务

如图 5－2－7 所示工件，材料为 08 钢，料厚为 2 mm，对孔$\phi 24^{+0.084}_{0}$ mm 进行翻边成形，计算翻边凸、凹模工作部分尺寸，并设计翻边模结构。

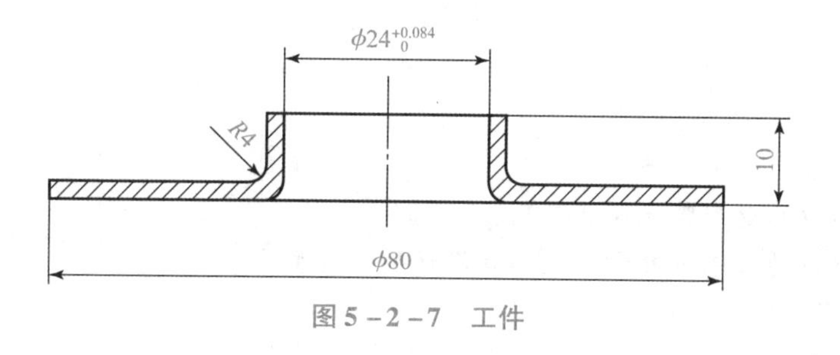

图 5-2-7　工件

任务5.3　了解缩口工艺及模具

学习笔记

任务引入

工件名称：瓶子。
生产批量：中批量。
材料：08 钢。
料厚：2 mm。
如何利用模具成形如图 5-3-1 所示工件的缩口部分？

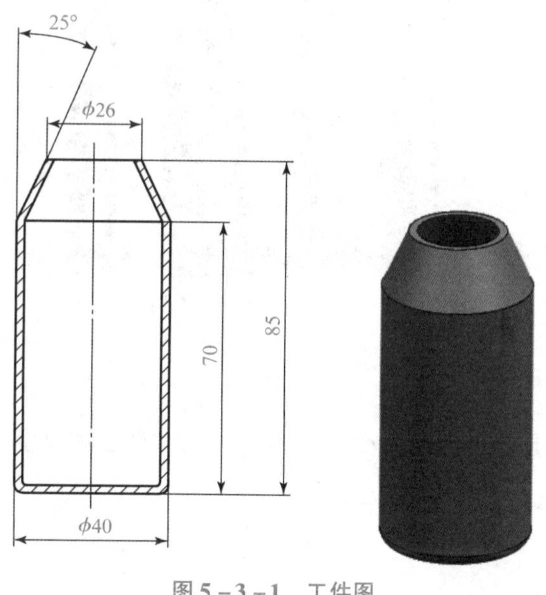

图 5-3-1　工件图

任务分析

如图 5-3-1 所示工件为带底的筒形缩口工件，可采用拉深工艺先制成圆筒形件，再进行缩口成形。本次任务重点解决缩口部分的成形。

● **知识目标**

1. 了解缩口的变形特点及其应用；
2. 掌握缩口的工艺计算方法及模具设计的基本要点。

● **能力目标**

能完成缩口的工艺计算及模具设计。

● **素质目标**

具备创新性地提出并解决各种问题的能力。

知识链接

缩口是将空心件或管子的敞口处加压缩小的冲压工序。炮弹和子弹壳等成形均采用缩口工序，如图 5-3-2 所示。

图 5-3-2　缩口产品的实物

一、缩口变形程度

缩口的变形主要是直径因切向受压而缩小，同时高度和厚度变大。缩口变形程度常用缩口系数表示：

$$m=\frac{d}{D} \tag{5-3-1}$$

式中　d——缩口后的直径；

　　　D——缩口前的直径。

缩口的系数 m 越小，变形程度越大。缩口系数的大小与材料的力学性能、料厚、模具形式与表面质量、制件缩口端边缘情况及润滑条件等有关，一般来说，材料的塑性好、厚度大、模具对筒壁的支承刚性好，极限缩口系数就小。表 5-3-1 列出了各种材料的平均缩口系数和极限缩口系数。

表 5-3-1 各种材料的缩口系数

材料	平均缩口系数 $m_{均}$ 材料厚度 t/mm			极限缩口系数		
	≤0.5	>0.5~1	>1	无支承	外支承	内外支承
铝	—	—	—	0.68~0.72	0.53~0.57	0.27~0.32
硬铝（退火）	—	—	—	0.73~0.80	0.60~0.63	0.35~0.40
硬铝（淬火）	—	—	—	0.75~0.80	0.68~0.72	0.40~0.43
软钢	0.85	0.75	0.65~0.70	0.70~0.75	0.55~0.60	0.30~0.35
黄铜 H62、H68	0.85	0.70~0.80	0.65~0.70	0.65~0.70	0.50~0.55	0.27~0.32

当缩口件的刚性较差时，应在缩口模上设置支承坯料的结构，具体支承方式视坯料的结构和尺寸而定。缩口模具对筒壁的三种不同支承方式如图 5-3-3 所示，图 5-3-3（a）所示为无支承方式，缩口过程中坯料稳定性差，因而允许的缩口系数较大；图 5-3-3（b）所示为外支承方式，缩口时坯料的稳定性较无支承好，允许的缩口系数可小些；图 5-3-3（c）所示为内外支承方式，缩口时坯料的稳定性最好，允许的缩口系数为三者中最小。

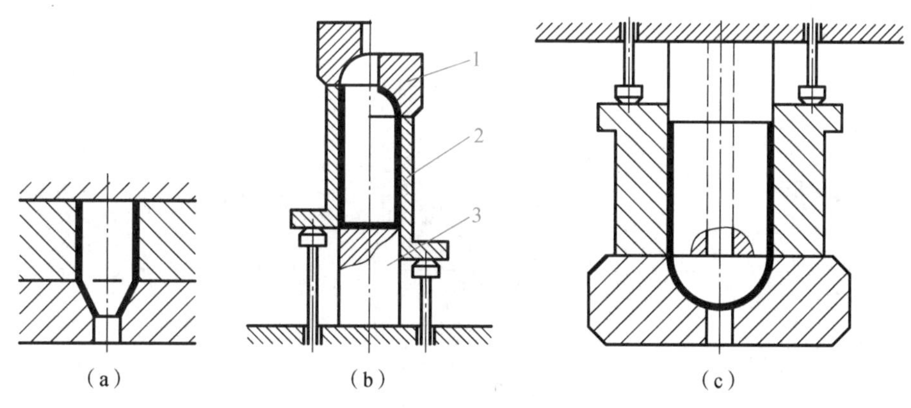

图 5-3-3 缩口模的支承方式

1—凹模；2—外支承；3—下支承

二、缩口工艺计算

1. 缩口次数

当工件的缩口系数 m 大于允许的极限缩口系数时，可以一次缩口成形，否则需要多次缩口，每次缩口工序后进行中间退火。

多次缩口系数的计算如下：

首次缩口系数： $$m_1 = 0.9 m_{均} \quad (5-3-2)$$

以后各次缩口系数： $$m_n = (1.05 \sim 1.10) m_{均} \quad (5-3-3)$$

学习笔记

学习笔记

2. 坯料高度的计算

缩口后，工件高度发生变化，对于不同形状的缩口零件，其计算方法有所不同，具体计算公式见表5-3-2。

表5-3-2　坯料高度计算公式

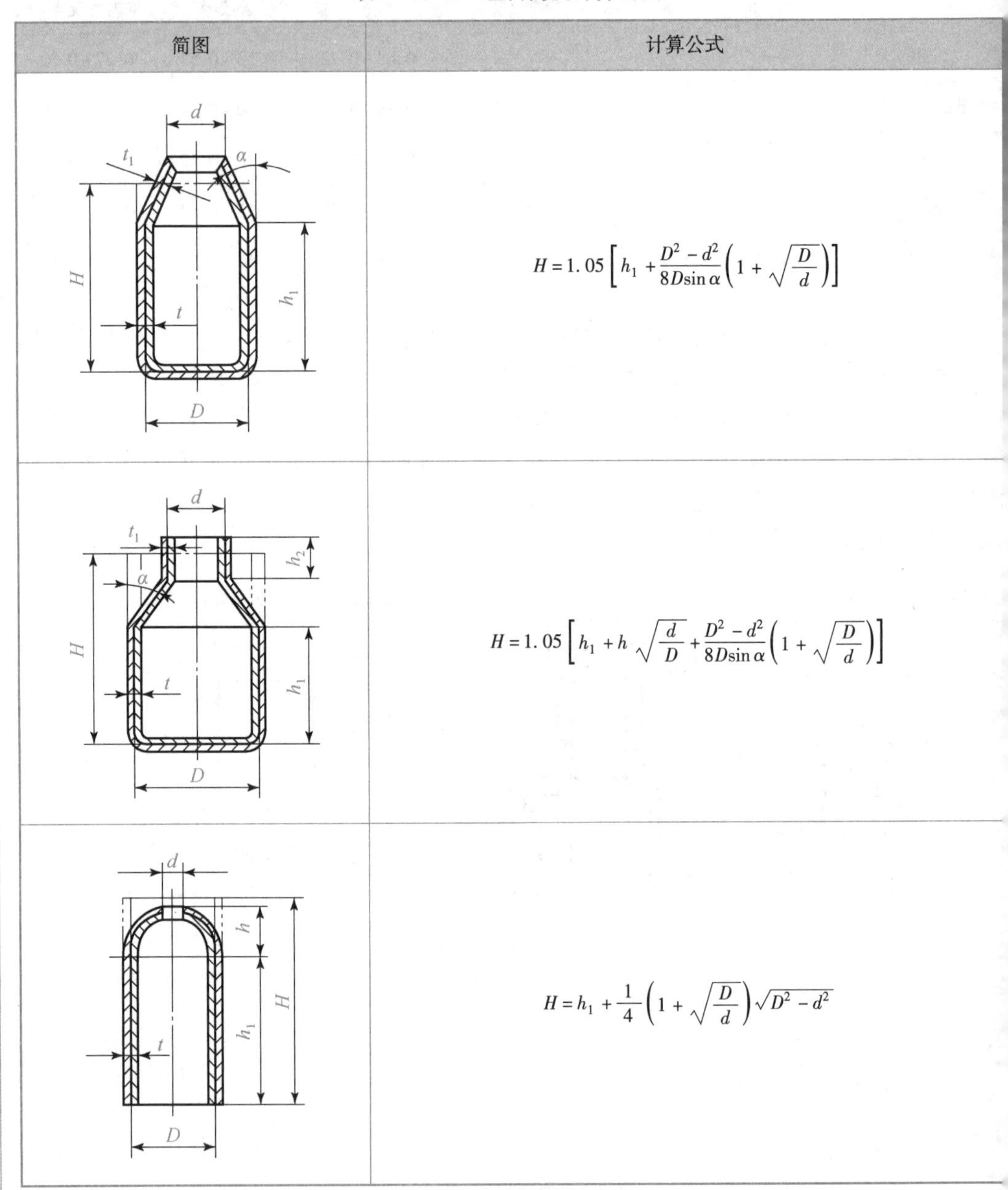

简图	计算公式
	$H=1.05\left[h_1+\frac{D^2-d^2}{8D\sin\alpha}\left(1+\sqrt{\frac{D}{d}}\right)\right]$
	$H=1.05\left[h_1+h\sqrt{\frac{d}{D}}+\frac{D^2-d^2}{8D\sin\alpha}\left(1+\sqrt{\frac{D}{d}}\right)\right]$
	$H=h_1+\frac{1}{4}\left(1+\sqrt{\frac{D}{d}}\right)\sqrt{D^2-d^2}$

3. 缩口压力的计算

无支承缩口时，缩口力 F 可用下式进行计算：

$$F=k\left[1.1\pi D t_0\sigma_b\left(1-\frac{d}{D}\right)(1+\mu\cot\alpha)\frac{1}{\cos\alpha}\right] \quad (5-3-4)$$

学习笔记

式中　k——速度系数，用普通压力机时，k 为1.15；

t_0——缩口前料厚（mm）；

D——缩口前直径（mm）；

d——工件缩口部分直径（mm）；

μ——工件与凹模间的摩擦系数；

σ_b——材料抗拉强度；

α——凹模圆锥半角。

任务实施 

如图5-3-1所示缩口件，中批生产，材料为08钢，料厚2 mm。

一、工艺分析

工件原外径为40 mm，缩口后外径为26 mm，缩口件形状简单，结构尺寸均为自由公差，符合缩口成形工艺要求。材料为08钢，具有良好的冲压成形性能，因此，该工件适合采用缩口工艺成形。

二、工艺计算

1. 计算缩口系数

由图5-3-1可知，$d=26$ mm，$D=38$ mm，则缩口系数为

$$m=\frac{d}{D}=\frac{26}{38}\approx 0.68$$

因该工件为有底缩口件，所以采用外支承方式的缩口模具，查表5-3-1得极限缩口系数为0.55~0.60，则该工件可以一次缩口成形。

2. 计算缩口前坯料高度

由图5-3-1可知，$h_1=68$ mm，则坯料高度为

$$H=1.05\left[h_1+\frac{D^2-d^2}{8D\sin\alpha}\left(1+\sqrt{\frac{D}{d}}\right)\right]=1.05\left[68+\frac{38^2-26^2}{8\times 38\times \sin 25}\times\left(1+\sqrt{\frac{38}{26}}\right)\right]=85.3(\text{mm})$$

取 $H=85.5$ mm，得到坯料图如图5-3-4所示。

3. 计算缩口力

缩口力可按式（5-3-4）计算，查得$\sigma_b=430$ MPa，工件与凹模间的摩擦系数$\mu=0.1$，则

$$\begin{aligned}F&=k\left[1.1\pi D\,t_0\sigma_b\left(1-\frac{d}{D}\right)(1+\mu\cot\alpha)\frac{1}{\cos\alpha}\right]\\&=1.15\times\left[1.1\times 3.14\times 38\times 2\times 430\times\left(1-\frac{26}{38}\right)\times(1+0.1\times\cot 25)\frac{1}{\cos\alpha 25}\right]\\&\approx 55\,491(\text{N})\approx 55.491\ \text{kN}\end{aligned}$$

三、缩口模结构设计

瓶子缩口模如图5-3-5所示，凹模8是缩口成形的关键零部件，工作表面的表面粗糙度 Ra 值为0.4 μm，采用后侧导柱模架。推件块9可将卡在凹模中的工件推出。

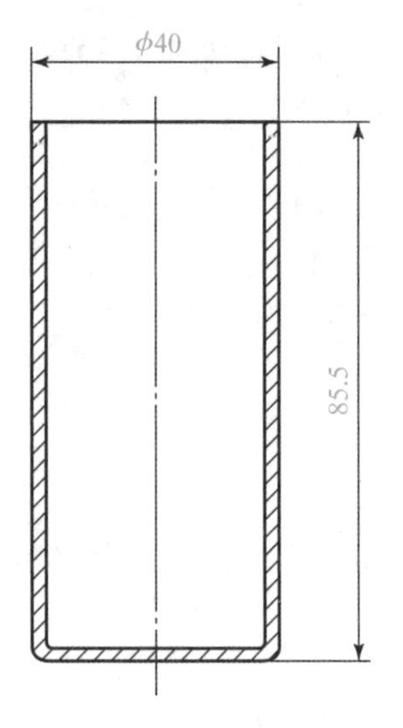

图 5-3-4　坯料图

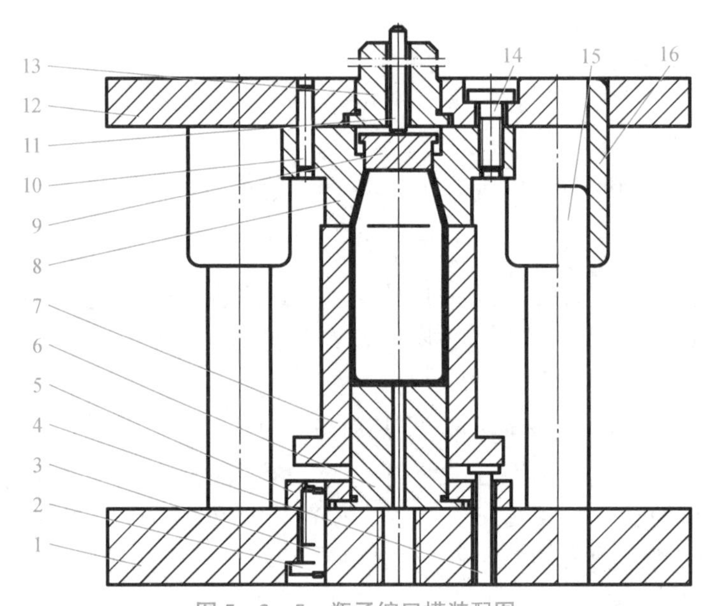

图 5-3-5　瓶子缩口模装配图

1—下模座；2，14—螺栓；3，10—销钉；4—顶杆；5—下固定板；6—垫板；7—外支承套；8—凹模；9—推件块；11—打料杆；12—上模座；13—模柄；15—导柱；16—导套

评价项目	分值	得分
能够分析工件工艺性	30	
能够进行工艺计算	40	
能够进行缩口模结构的设计	30	

学习笔记

(1) 缩口的概念。

(2) 缩口系数指什么?

(3) 缩口的次数怎么确定?

(4) 怎样计算缩口坯料的尺寸?

拓展任务

如图 5-3-6 所示气瓶,中批量生产,材料为 10 钢,试进行工艺计算,并设计缩口模结构。

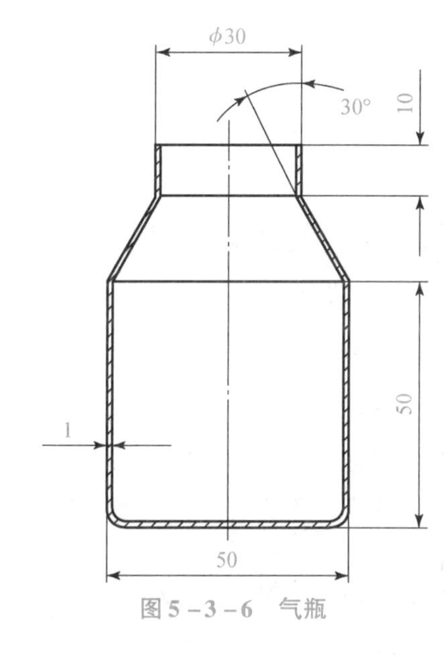

图 5-3-6　气瓶

任务5.4　了解校平与整形工艺及模具

怎样将图 5-4-1 (a) 所示板材的精度提高,变为图 5-4-1 (b) 所示平直的板料?

图 5-4-1　板材

任务分析

如图 5－4－1（a）所示板材存在平面度误差，需要通过校平模校正。

学习目标

- **知识目标**

1. 了解校平与整形的变形特点及其应用；
2. 掌握校平与整形的工艺计算方法及模具设计的基本要点。

- **能力目标**

能完成校平与整形的工艺计算及模具设计。

- **素质目标**

培养学生细致、严谨的工作态度。

知识链接

校平与整形是指利用模具使坯件局部或整体产生不大的塑性变形，以消除平面度误差，提高制件形状及尺寸精度的冲压成形方法。

一、校平和整形工序的工艺特点

校平与整形属于整修性的成形工艺，大多在冲裁、弯曲、拉深等冲压工艺之后，作为进一步提高制件质量的弥补措施，实际生产中应用较为广泛。其特点如下：

（1）只在工件局部位置使其产生不大的塑性变形，以达到提高零件形状和尺寸精度的目的。

（2）校平和整形后制件精度较高，因而对模具成形部分的精度要求也相应提高。

（3）校平和整形需要在压力机下止点对工件施加校正力，因此对设备的精度、刚度要求高，通常在专用的精压机上进行。若采用普通压力机，则必须设有过载保护装置，以防止设备损坏。

二、校平

条料不平或冲裁过程中材料变形都会使冲裁件产生不平整的缺陷，当对零件的平面度有要求时，需要在冲裁后加校平工序。平板零件的校平模有光面校平模和齿形校平模两种形式。

1. 光面校平模

光面校平模，模板压平面是光滑的，因而作用于板料的有效单位压力较小，对改变材料内部应力状态的效果偏弱，卸载后制件有一定的回弹，对于高精度材料制件效果较差。为使校平不受板厚偏差或压力机滑块运动精度的影响，光面校平模可采用浮动式结构，如图 5－4－2 所示，图 5－4－2（a）所示为上模浮动式结构，图 5－4－2（b）所示为下模浮动式结构。

光面校平模主要用于平直度要求不高、表面不允许有压痕的落料件或软金属（如铝、软黄铜等）制成的小型零件的校平。

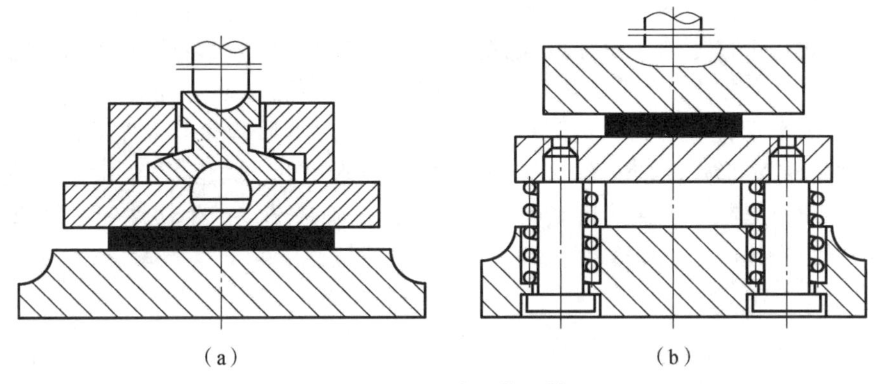

图 5-4-2 光面校平模
（a）上模浮动式；（b）下模浮动式

2. 齿形校平模

齿形校平模适用于平直度要求较高或抗拉强度高的较硬材料零件的校平。齿形校平模有尖齿和平齿两种，如图 5-4-3 所示，图 5-4-3（a）所示为尖齿齿形，图 5-4-3（b）所示为平齿齿形。采用尖齿校平模时，模具的尖齿挤压进入材料表面层内一定的深度，形成塑性变形的小网点，改变了材料原有的应力状态，故能减少回弹，校平效果较好；其缺点是校平零件表面上留有较深的压痕，而且工件也容易粘在模具上不容易脱模，因此生产中常用平齿齿形模。

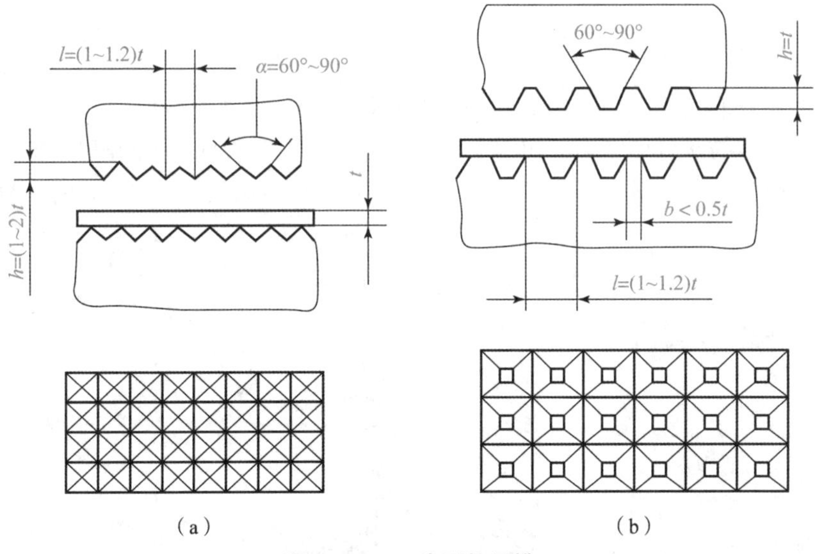

图 5-4-3 齿形校平模
（a）尖齿齿形；（b）平齿齿形

当零件的表面不允许有压痕或零件的尺寸较大，且要求具有较高的平直度时，还可以采用加热校平法。将需要校平的零件叠成一定的高度，由夹具压紧成平直状态，

然后放进加热炉内加热到一定温度，由于温度升高后材料的屈服强度降低，材料的内应力数值也相应降低，所以回弹变形减小，进而达到校平的目的。

三、整形

整形一般安排在弯曲、拉深或其他成形工序之后，在整形前工件已经基本成形，但可能圆角半径还太大或某些形状和尺寸还未达到产品的要求，此时可以借助整形模使工件产生局部塑性变形，以达到提高精度的目的。整形模和前工序的成形模相似，只是工作部分的定形尺寸精度高，表面粗糙度值要求更低，圆角半径和间隙值都较小，整形时，必须根据制件形状的特点和精度要求，正确地选定产生塑性变形的部位、变形的大小和恰当的应力、应变状态。

1. 弯曲件的整形

弯曲件的整形也叫镦校，如图 5 – 4 – 4 所示，即使整个工件处于三向受压的应力状态，改变了工件的应力状态，因此能得到较好的整形效果，是目前经常采用的一种校正方法。但是，对于带有孔的弯曲件或宽度不等的弯曲件不宜采用，因为镦校时易使孔产生变形。

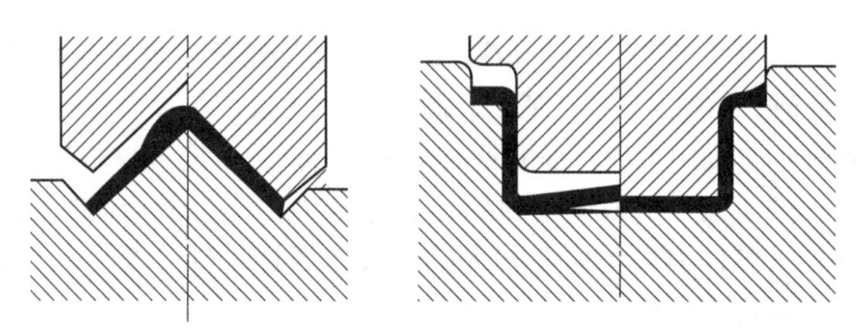

图 5 – 4 – 4　弯曲件的镦校

2. 拉深件的整形

拉深件的整形包括无凸缘拉深件的整形和带凸缘拉深件的整形。

（1）无凸缘拉深件的整形，如图 5 – 4 – 5 所示，通常取整形模间隙为$(0.9 \sim 0.95)t$，即采用变薄拉深的方法进行整形，这种整形也可以与最后一次拉深合并，但应取稍大一些的拉深系数。

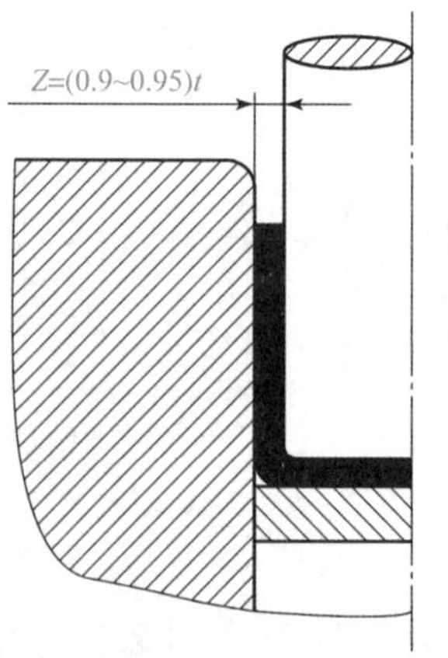

图 5 – 4 – 5　无凸缘拉深件的整形

(2) 带凸缘拉深件的整形，如图 5－4－6 所示，带凸缘拉深件的整形部位有凸缘平面、侧壁、底平面和凸、凹模圆角半径。整形时工件圆角半径变小，要求从邻近区域补充材料，如果邻近区域材料不能流动过来（例如当凸缘直径大于筒壁直径的 2.5 倍时，凸缘的外径已不可能产生收缩变形），则只有靠变形区本身的材料变薄来实现。此时，变形部位材料的伸长变形以 2%～5% 为宜，否则变形过大工件会破裂。

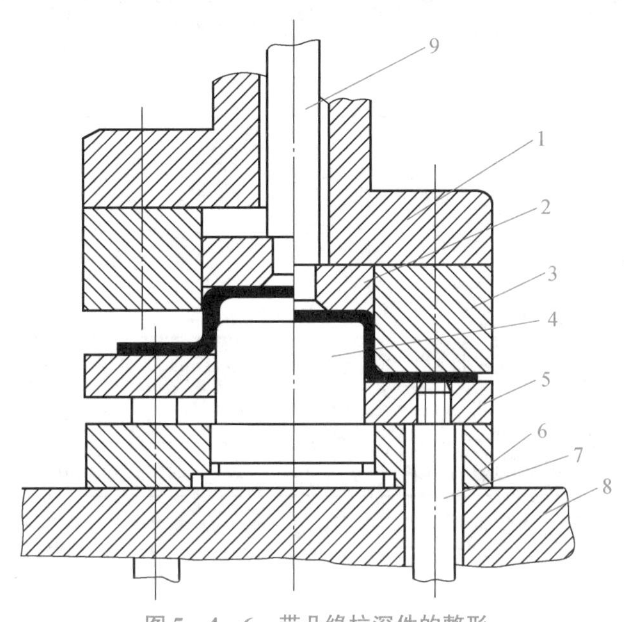

图 5－4－6　带凸缘拉深件的整形

1—上模板；2—推板；3—整形凹模；4—整形凸模；5—卸料板；6—凸模固定板；7—卸料螺钉；8—下模板；9—顶杆

四、校平和整形压力的计算

影响校平与整形时压力的主要因素是材料的力学性能、板料厚度等，其校平、整形力按照以下公式计算：

$$P = Ap \tag{5-4-1}$$

式中　A——校平、整形面积（mm^2）；

p——单位压力（MPa），可查表 5－4－1。

表 5－4－1　校平和整形单位压力　　MPa

方法	光面校平模校平	齿形校平模校平		敞开形制件整形	拉深件整形
		细齿	粗齿		
单位压力	50～80	80～120	100～150	50～100	150～200

对图 5－4－1 所示的拱弯板材，可以利用校平模进行校平。

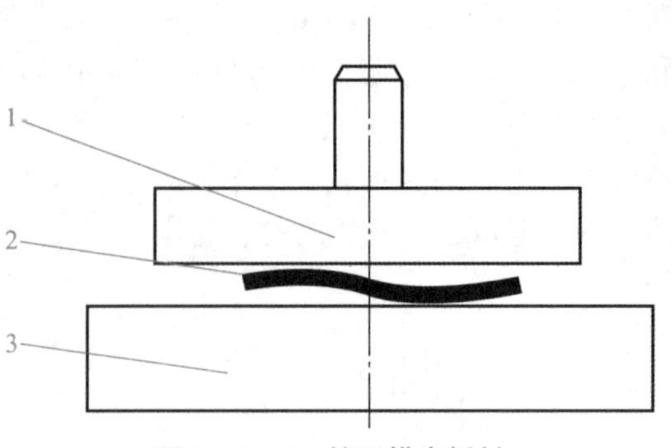

图 5-4-7 校平拱弯板材

1—上模板；2—工件；3—下模板

任务评价

评价项目	分值	得分
能够分析工艺	40	
能够绘制模具装配图	60	

课后思考

（1）校平和整形的特点是什么？

（2）平板零件的校平有哪两种形式？

（3）整形工序是在什么工序之后进行的？

拓展任务

试绘制在工作过程中可以一次形成两个弯曲角，同时带有弯曲整形功能的 U 形弯曲模装配图。

项目六　冲压模具图读审与布局

任务6.1　冲压模具图的读审

任务引入

图6－1－1所示为电器盒盖冲压制件的三维模型，图6－1－2所示为生产该冲压制件的模具三维模型，图6－1－3所示为此模具中的一个零件——冲孔凸模的三维模型。在模具设计与制造过程中，为了表达模具设计者的意图，需绘制二维图纸。如图6－1－1～图6－1－3所示三维模型的二维图纸是怎样的？应按照怎样的流程完成这3张二维图纸的读审？

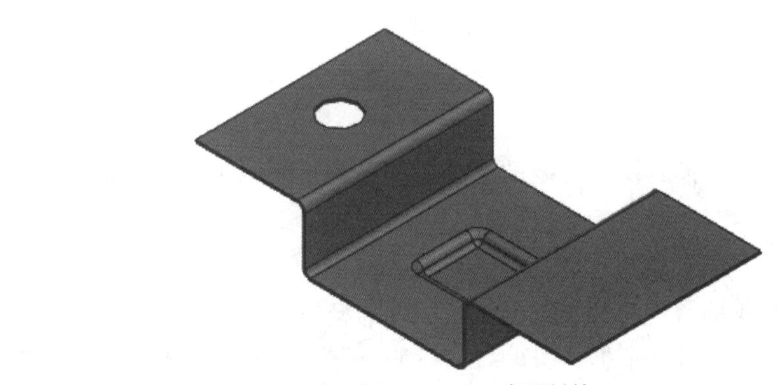

图6－1－1　冲压制件

图6－1－2　冲压模具

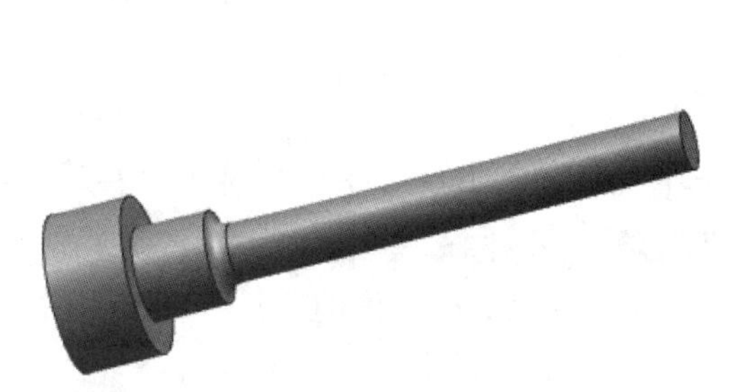

图6－1－3　冲孔凸模

任务分析

二维图纸是根据投影原理、标准或有关规定表示工程对象，并有必要的技术说明的图样。任务引入中所描述的冲压制件、冲压模具、冲孔凸模均需绘制二维图纸，从而表达设计者的设计思路，并让模具制造者可以依图加工。同时，这3种图纸在读审过程中又有一定的联系。

学习目标

- **知识目标**

1. 掌握3类模具图的定义；
2. 掌握模具图读审的流程；
3. 掌握模具图读审的要点。

- **能力目标**

具有审读中等难度模具图的能力。

- **素质目标**

培养学生的创新意识和工匠精神。

知识链接

一、模具图的定义

在冲压模具设计时，模具图最主要的3种图纸分别是冲压制件图、模具装配图和模具零件图。

1. 冲压制件图

冲压制件图就是指冲压产品的技术图纸，一般的操作人员都会根据制件图来制作产品，它是车间制作的关键和依据。图6-1-4所示即为图6-1-1所对应产品的冲压制件图，其标题栏和图纸布局较为简洁。

2. 模具装配图

模具装配图是表示组成模具各零件间的连接方式和装配关系的图样，又称模具结构图。图6-1-5所示即为图6-1-2所对应的模具装配图。

3. 模具零件图

1）基本定义

模具零件图是表示零件结构形状、大小和有关技术要求的图样。组成模具的最小单元称为模具零件。一套完整的模具由若干个模具零件组成。图6-1-6所示即为图6-1-3所对应冲孔凸模的模具零件图，该二维图的标题栏相对于图6-1-4复杂一些，现实中可根据需要自行选择。

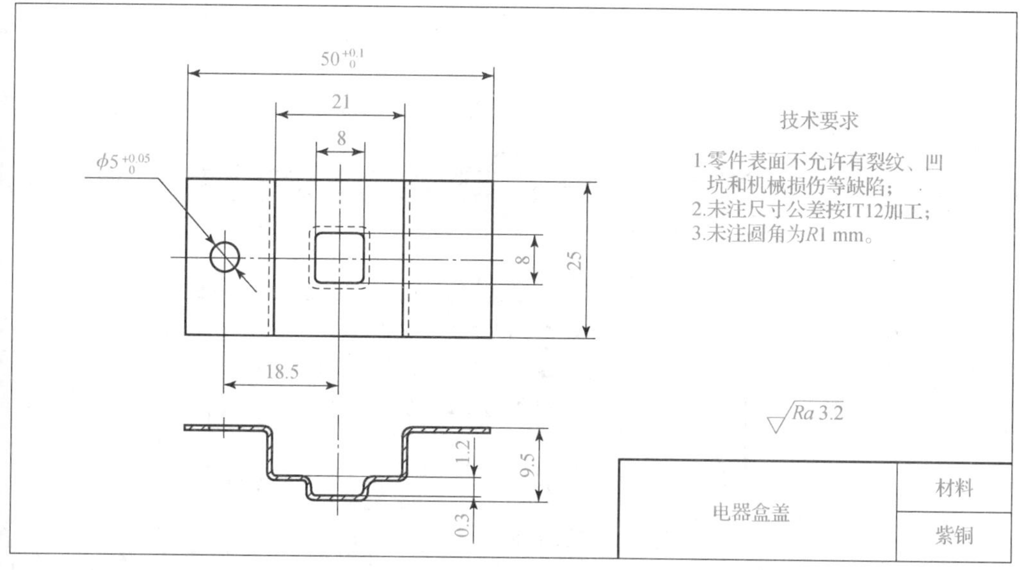

图 6－1－4　冲压制件图

学习笔记

2）模具零件的分类

组成模具的零件可分为标准件、常用件及一般零件。

（1）标准件是指结构、规格及技术要求全部标准化的零件，由专门的厂家生产，具有完全的互换性，如模具中的模架（动、定模座板、导套、导柱等）、销、螺钉等。模具标准化可促进模具工业的发展，促进技术交流，简化模具设计，缩短生产周期。

（2）常用件是指那些结构、规格及技术要求只有部分标准化的零件，它们不具有完全的互换性，但却是使用专用刀具加工生产的，具有一定的通用性，如齿轮、弹簧等零件。

（3）一般零件则是指那些既不具有互换性又不具有通用性的零件，如模具的型芯、型腔等。

模具零件图是加工制作的依据，一切非标准件或虽是标准件但仍需进一步加工的零件均需绘制零件图。模具标准件的结构、规格及技术要求都已标准化，可像普通工具一样在市场上销售和选购，模具设计时一般不需要画零件图，只需要按规定进行标记，再根据其标记从有关标准中查取相关尺寸并采购。例如，本案例中导柱、导套及螺钉、销钉等零件是标准件，也无须进一步加工，因此可以不画零件图样。

二、读审图的步骤及要点

1. 读审图的目的

读审图就是理解图、吃透图，了解图样所表达的全部信息。读审图的目的：一是理解模具设计的构思，并读审其有无错误；二是为模具制造做准备，为“按图施工”打基础。只有理解了设计者的设计意图，加工才可能达到图样的要求。

读图和审图出发点不同，审图侧重的是对模具工作原理、零件结构和尺寸设计等的审查，而读图除了兼有审核职责外，更主要的责任是结合图纸考虑后续加工工艺。

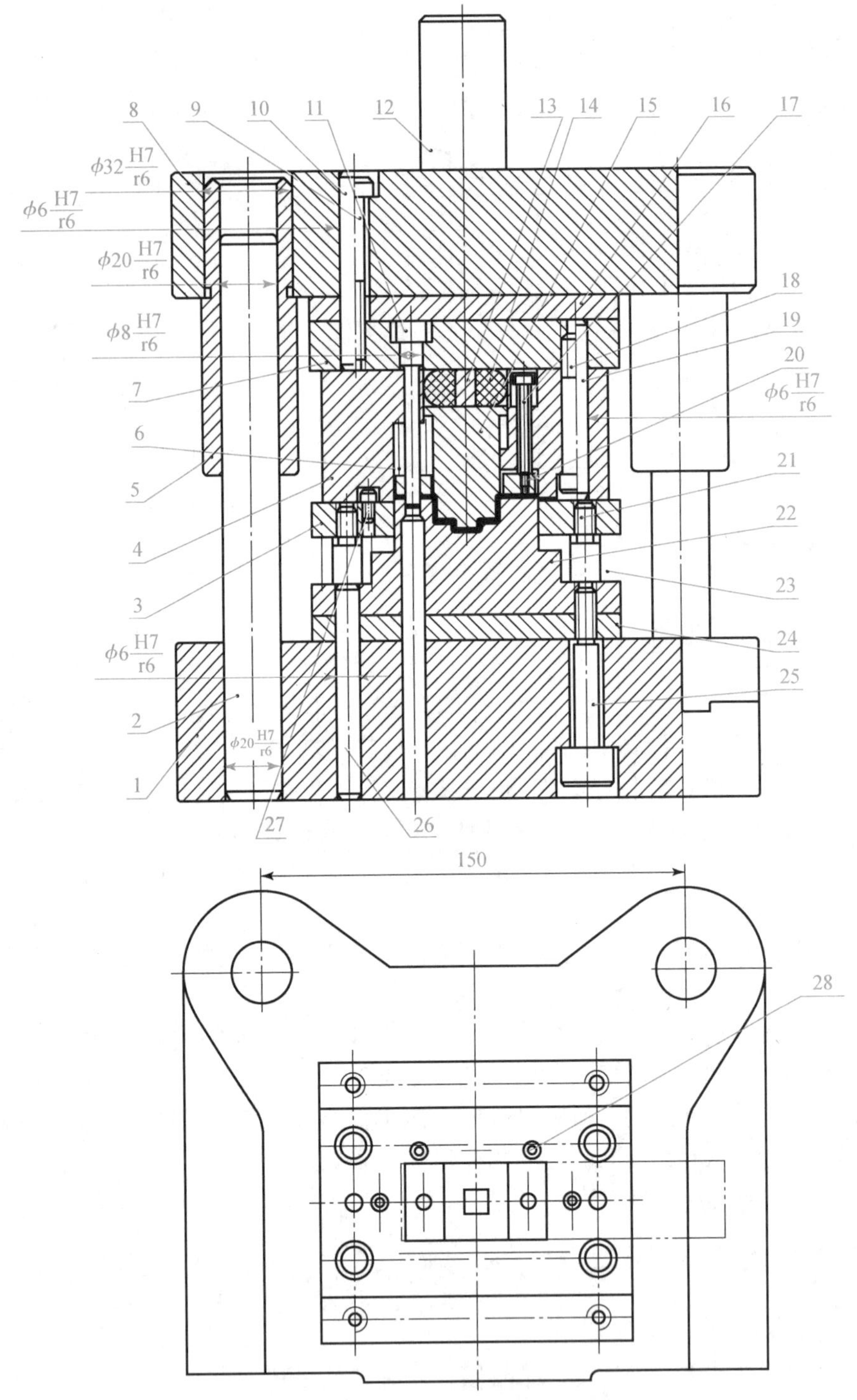

图 6-1-5　电器盒盖冲压模具二维装配图

1—下模座；2—导柱；3—卸料板；4—落料凹模；5—导套；6，23—弹簧；7—固定板；8—上模座；9，17，18，25—内六角螺钉；10，26—圆柱销；11—冲孔凸模；12—模柄；13—定位块；14—橡胶元件；15—凸模；16—上垫板；19—定位销；20—压边圈；21—卸料板螺钉；22—凸凹模；24—下垫板；27—挡料销；28—导料销

学习笔记

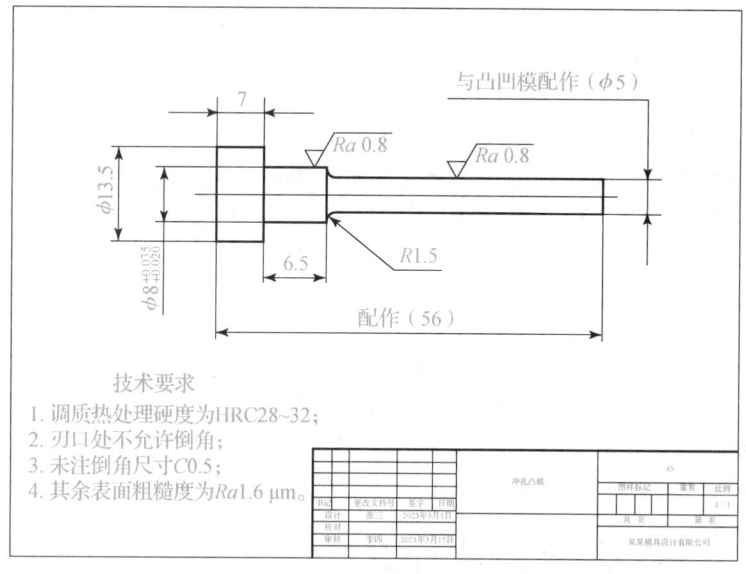

图 6-1-6　冲孔凸模的模具零件图

模具图读审的重点在于制件的成形工艺、模具的工作原理、结构的合理性以及对零件尺寸的核对。虽然借助模具数字化技术 CAD/CAM/CAE 能较好地完成模具设计任务，但由于目前大多数企业仍存在二维图、三维图混合使用的现状，故对模具图的设计方案审核仍是不可或缺的。通过严格的读审图流程，保证了模具设计质量，避免了由于设计的错误造成模具不可修正或报废的重大损失。

2. 零件图与装配图的关系

装配图表示机器或部件的工作原理、零件间的装配关系和技术要求。在设计和测绘机器时，首先要绘制装配图，再拆画零件图，零件完工后再按照装配图将零件装配成机器或部件，因此，零件与部件、零件图与装配图之间的关系十分密切。

3. 审图的内容

一般而言，审图在前，用以保证图纸质量；读图在后，用以保证图纸使用者吃透含义。

1）制件图审核

制件图主要审图内容如下：

（1）重点是尺寸是否齐全、合理；

（2）精度和表面质量要求的合理性；

（3）工艺性的审核；

（4）材料的性能对成形工艺的影响。

2）模具装配图的审核

模具装配图主要审图内容如下：

（1）模具的工作原理；

（2）主要零件的结构；

（3）主要零件的配合性质；

学习笔记

(4) 冲压设备选用的校核。

3) 模具零件图的审核

模具零件图主要审图内容如下:

(1) 工作零件的成形尺寸计算是否正确;

(2) 各个配合零件的配合尺寸及配合性质是否正确;

(3) 零件的结构工艺性是否合理。

4. 读图的内容

1) 研读制件图

制件图的研读内容主要有以下几方面:

(1) 首读制件图，目的是了解该模具的加工对象，以便根据制件，分析与理解模具设计的指导思想和理由。

(2) 研究制件的尺寸、形状及精度要求，为进一步了解模具工作零件的形状和尺寸精度打下基础。

(3) 了解制件的材料和生产纲领，以便了解模具关键零件的取材和寿命。

2) 理解装配图

装配图的研读内容主要有以下几方面:

(1) 本模具所承担的制件成形工序任务以及与前后工序的衔接;

(2) 本模具的工作原理;

(3) 组成本模具所采用的机构及标准模架;

(4) 各零件之间的装配关系。

(5) 零件材质的分类及零件的归类（自制件、外购件、标准件等）。

3) 细读零件图

读图的重点是零件图，因为读图者要依据零件图进行制模。零件设计得合理与否及加工制造质量的好坏，必然影响零件的使用效果乃至整台机器的性能。因此，零件图要准确地反映设计思想并提出相应的零件质量要求。事实上，在零件的生产过程中，零件图是最重要的技术资料，是制造和检验零件的依据。

零件图的研读内容主要包括以下几方面:

(1) 零件的件数、材料及热处理要求;

(2) 零件的形状及尺寸大小;

(3) 零件的配合部位及精度要求;

(4) 零件的形状、位置及表面质量要求;

(5) 图纸要求的配作部位等;

(6) 二次加工的零件尺寸及定位要求。

5. 读审图的要点

(1) 制件图、装配图和工作零件图三者要反复对照读。

(2) 相互配合及有关联装配尺寸的零件要放在一起细读。

(3) 有配作要求的零件配作部位要对照读。

(4) 读图时若发现某零件工艺性不好，要及时反馈并与设计者沟通。

学习笔记

6. 依据模具零件类型安排生产

读审图后，依据图纸做到心中有数，此时可对零件进行分类并填表，这样有利于生产安排和管理。

（1）零件毛坯的分类。

①铸造毛坯表如表 6－1－1 所示。

②锻造毛坯表如表 6－1－2 所示。

③圆钢毛坯表如表 6－1－3 所示。

④板材毛坯表如表 6－1－4 所示。

（2）标准件明细表如表 6－1－5 所示。

（3）自制件明细表如表 6－1－6 所示。

（4）外购件明细表如表 6－1－7 所示。

表 6－1－1　铸造毛坯表

序号	代号	零件名称	材料	件数	铸造方法及要求

企业名称：　　　　　　　　　　　　　　　　　　　　制表人：　　　年　月　日

表 6－1－2　锻造毛坯表

序号	代号	零件名称	材料	件数	锻造方法及要求

企业名称：　　　　　　　　　　　　　　　　　　　　制表人：　　　年　月　日

表 6－1－3　圆钢毛坯表

序号	代号	零件名称	材料	件数	直径及长度/mm

企业名称：　　　　　　　　　　　　　　　　　　　　制表人：　　　年　月　日

表 6－1－4　板材毛坯表

序号	代号	零件名称	板厚及材料/mm	件数	长×宽尺寸/mm

企业名称：　　　　　　　　　　　　　　　　　　　　制表人：　　　年　月　日

表 6-1-5 标准件明细表

序号	标准代号	零件名称	材料	件数	规格

企业名称： 制表人： 年 月 日

表 6-1-6 自制件明细表

序号	代号	零件名称	材料	件数	毛坯种类	热处理要求

企业名称： 制表人： 年 月 日

表 6-1-7 外购件明细表

序号	代号	零件名称	材料	件数	供货要求	供应商

企业名称： 制表人： 年 月 日

任务实施

如图 6-1-1～图 6-1-3 所示三维实物图所对应的二维图分别为冲压制件图、模具装配图、模具零件图，分别如图 6-1-4、图 6-1-5、6-1-6 所示。在研读这 3 张二维图纸时，需逐次开展，并前后对照。具体流程如下。

一、研读制件图

如图 6-1-4 所示冲压制件为电器盒盖。

该制件材料为紫铜，制件厚度为 0.3 mm。该制件外轮廓长度为 50 mm，宽度为 25 mm，高度为 9.5 mm。其标注公差范围和表面粗糙在合理范围。

二、理解装配图

图 6-1-5 所示为电器盒盖冲压模具二维装配图。该模具属于复合模具，在一个工序中包括 4 个成形过程，分别为落料、弯曲、冲孔、拉伸。读者可自行分析其工作原理。

三、细读零件图

组成模具的最小单元称为模具零件。一套完整的模具由若干个模具零件组成，但不是每个模具零件均需绘制二维图。一切非标准件，或虽是标准件但仍需进一步加工的零件均需绘制二维零件图。本副模具共由 28 种零件组装而成，读装配图后，请读者将其分类。

学习笔记

如图 6－1－3 所示冲孔凸模需进行机械加工，因此要绘制其模具零件图。

图 6－1－6 所示为冲孔凸模的模具零件图，是图 6－1－5 所示模具装配图所列的 28 种零件之一。依据模具零件的分类，对于非标准件，需绘制零件图。模具工需边读边思考该零件制作的工艺过程、重点和难点的加工部位，以及所需的刀具、机床、检测手段等问题。

该冲孔凸模使用 45 钢制作，属于较普通的冲压模具。其工作部分表面粗糙度为 $Ra0.8\ \mu m$，其他部分表面粗糙度为 $Ra1.6\ \mu m$，分别属于表面粗糙度 8 级、7 级，较为合理，加工难度不大。其长度 56 mm 采用配作加工，可用较低的加工精度实现较高的装配精度。

根据图纸，冲孔凸模可对圆钢进行车削加工并进行热处理获得。圆钢毛坯备料表如表 6－1－8 所示。

表 6－1－8　圆钢毛坯备料表

序号	代号	零件名称	材料	件数	直径及长度/mm
1		冲孔凸模	45	1	$\phi16\times60$

任务评价

评价项目	分值	得分
能够简述模具图常见的 3 种类型	30 分	
能够简述模具零件的分类	30 分	
能够简述模具读图的流程	40 分	

课后思考

（1）读审图的目的是什么？

（2）零件图与装配图的关系是什么？

（3）模具零件图的研读内容主要有什么？

拓展任务

网上查阅图纸，找到一套冲压模具图，分别研读其制件图、装配图和零件图。

学习笔记

任务6.2 模具图的布局

任务引入

图6-2-1所示为某冲压模具装配图的剖视图。仅靠此图能够准确反映模具结构吗？还需要哪些图纸元素？这些图纸元素如何布局？该装配图对应的模具零件图又该如何布局？

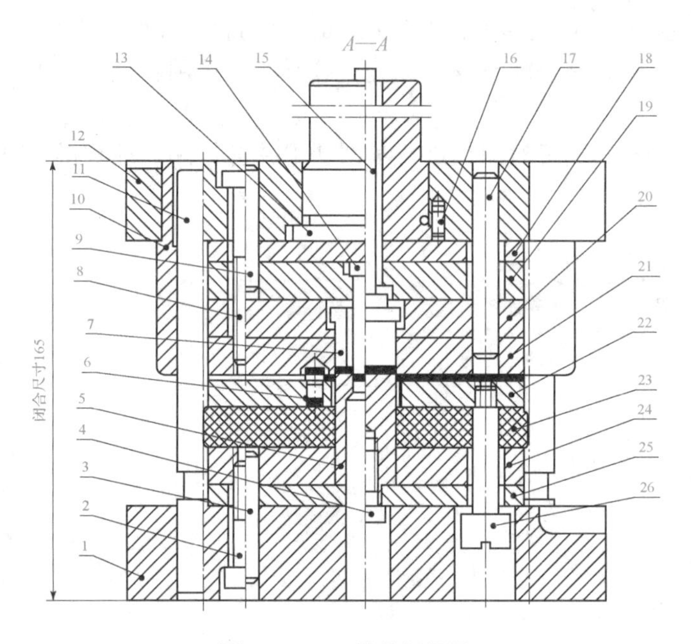

图6-2-1　模具剖视图

1—下模座；2—螺钉 M10×45；3—销；4—螺钉 M8×25；5—凸凹模；6—固定挡料销；7—推块；8—螺钉 M10×65；9—ϕ10 短销；10—导套；11—导柱；12—上模座；13—模柄；14—凸模；15—打料杆；16—ϕ5 销；17—ϕ1 长销；18—上模垫板；19—凸模固定板；20—推块固定板；21—凹模；22—卸料板；23—橡胶；24—凸凹模固定板；25—下模垫板；26—卸料螺钉

任务分析

每套模具都是由若干个零部件按一定的技术要求装配而成的，要想准确地表达模具结构，需要使用装配图。模具装配图用来表达模具的主要结构形状、工作原理及零件的装配关系。绘制模具装配图前必须确定合理的表达方案，将不同的制图元素放于合理位置。不同的模具因复杂程度和结构差异不同，装配图的布局略有不同，但其基本布局有相通之处。

模具零件图与普通机械制品零件图的绘制方法相同，也包含图形、尺寸、技术要求、标题栏等基本要素，并合理布局于图纸中。

学习笔记

● 知识目标

1. 掌握模具装配图包含的要素；
2. 掌握模具装配图的一般布局原则；
3. 掌握模具零件包含的基本元素。

● 能力目标

具备布局模具图各种组成元素的能力。

● 素质目标

培养学生创新意识和精益求精的精神。

知识链接

一、模具装配图的布局要点

模具装配图要能清楚地表达各零件之间的相互关系，包括位置关系和配合关系，除了有足够的说明模具结构的视图、必要的剖视图、断面图、技术要求、标题栏和填写各个零件的明细表等外，还有其特殊的表达要求。为了绘制一张美观、正确的模具装配图，必须掌握模具装配图面的布置规范。图 6-2-2 所示为模具装配图的图面布置示意图，可参考使用。

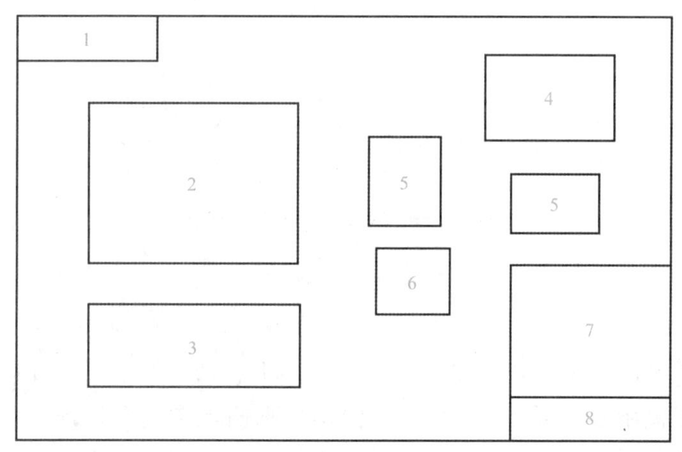

图 6-2-2 模具装配图布局

1—档案编号处；2—布置主视图；3—布置俯视图；4—布置产品图；5—布置排样图；6—技术要求说明处；7—明细表；8—标题栏

1. 档案编号

如图6-2-2 所示的图纸左上角1 处是档案编号。如果这份图纸将来要归档，就在该处编上档案号（且档案号是倒写的），以便存档，不能随意在此处填写其他内容。

2. 主视图

模具视图的数量一般采用主视图和俯视图两个，必要时也可增加其他视图。如图 6-

2－2 所示的图纸 2 处通常布置模具结构主视图。图 6－2－1 即可作为主视图使用。

模具装配图的主视图通常按模具正对操作者的闭模状态绘制，也可一半处于工作状态，另一半处于非工作状态。主视图的表达方法以剖视为主，重点表达凸凹模在闭模时的工作状态及模具各零件之间的装配和连接关系。

主视图画好后，其四周一般与其他图或外框线之间应保持 50～60 mm 的空白，不要画得“顶天立地”，也不要画得“缩成一团”，这就需要选择一合适的比例。推荐优先选取比例系列，缩小的有 1∶1.5、1∶2、1∶2.5、1∶3、1∶4、1∶5 及以上比例的第二个数乘 10 的 n 次方；放大的有 2∶1、2.5∶1、4∶1、5∶1 及以上比例的第一个数乘 10 的 n 次方。其他的比例一般不推荐使用。

3. 俯视图

如图 6－2－2 所示的图纸 3 处布置模具结构俯视图。俯视图一般是反映模具下模的上平面，即画出拿走上模部分后的结构形状，其重点是反映下模部分所安装的工作零件的情况。如图 6－2－3 所示。

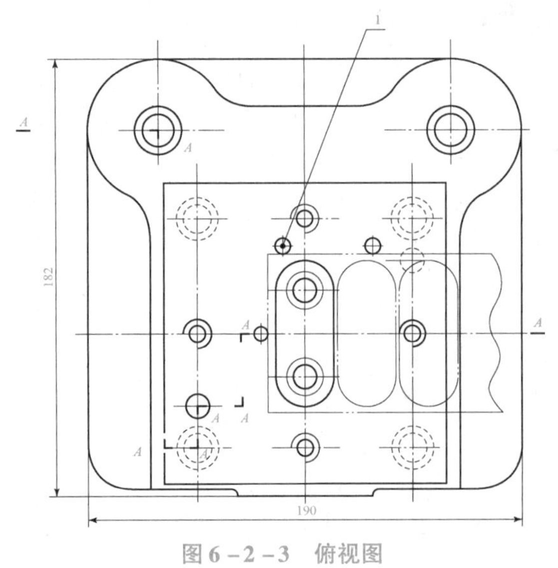

图 6－2－3　俯视图

1—导料销

对称零件也可以一半表示上模的上平面，一半表示下模的上平面。非对称零件如果需要，上、下模俯视图可分别画出，它们均只画俯视图的可见部分。有时为了了解模具零件之间的位置关系，未见部分可用虚线表示。

俯视图与主视图的中心线重合，并标注前后、左右平面轮廓尺寸。俯视图与边框、主视图、标题栏或明细表之间也应保持 50～60 mm 的空白。

4. 产品图

如图 6－2－2 所示的图纸 4 处布置制件产品图，并在产品图的右方或下方标注制件的名称、材料及料厚等参数。如图 6－2－4 所示。

5. 排样图

如图 6－2－2 所示的图纸 5 处布置排样图。排样图上的送料方向与模具结构图上的送料方向必须一致，以使其他读图人员一目了然。如图 6－2－5 所示。

学习笔记

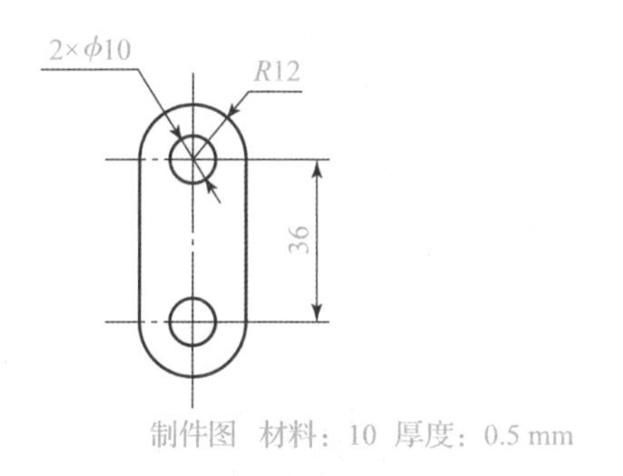

图 6－2－4　产品图

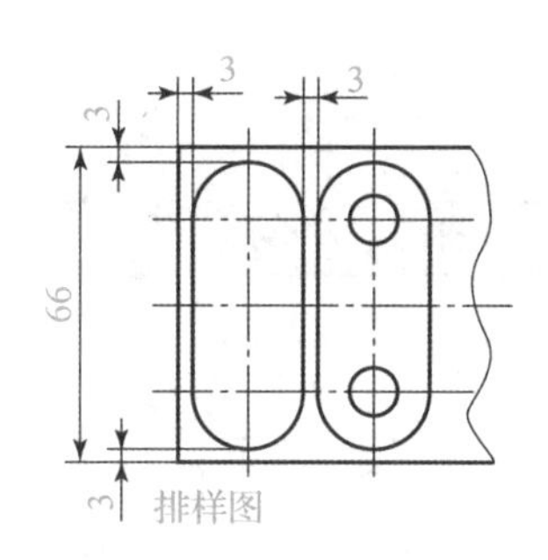

图 6－2－5　排样图

6. 技术要求

如图 6－2－2 所示的图纸 6 处布置主要技术要求。其内容可根据实际需求而定，例如模具的闭合高度、标准模架和代号，以及装配要求和所用的设备型号等。

7. 明细表

如图 6－2－2 所示的图纸 7 处布置明细表。若图面不够，则可以另设一页。

8. 标题栏

如图 6－2－2 所示的图纸 8 处布置标题栏。标题栏主要填写的内容有模具名称、图纸编号、作图比例及签名等内容。标题栏中其余内容可根据需要选填。

二、模具零件图的布局要点

模具零件图与普通机械制品零件图的绘制方法相同，需准确选择一组图形、全部尺寸、技术要求、标题栏 4 种要素，并合理布局于图纸。

1. 一组图形

模具零件图需用一组图形（包括视图、剖视图、断面图等）把零件各部分的结构形状表达清楚。

模具零件的图形除了要正确、完整、清晰地表达零件的全部结构形状外，还应考虑符合生产要求，方便读图和看图。因此，必须对零件的结构及其形状特点进行分析，要尽可能地了解零件在模具中的作用、位置及其加工方法，合理地选择主视图和其他视图。

1）较简单的零件

以图 6－1－6 所示冲孔凸模的模具零件图为例，由于零件较为简单，故其采用 1 个主视图并配后尺寸标识即可较好地表达机构形状。

2）较复杂的零件

对于较为复杂的模具零件，则需适当地选用基本视图、剖视图、断面图及其他各种表达方法。以图 6－1－2 和图 6－1－5 所示冲压模具的凸凹模为例，其采用了主视图（剖视图）、俯视图综合表征零件结构，如图 6－2－6 所示。

2. 全部尺寸

零件图需要用一组尺寸把零件各部分的形状、大小及其相互位置确定下来。在尺

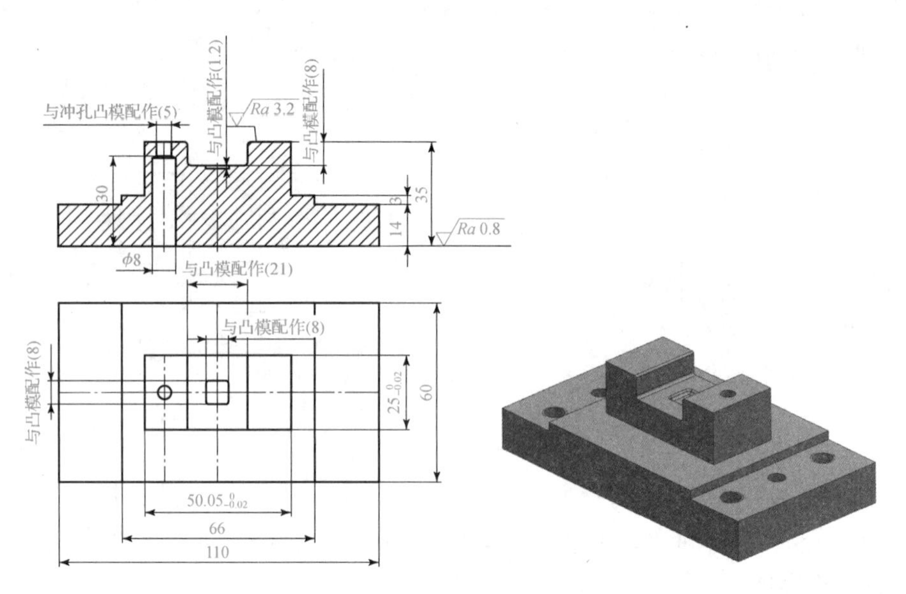

图 6-2-6　较复杂的视图

寸标注时，需综合考虑以下内容：

(1) 选择尺寸基准；

(2) 考虑设计要求标注主要尺寸；

(3) 考虑工艺要求标注一般尺寸；

(4) 考虑配合要求标注公差尺寸；

(5) 综合检查，确保尺寸标注合理。

尺寸标注尽量标在同一视图上，其好处是让读者在看图纸时不会因多图观看而导致看图错误。

3. 技术要求

零件图用一些规定的符号、数字、字母和文字注解，说明零件在使用、制造和检验时应达到的一些技术性能方面的要求，包括表面粗糙度、尺寸公差、形状和位置公差、表面处理和材料热处理的要求等。

4. 标题栏

在标题栏中填写出零件的名称、材料、图样的编号、比例、制图人与校核人的姓名和日期等。

一、模具装配图布局

图 6-2-1 所示为冲压模具的剖视图，单独使用该图不能准确地反映模具结构，需将俯视图、排样图、制件图、技术要求、标题栏、明细表等内容合理布局后，获得模具装配图，如图 6-2-7 所示。

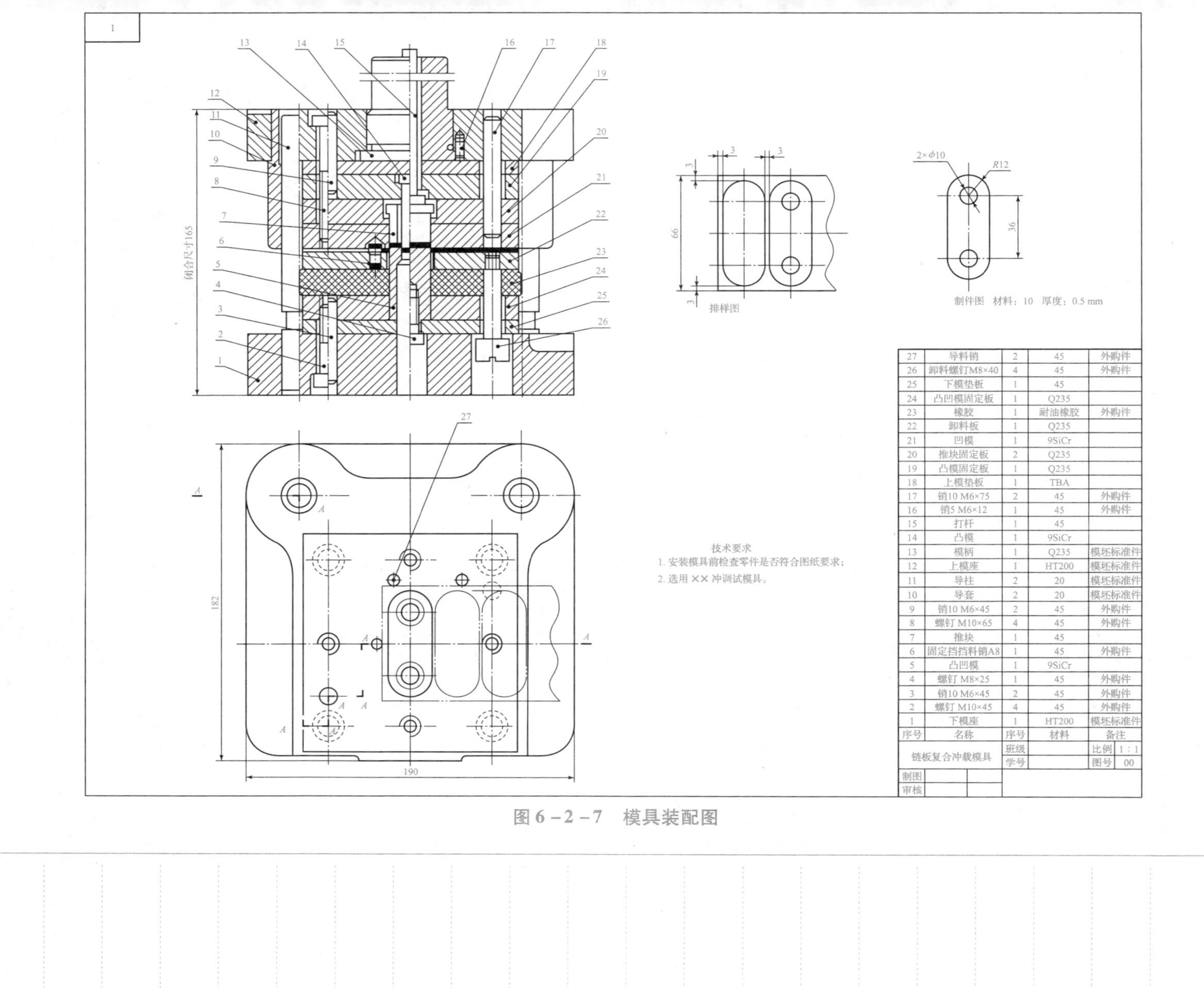

序号	名称	序号	材料	备注
27	导料销	2	45	外购件
26	卸料螺钉M8×40	4	45	外购件
25	下模垫板	1	45	
24	凸凹模固定板	1	Q235	
23	橡胶	1	耐油橡胶	外购件
22	卸料板	1	Q235	
21	凹模	1	9SiCr	
20	推块固定板	2	Q235	
19	凸模固定板	1	Q235	
18	上模垫板	1	TBA	
17	销10 M6×75	2	45	外购件
16	销5 M6×12	1	45	外购件
15	打杆	1	45	
14	凸模	1	9SiCr	
13	模柄	1	Q235	模坯标准件
12	上模座	1	HT200	模坯标准件
11	导柱	2	20	模坯标准件
10	导套	2	20	模坯标准件
9	销10 M6×45	2	45	外购件
8	螺钉 M10×65	4	45	外购件
7	推块	1	45	
6	固定挡挡料销A8	1	45	外购件
5	凸凹模	1	9SiCr	
4	螺钉 M8×25	1	45	外购件
3	销10 M6×45	2	45	外购件
2	螺钉 M10×45	4	45	外购件
1	下模座	1	HT200	模坯标准件

链板复合冲载模具	班级		比例	1∶1
	学号		图号	00
制图				
审核				

图 6－2－7　模具装配图

二、模具零件图布局

通过读审图 6－2－7 所示装配图，可以获知该模具的基本工作原理，并清楚地看出各零件的装配关系。本模具共由 27 种零件组装而成，读图后可将其分类列表，以便后期安排合理的加工工艺或外协采购。

以图 6－2－7 所示明细表中序号 5 凸凹模为例，该零件属于非标准件，需绘制零件图，如图 6－2－8 所示。模具零件图包含一组图形、全部尺寸、技术要求、标题栏 4 种元素，准确地反映了设计与制造要求。

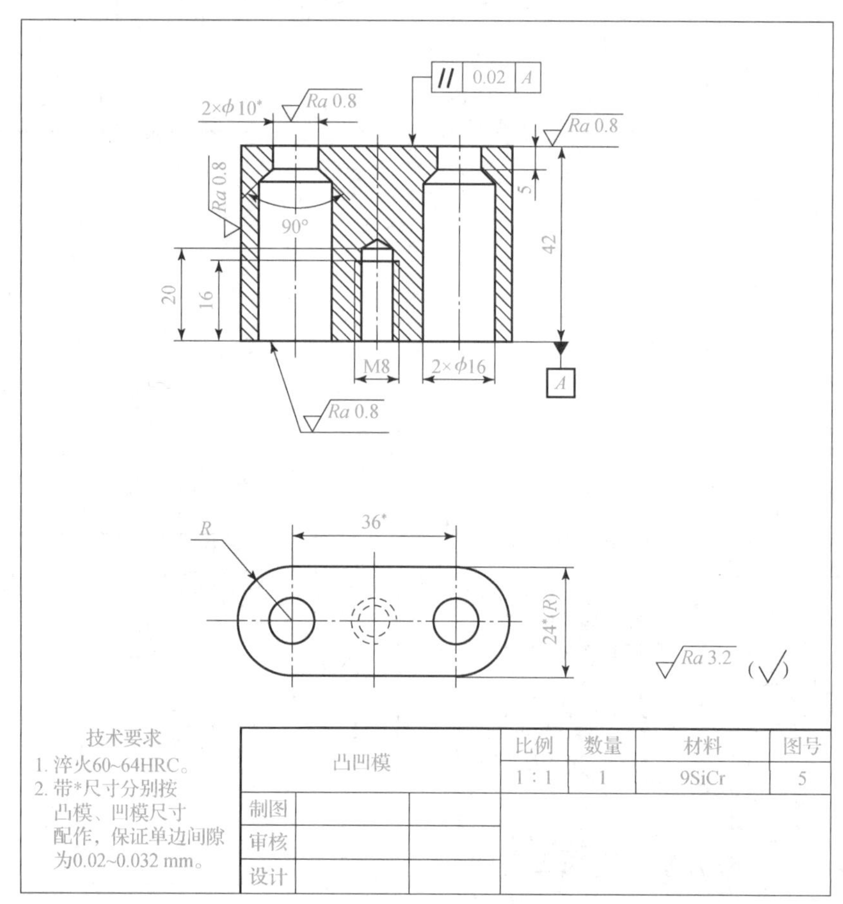

图 6－2－8　凸凹模零件图

评价项目	分值	得分
能够合理完成模具装配图布局	40 分	
能够合理完成模具零件图布局	40 分	
能够为零件图选择合理的一组视图	20 分	

学习笔记

课后思考

（1）模具装配图一般包括哪些组成元素？

（2）模具零件图一般包括哪些组成元素？

拓展任务

如图6-1-6所示冲孔凸模的模具零件图中通过尺寸和视图的综合使用，只用一个视图即可反映其结构特征，请阐述原因。

项目七 冲压模具装配

任务7.1 冲压模具的组件装配

任务引入

图7－1－1所示为冲压模具中的上模座和模柄。为了保证模具安装和工作的准确度，二者之间有垂直度的相关要求，如何将二者合理地装配在一起。

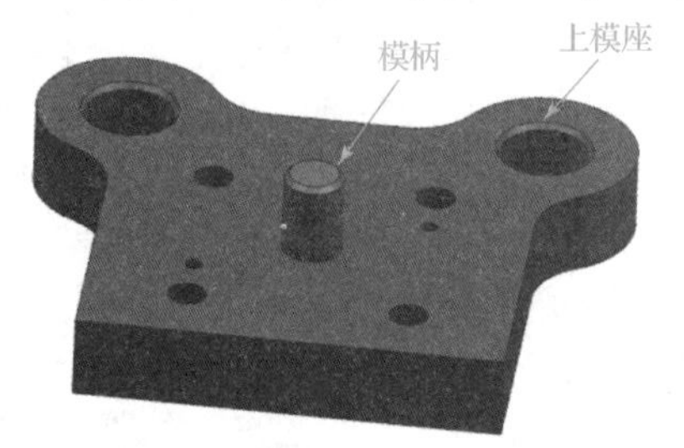

图7－1－1 上模座和模柄

任务分析

一套冲压模具往往由几十甚至几百个零部件组成，如图7－1－1所示上模座和模柄的装配属于整体模具装配的一个小步骤，称为组件装配。掌握组件装配的方法和技巧是全面了解模具装配的基础。

学习目标

- **知识目标**

1. 了解模具零件的固定方法；
2. 掌握模柄、导柱、导套等零件的装配技巧；
3. 掌握凸模、凹模的固定与间隙的控制方法。

- **能力目标**

具有针对不同的零件选取合理装配方法的能力。

- **素质目标**

通过了解装配过程，培养学生精益求精的品质。

学习笔记

一、模具零件的固定方法

模具和其他机械产品一样，各个零件、组件通过定位和固定而连接在一起，并确定各自的相互位置。常用的固定方法有以下几种。

1. 紧固法

紧固法如图 7－1－2 所示，主要通过定位销和螺钉将零件相互连接。

如图 7－1－2（a）所示的方式主要适用于大型截面成形零件的连接。

图 7－1－2（b）所示为螺钉吊装固定方式。

如图 7－1－2（c）和图 7－1－2（d）所示方式适用于截面形状比较复杂的凸模或壁厚较薄的凸凹模零件的连接。

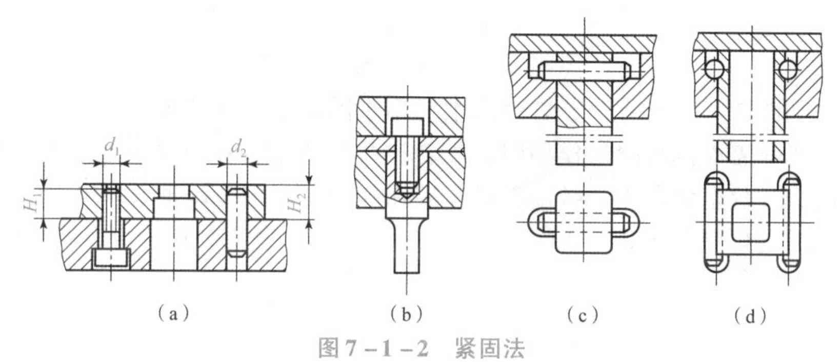

图 7－1－2　紧固法

（a）定位销和螺钉共用固定；（b）螺钉吊出固定；（c）定位销固定；（d）薄壁零件定位

2. 压入法

压入法如图 7－1－3 所示，定位配合部位采用 H7/m6、H7/n6 和 H7/r6 配合，适用于冲裁板厚 <6 mm 的冲裁凸模与各类模具零件，利用台阶结构限制轴向移动。

它的特点是连接牢固可靠，对配合孔的精度要求较高，加工成本高。其装配压入过程如图 7－1－3（b）所示。

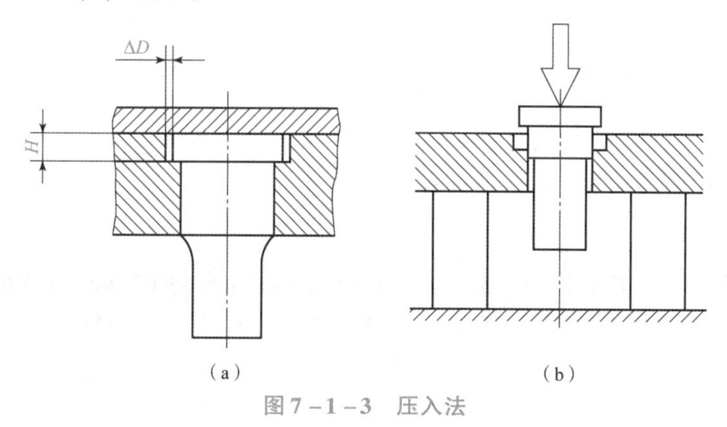

图 7－1－3　压入法

3. 铆接法

铆接法如图 7－1－4 所示，其主要适用于冲裁板厚 $t \leq 2$ mm 的冲裁凸模和其他轴向拔力不太大的零件的连接。凸模和型孔配合部分保持 0.01～0.03 mm 的过盈量，铆接端凸模硬度≤30 HRC。固定板型孔铆接端周边倒角为 $C0.5 \sim C1$。

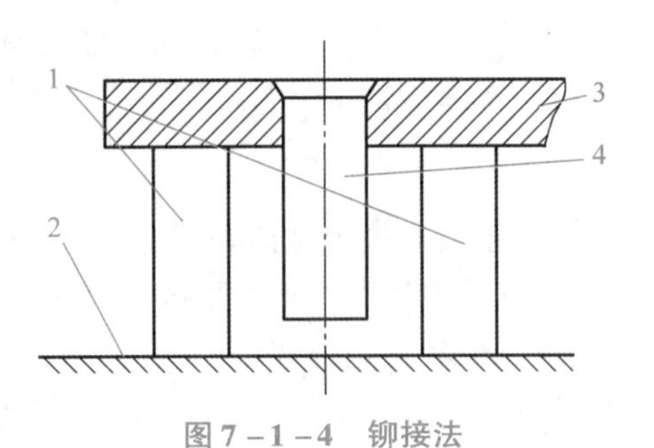

图 7－1－4　铆接法

1—垫块；2—工作台；3—凸模固定板；4—凸模

4. 热套法

热套法如图 7－1－5 所示。热套法主要用于固定凹模和凸模拼块以及硬质合金模块的连接。当只需连接起固定作用时，配合过盈量要小些；当要求连接并有预应力作用时，其配合过盈量要大些。当过盈量控制在 0.01～0.02 mm 时，对于钢质拼块一般不预热，将模套预热到 300～400 ℃，保持 1 h 即可热套；对硬质合金模块应在 200～250 ℃预热，模套在 400～450 ℃预热后热套。

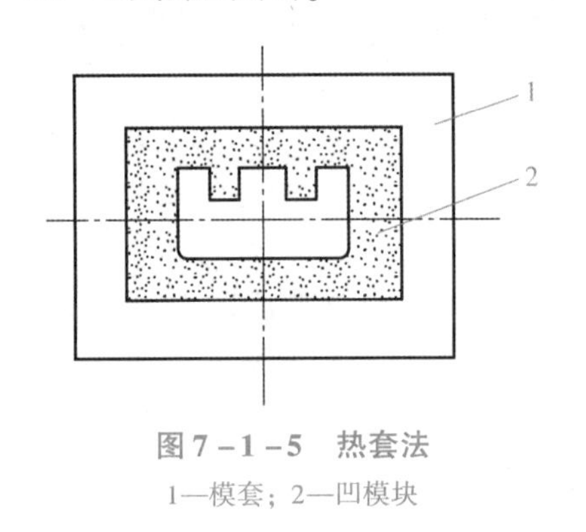

图 7－1－5　热套法

1—模套；2—凹模块

二、模柄的装配

模柄是中、小型冲压模具用来装夹模具与压力机滑块的连接件，它装配在上模座板中。常用的模柄装配方式有以下几种。

1. 压入式模柄的装配

压入式模柄装配如图 7－1－6 所示，它与上模座孔采用 H7/m6 过渡配合并加销钉（或螺钉）防止转动，装配完后将端面在平面磨床上磨平。该模柄结构简单、安装方便、应用较广泛。

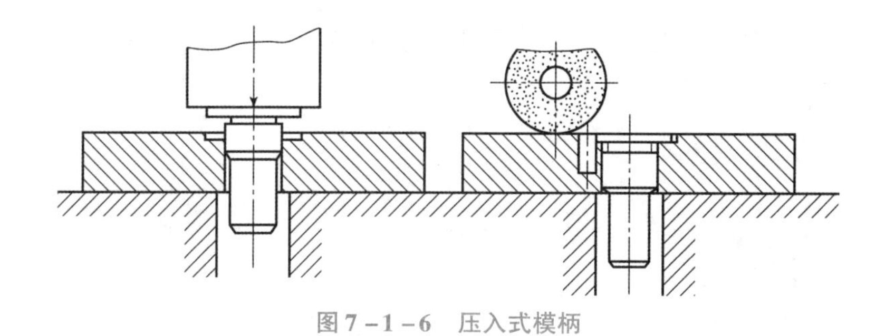

图7-1-6　压入式模柄

2. 旋入式模柄的装配

旋入式模柄的装配如图7-1-7所示，它通过螺纹直接旋入上模座板上而固定，用紧定螺钉防松，装卸方便，多用于一般冲模。

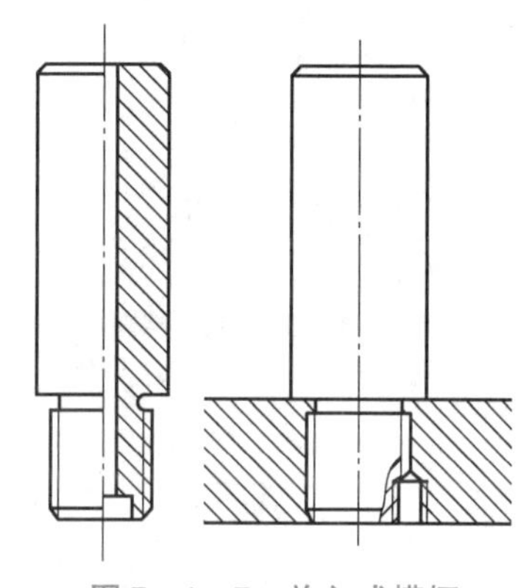

图7-1-7　旋入式模柄

3. 凸缘模柄的装配

凸缘模柄的装配如图7-1-8所示，它利用3~4个螺钉固定在上模座的窝孔内，螺帽头不能外凸，多用于较大的模具。

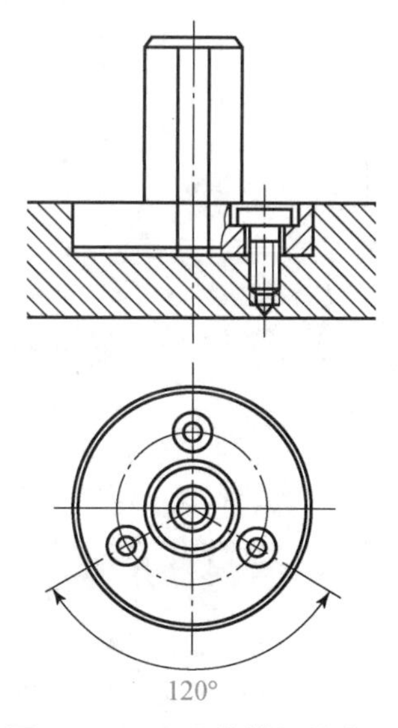

图7-1-8　凸缘模柄的装配

以上三种模柄装入上模座后必须保持模柄圆柱面与上模座上平面的垂直度，其误差不大于0.05 mm。

三、导柱和导套的装配

1. 压入法装配

1）导柱的装配

如图7－1－9所示，导柱与下模座孔采用H7/r6过渡配合。压入时要注意校正导柱对模座底面的垂直度，注意控制压到底面时留出1～2 mm的间隙。

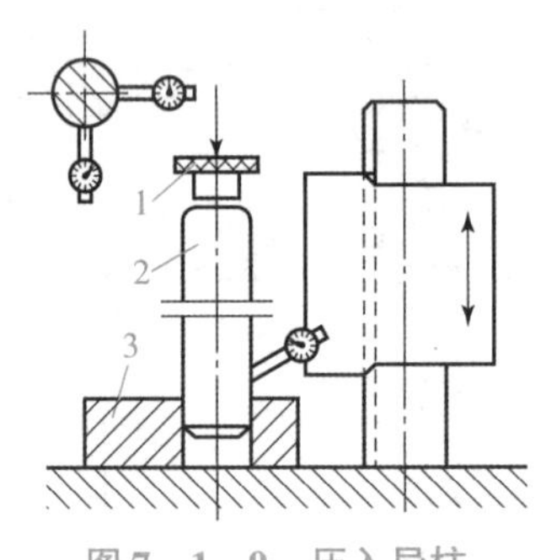

图7－1－9　压入导柱

1—压块；2—导柱；3—下模座

2）导套的装配

如图7－1－10所示，导套与上模座孔采用H7/r6的过渡配合。压入时是以下模座和导柱来定位的，并用千分表检查导套压配部分内外圆的同轴度，使Δ_{max}值放在两导套中心连线的垂直位置上，减小对中心距的影响。当达到要求时将导套部分压入上模座，然后取走下模座，继续把导套的压配部分全部压入。

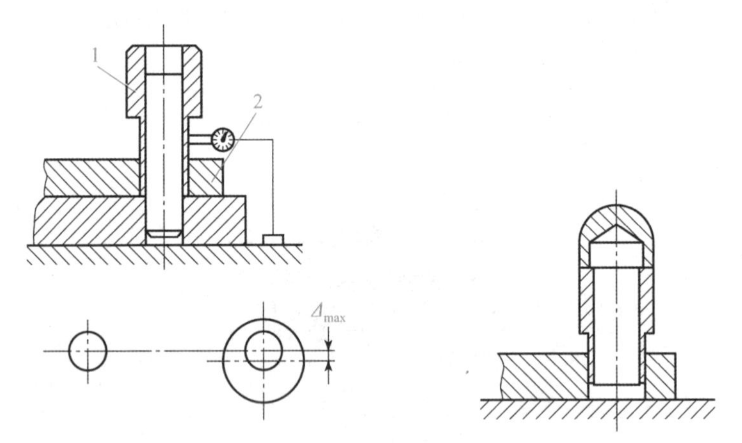

图7－1－10　导套的装配

（a）装导套；（b）压入导套

2. 黏接剂粘接法装配

冲裁厚度小于2 mm的精度要求不高的中小型模架可采用黏接剂粘接（见图7－1－11）或低熔点合金浇注（见图7－1－12）的方法进行装配。使用该方法的模架，结构简单，便于冲模的装配与维修。

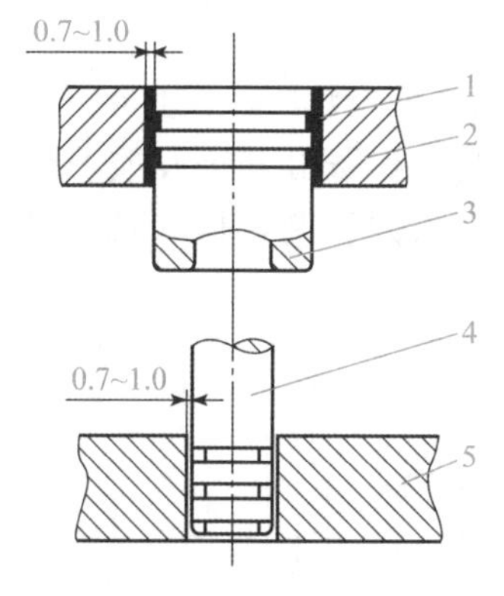

图 7－1－11 导柱、导套黏接
1—黏接剂；2—上模座；3—导套；
4—导柱；5—下模座

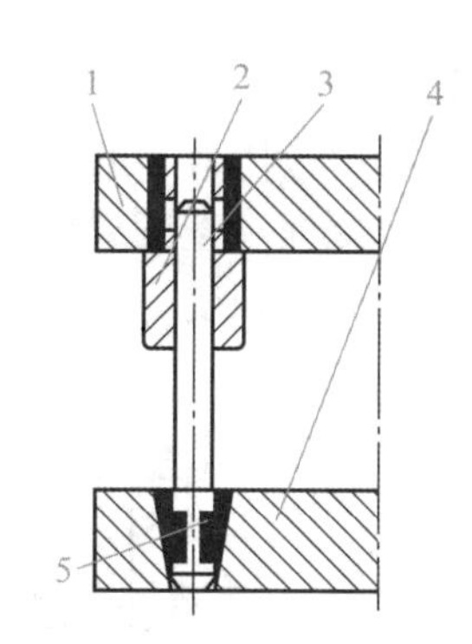

图 7－1－12 低熔点合金浇注模架
1—上模座；2—导套；3—导柱；
4—下模座；5—低熔点合金

3. 滚动导柱、导套的装配

滚动导向模架与滑动导向模架的结构基本相同，所以导柱和导套的装配方法也相同。不同点是，在导套和导套之间装有滚珠（柱）和滚珠（柱）夹持器，形成 0.01～0.02 mm 的过盈配合。滚珠的直径为 $\phi3\sim\phi5$ mm，直径公差为 0.003 mm。滚珠（柱）夹持器采用黄铜（或含油性工程塑料）制成，装配时它与导柱、导套壁之间各有 0.35～0.5 mm 的间隙。

滚珠装配的方法：

（1）在夹持器上钻出特定要求的孔，如图 7－1－13 所示。

（2）装配符合要求的滚珠（采用选配）。

（3）使用专用夹具和专用铆口工具进行封口，要求滚珠转动灵活自如。

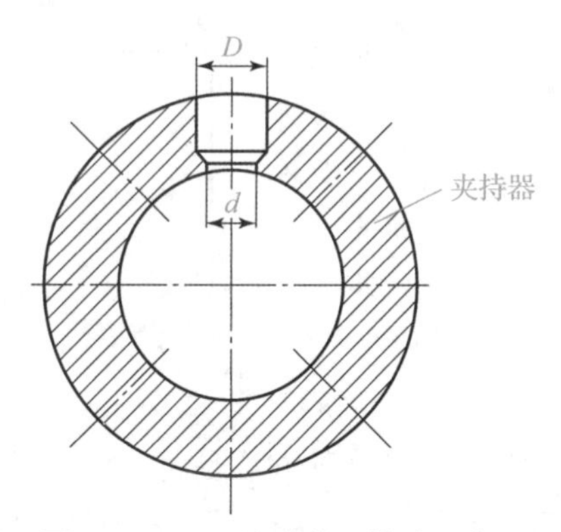

图 7－1－13 滚珠装配钻孔示意图

四、凸、凹模的装配

凸、凹模在固定板上的装配属于组装，是冲模装配中的主要工序，其质量直接影响到冲模的使用寿命和冲模的精度。装配关键在于凸、凹模的固定与间隙的控制。

1. 凸模、凹模的固定方法

1）压入固定法

压入固定法如图 7－1－14 和图 7－1－15 所示。该方法将凸模直接压入到固定板的孔中，这是装配中应用最多的一种方法，两者的配合常采用 H7/n6 或 H7/m6。装配后须磨平端面，以保证垂直度要求。压入时为了方便，要在凸模压入端上或固定板孔入口处设计导锥部分，长度为 3～5 mm 即可。

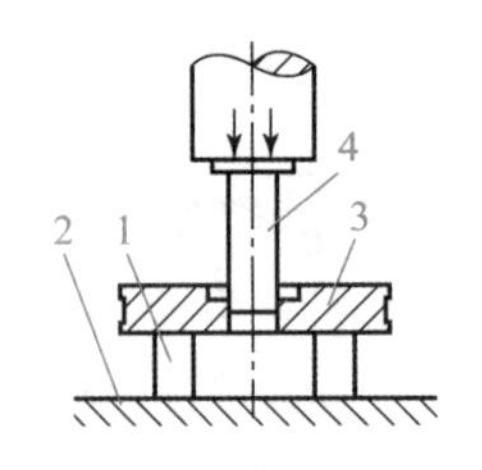

图 7－1－14　凸模压入法

1—等高垫块；2—平台；

3—固定板；4—凸模

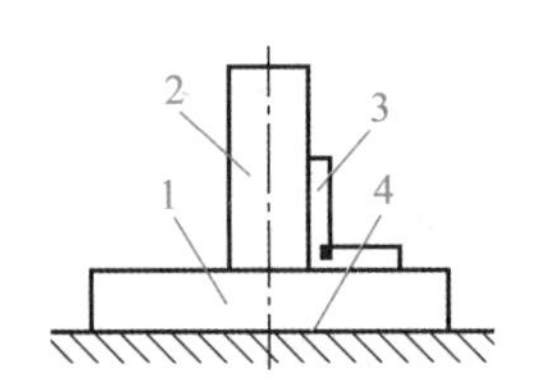

图 7－1－15　压入时检查

1—固定板；2—凸模；

3—角度尺；4—平台

2）铆接固定法

铆接固定法如图 7－1－16 所示。凸模尾端被锤子和凿子铆接在固定板的孔中，常用于冲裁厚度小于 2 mm 的冲模。该方法装配精度不高，凸模尾端可不经淬硬或淬硬不高（低于 30 HRC），凸模工作部分长度应是整长的 1/2～1/3。

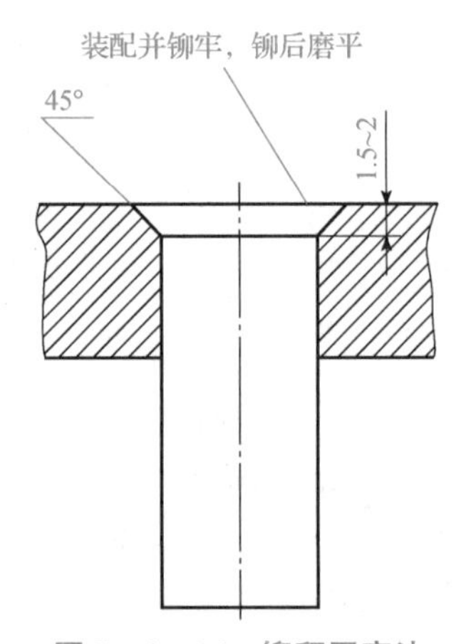

图 7－1－16　铆翻固定法

3）螺钉紧固法

螺钉紧固法如图 7－1－17 所示。这种方法是将凸模直接用螺钉、销钉固定到模座或垫板上，要求牢固，不许松动。该方法常用于大、中型凸模的固定。

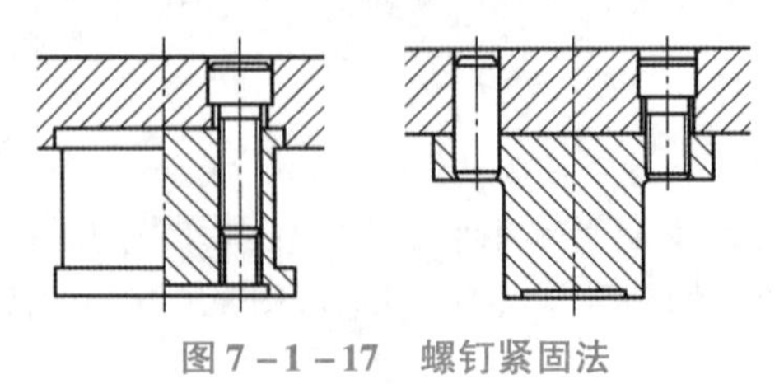

图 7－1－17　螺钉紧固法

对于快换式冲小孔的凸模、易损坏的凸模，常采用侧压螺钉紧固，如图 7－1－18 所示。

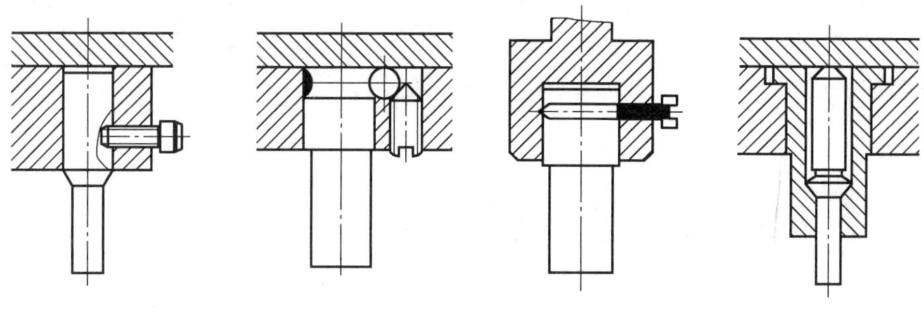

图 7－1－18　侧螺钉紧固形式

4）低熔点合金固定法

低熔点合金固定法如图 7－1－19 所示。这种方法是将凸模尾端用低熔点合金浇注在固定板孔中，操作简便，便于调整和维修，被浇注的型孔及零件加工精度要求较低。该方法常用于复杂异形和对孔中心距要求高的多凸模的固定，减轻了模具装配中各凸、凹模的位置精度和间隙均匀性的调整工作。低熔点合金的组成参见有关设计手册。

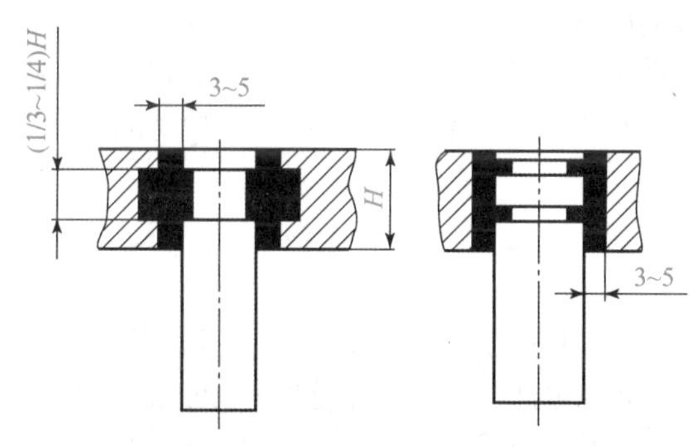

图 7－1－19　低熔点含金固定形式

5）环氧树脂黏接剂固定法

环氧树脂黏接剂固定法如图 7－1－20 所示。这种方法是用环氧树脂将凸模尾端固定在固定板孔中，具有工艺简单、粘接强度高、不变形的特点，但其不宜受较大的冲击，只适用于冲裁厚度小于 2 mm 的冲模。

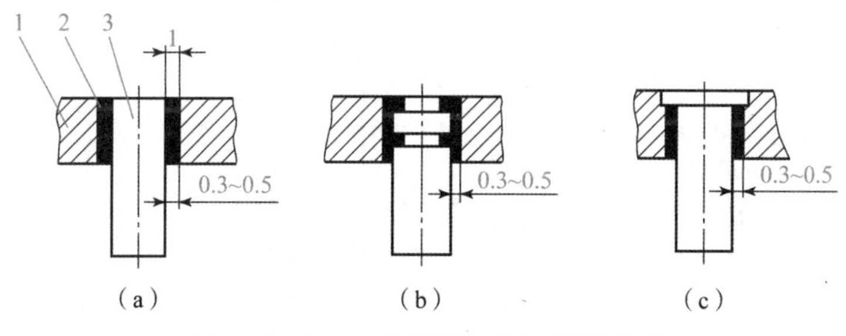

图 7－1－20　环氧树脂固定凸模的形式

1—凸模固定板；2—环氧树脂；3—凸模

6）无机黏接剂固定法

如图 7-1-21 所示，该黏接剂是由氢氧化铝的磷酸溶液与氧化铜粉末混合，将凸模粘接在凸模固定板上，具有操作简单、粘接强度高、不变形、耐高温及不导电的特点，但本身有脆性，不宜受较大的冲击力，常用于冲裁薄板的冲模。无机黏接剂的组成参考有关手册。图 7-1-22 所示为粘接时的定位方法。

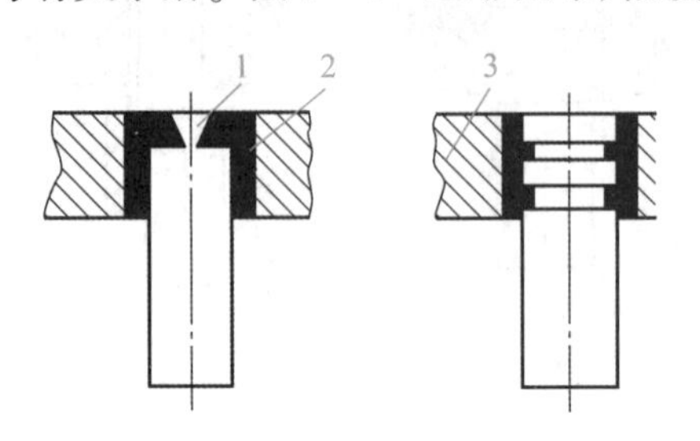

图 7-1-21　无机黏接剂固定凸模的方法

1—凸模；2—无机黏接剂；3—凸模固定板

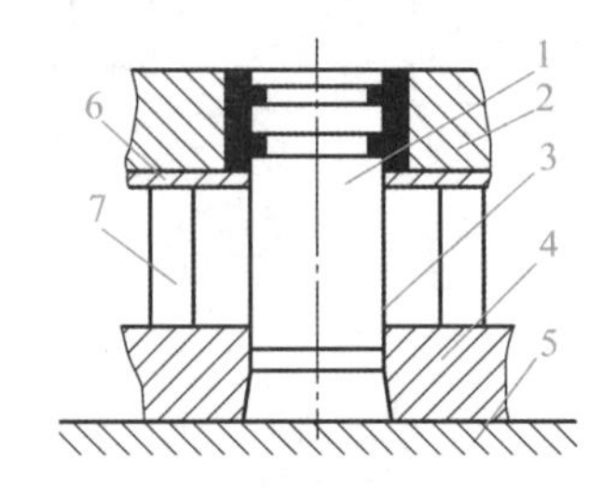

图 7-1-22　粘接时的定位方法

1—凸模；2—固定板；3—垫片；4—凹模；5—平台；6—挡板；7—等高铁块

2. 凸模凹模间隙的控制

冲模凸、凹模之间的间隙以及塑料模等型腔和型芯之间形成的制件壁厚，在装配时必须予以保证。为了保证间隙及壁厚尺寸，在装配时根据具体模具的结构特点，先固定其中一件（如凸模或凹模）的位置，然后以这件为基准控制好间隙或壁厚值，再固定另一件的位置。

控制间隙（壁厚）的方法有以下几种：

1）垫片控制法

垫片控制法如图 7-1-23 所示。将厚薄均匀，其值等于间隙值的纸片、金属片或成形制件，放在凹模刃口四周的位置，然后慢慢合模，将等高垫块垫好，使凸模进入凹模刃口内，观察凸、凹模的间隙状况。如果间隙不均匀，则用敲击凸模固定板的方法调整间隙，直至均匀为止。

这种方法广泛应用于中小冲裁模、拉深模和弯曲模等，也同样适用于塑料模等壁厚的控制。

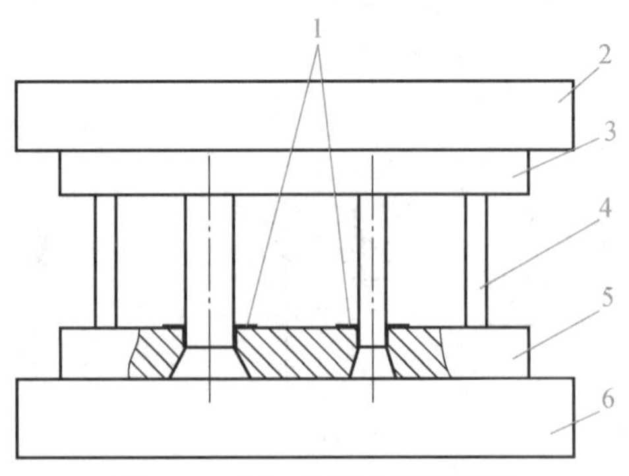

图 7-1-23　垫片间隙控制法

1—垫片；2—上模座；3—凸模固定板；4—支承块；5—凹模；6—下模座

2）透光法

透光法如图 7－1－24 所示。这种方法是将上、下模合模后，用灯光从底面照射，观察凸、凹模刃口四周的光隙大小，以此来判断冲裁间隙是否均匀。如果间隙不均匀，再进行调整、固定、定位。这种力法适合于薄料冲裁模。若用模具间隙测量仪表检测和调整会更好。

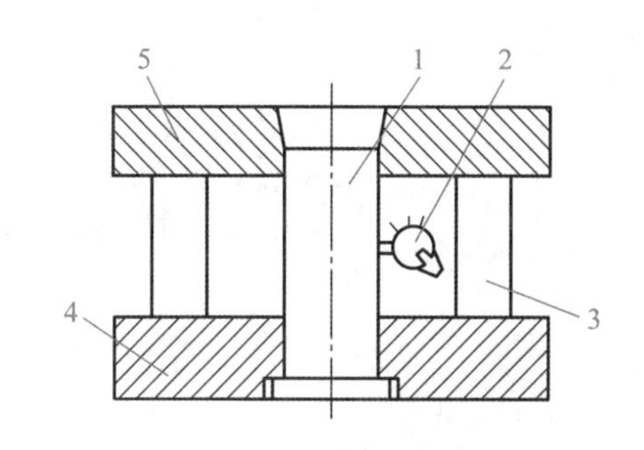

图 7－1－24　透光法调整间隙

1—凸模；2—光源；3—垫块；4—固定板；5—凹模

3）测量法

测量法是利用塞尺片检查凸、凹模之间的间隙大小及均匀程度，在装配时，将凹模紧固在下模座上，上模安装后不固紧，合模后用塞尺在凸、凹模刃口周边检测，进行适当调整，直到间隙均匀后再固紧上模，穿入销钉。

4）镀铜（锌）法

对于形状复杂、凸模数量又多的冲裁模，用垫片控制法控制间隙比较困难。此时可以将凸模表面镀上一层软金属，如镀铜等，镀层厚度等于单层冲裁间隙值，然后按上述方式调整、固定、定位。镀层在装配后不必去除，在冲裁时自然脱落。

5）涂层法（与镀铜法相似）

涂层法是在凸模表面涂上一层如磁漆或氢基醇酸漆之类的薄膜，涂漆时应根据间隙大小选择不同黏度的漆，或通过多次涂漆来控制其厚度，涂漆后将凸模组件放于烘箱内于 100～120 ℃烘烤 0.5～1 h，直到漆层厚度等于冲裁间隙值，并使其均匀一致，然后按上述方法调整、固定、定位。

6）酸蚀法

酸蚀法是在加工凸、凹模时将凸模的尺寸做成凹模型孔的尺寸，装配完后再将凸模工作段部分进行腐蚀，以保证间隙值的方法。间隙值的大小由腐蚀时间长度来控制，腐蚀后一定要用清水洗干净，操作时要注意安全。

7）工艺留量法

工艺留量法是在凸、凹模加工时把间隙值以工艺余量留在凸模或凹模上来保证间隙均匀的一种方法，具体做法如圆形凸模和凹模，在装配前使凸模与凹模按 H7/h6 配合，待装配后取下凸模（凹模），磨去工艺留量即可。

8）定位器定位法

工艺定位器法如图 7－1－25 所示。装配前，做一个二级装配工具即工艺定位器，如图 7－1－25（a）所示的 d_1 与冲孔凹模滑配，d_2 与冲孔凹模滑配，d_3 与落料凹模滑

配，d_1 和 d_3 尺寸在一次装夹中加工成形，以保证两个直径的同心度。装配时常利用工艺定位器来保证各部的冲裁间隙。

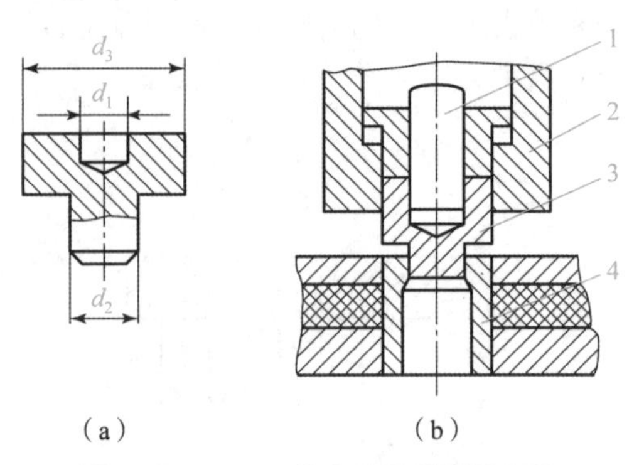

图 7-1-25　工艺定位器间隙控制法

1—凸模；2—凹模；3—工艺定性器；4—凸凹模

如图 7-1-1 所示两个零件分别为冲压模具中的上模座和模柄，其装配方法可采用压入固定法，装配时需要注意保证二者之间的垂直度要求。

一、将模柄压入上模座

上模座和模柄之间一般采用 H7/m6 过渡配合，可使用铜棒或其他压力机构将模柄压入上模座，如图 7-1-26 所示。

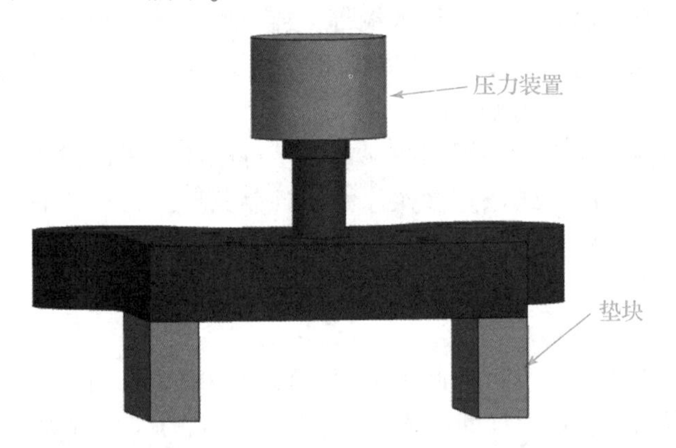

图 7-1-26　将模柄压入上模座

二、将模柄端面在平面磨床上磨平

模柄压入上模座后，模柄底座还有一定的加工余量凸出上模座表面，可将端面在平面磨床上磨平，如图 7-1-27 所示。同时，为了防止模柄发生转动，该模柄设有止转结构，如图 7-1-28 所示。

学习笔记

磨削装置

图 7－1－27　将模柄端面在平面磨床上磨平

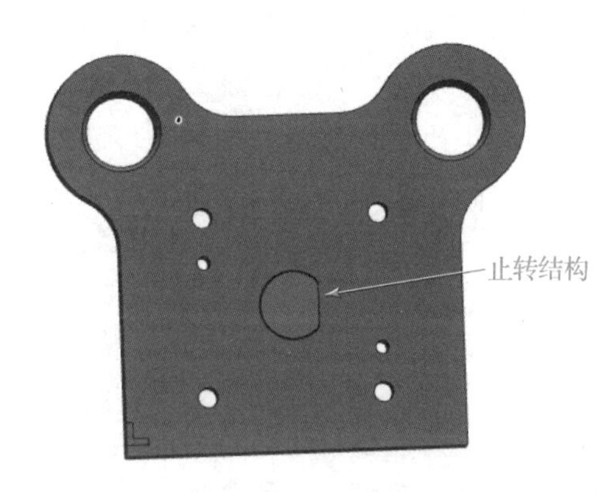

图 7－1－28　止转结构

任务评价

评价项目	分值	得分
能够简述 3 种以上模具零件的固定方法	30 分	
正确简述图 7－1－1 所示上模座和模柄的装配流程	40 分	
能够简述 3 种以上凸模、凹模间隙的控制方法	30 分	

课后思考

（1）压入式装配的特点是什么？

（2）铆接固定的特点是什么？

（3）什么是低熔点合金装配？

拓展任务

图 7－1－29 所示为冲压模具中下模座和导柱，如何将二者合理地装配在一起，请简述其装配过程。

图 7-1-29　下模座和导柱

任务7.2　冲压模具的整体装配

任务引入

图 6-1-2 与图 6-1-5 所示为复合模的三维图和二维装配图，该模具由 28 种零件组成，如图 7-2-1 所示。请为其安排合理的整体装配流程。

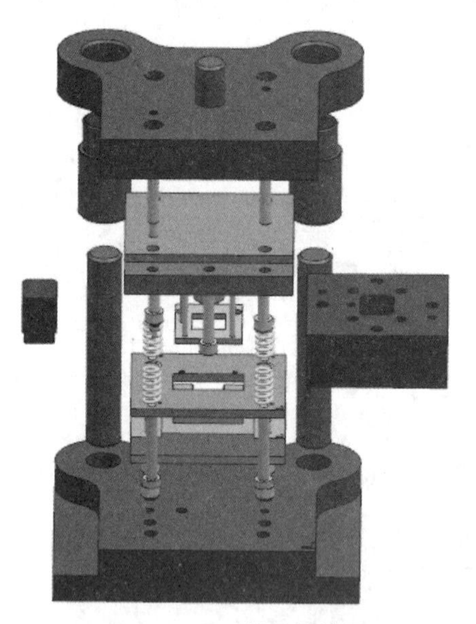

图 7-2-1　模具爆炸图

任务分析

模具装配是整个制模过程最关键的环节之一，模具装配不是简单的零件堆积，而是要通过调整、锉修、配作、固定等措施将各个零件组装成基本符合要求的整体模具，这正是体现了模具单件生产的特点。因而，模具装配技术含量高，对装配人员技术水平要求很高，模具装配是模具高技能人才必备的关键技术之一。

该模具属于复合模具，是一种多工序的冲模，在压力机的一次工作行程中，在模具同一工位同时完成数道分离工序。要完成该模具的装配，需要工作人员在充分了解其工作原理，并保证冲压模具质量的前提下，选择合适的装配工艺。

学习笔记

学习目标

- **知识目标**

1. 掌握冲压模具装配的基本流程；
2. 了解装配尺寸链的概念；
3. 了解冲压模具装配技术的要求。

- **能力目标**

初步具备简单冲压模具装配的能力。

- **素质目标**

通过模具装配过程，培养学生精益求精的品质。

知识链接

一、模具装配组织形式

1. 模具装配过程

模具的装配与大多数机械产品的装配本质一样，它是按照模具技术要求和各零件间的相互关系，将合格的零件连接固定为组件、部件，直至装配成合格的模具。

2. 分类

模具的装配一般可以分为组件装配和总装配等。其中，组件装配已在任务 7.1 中阐述，总装配是本任务主要阐述的内容。

3. 装配形式

1）集中装配

集中装配是指从模具零件组装成部件或模具的全过程，由一个工人在固定地点来完成。该方法被广泛采用。

2）分散装配

分散装配是指将模具装配的全部工作适当分散为各种部件的装配和总装配，由一组工人在固定地点合作完成模具的装配工作。该方法在交货急时使用。

3）移动式装配

移动式装配的每一道装配工序按一定的时间完成，装配后的组件再传送至下一道工序，由下道工序的工人继续进行装配，直至完成整个部件的装配。该方法适合于大批量生产，一般模具装配不采用此方法。

4. 模具装配内容

将加工好的模具零件按图纸要求选择装配基准、组件装配、调整、修配、研磨抛光、检验和试冲等环节，通过装配达到模具各项精度指标和技术要求。

模具的装配精度是指模具产品装配完成后，实际几何参数与理想几何参数的符合程度。模具的装配精度通常包含五个方面：相互距离精度、相互配合精度、相互位置精度、相对运动精度、相互接触精度。

5. 模具装配工艺规程

模具装配工艺规程包括模具零件和组件的装配顺序，装配基准的确定，装配工艺方法和技术要求，装配工序的划分以及关键工序的详细说明，必备的工具和设备，检验方法和验收条件等。

它是指导模具装配的技术文件，也是制定模具生产计划和进行生产技术准备的依据。

二、装配尺寸链

1. 装配尺寸链的概念

在模具装配中，将与某项精度指标有关的各个零件的尺寸依次排列，形成一个封闭的链形尺寸，这个链形尺寸就称为装配尺寸链。

2. 装配尺寸链的组成

装配尺寸链有封闭环和组成环。

封闭环是尺寸链中最终间接获得或间接保证精度的那个环。每个尺寸链中必有一个，且只有一个封闭环。封闭环是装配后自然得到的，它往往是装配精度要求或是技术条件。

组成环是构成封闭环各个零件的相关尺寸。除封闭环以外的其他环都称为组成环，应遵循环数最少原则。组成环又分为增环和减环。

增环（A_i）：若其他组成环不变，某组成环的变动引起封闭环随之同向变动，则该环为增环。

减环（A_j）：若其他组成环不变，某组成环的变动引起封闭环随之异向变动，则该环为减环。

装配尺寸链的组成如图 7－2－2 所示。在该图中，尺寸 A_0 为封闭环，其他尺寸均为组成环，其中 A_1、A_2 为减环，A_3、A_4 为增环。

三、模具装配工艺方法

模具的装配方法是根据模具的产量和装配精度要求等因素来确定的。一般情况下，模具的装配精度要求越高，则其零件的精度要求也越高。但根据模具生产的实际情况，采用合理的装配方法，也可能用较低精度的零件装配出较高精度的模具。所以选择合理的装配方法是模具装配的首要任务。

模具装配工艺方法有互换法、修配法和调整法。模具生产属于单件小批生产，又具有成套性和装配精度高的特点，所以目前模具装配常用修配法和调整法。

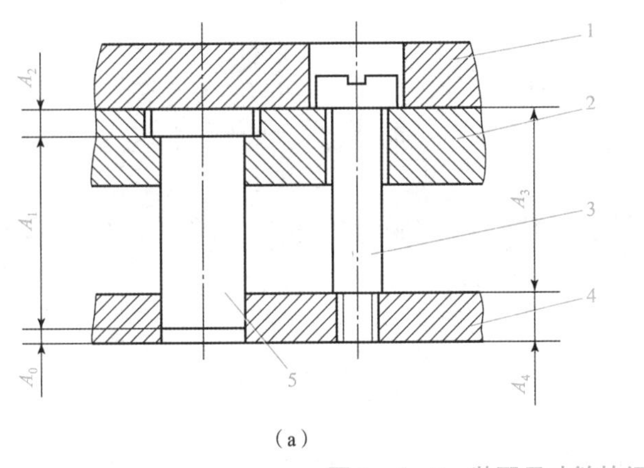

(a)

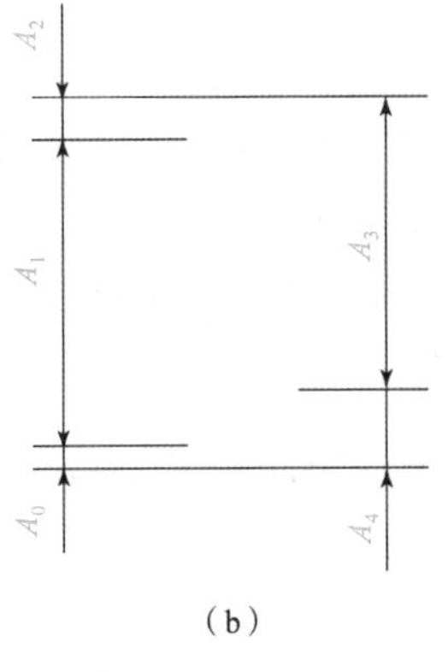

(b)

图 7－2－2　装配尺寸链的组成

1—上模座；2—凸模固定板；3—卸料螺钉；4—卸料板

1. 互换法

互换法的实质是利用控制零件制造加工误差来保证装配精度的方法。

按互换程度分为完全互换法和部分互换法。

1）完全互换法（极值法）

完全互换法的原则是各有关零件公差之和应小于或等于的装配误差，即

$$\delta_{\Delta} \geqslant \sum_{i=1}^{n} \delta_i = \delta_1 + \delta_2 + \cdots + \delta_n \qquad (7-2-1)$$

2）部分互换法（概率法）

部分互换法的原则是各有关零件公差值平方之和的开方根小于或等于允许的装配误差，即

$$\delta_{\Delta} \geqslant \sqrt{\sum_{i=1}^{n} \delta_i^2} = \sqrt{\delta_1 + \delta_2 + \cdots + \delta_n} \qquad (7-2-2)$$

3）互换法的优、缺点

(1）互换法的优点：

①装配过程简单，生产率高；

②对工人技术水平要求不高，便于流水作业和自动化装配；

③容易实现专业化生产，降低成本；

④备件供应方便。

(2）互换法的缺点：

①零件加工精度要求高（相对其他装配方法）；

②部分互换法有不合格产品的可能。

2. 修配法

修配法是在某零件上预留修配量，在装配时根据实际需要修整预修面来达到装配精度的方法。

修配法的优点是能够获得很高的装配精度，而零件的制造公差可以放宽。

修配法的缺点是装配中增加了修配工作量，工时多且不易预定，装配质量依赖于工人技术水平，生产率低。

3. 调整法

调整法的实质与修配法相同，仅具体方法不同。它是利用一个可调整的零件来改变它在机器中的位置，或变化一组定尺寸零件（如垫片、垫圈）来达到装配精度的方法。

调整法可以放宽零件的制造公差，但装配时同样费工费时，并要求工人有较高的技术水平。

四、冲压模具装配技术要求

1. 冲压模具标准

模具拆装过程可参照有关模具国家标准，例如《冲模模架零件技术条件》（JB/T 8070—2008）、《冲模零件技术条件》（JB/T 7653—2008）等。冲模质量标准有《冲模技术条件》（GB/T 14662—2006）、《冲模模架技术条件》（JB/T 8050—2008）、《冲模模架精度检查》（JB/T 8071—2008）等。

其中，《冲模技术条件》中冲模装配的基本技术条件见表 7－2－1。

表 7－2－1　冲模装配技术条件（GB/T 14662—2006）

<table>
<tr><th>标准条目编号</th><th colspan="3">条目内容</th></tr>
<tr><td>1</td><td colspan="3">装配时应保证凸、凹模之间的间隙均匀一致，配合间隙符合设计要求，不允许采用使凸、凹模变形的方法来修正间隙</td></tr>
<tr><td>2</td><td colspan="3">推料、卸料机构必须灵活，卸料板或推件器在冲模开启状态时，一般应凸出凸凹模表面 0.5~1.0 mm</td></tr>
<tr><td>3</td><td colspan="3">当采用机械方法连接硬质合金零件时，连接表面的表面粗糙度参数 Ra 值为 0.8 μm</td></tr>
<tr><td>4</td><td colspan="3">各接合面保证密合</td></tr>
<tr><td>5</td><td colspan="3">落料、冲孔的凹模刃口高度按设计要求制造，其漏料孔应保证通畅，一般比刃口大 0.2 mm</td></tr>
<tr><td>6</td><td colspan="3">冲模所有活动部分的移动应平稳灵活，无滞止现象，滑块、楔块在固定滑动面上移动时，其最小接触面积不小于其面积的四分之三</td></tr>
<tr><td>7</td><td colspan="3">各紧固用的螺钉、销钉不得松动，并保证螺钉和销钉的端面不凸出上下模座平面</td></tr>
<tr><td>8</td><td colspan="3">各卸料螺钉沉孔的深度应保证一致</td></tr>
<tr><td>9</td><td colspan="3">各卸料螺钉、顶杆的长度应保证一致</td></tr>
<tr><td rowspan="6">10</td><td colspan="3">凸模的垂直高度必须在凸凹模间隙值的允许范围内，推荐采用下表数据。</td></tr>
<tr><td rowspan="2">间隙值/mm</td><td colspan="2">垂直度公差等级</td></tr>
<tr><td>单凸模</td><td>多凸模</td></tr>
<tr><td>薄料、无间隙（≤0.02）</td><td>5</td><td>6</td></tr>
<tr><td>>0.02~0.06</td><td>6</td><td>7</td></tr>
<tr><td>>0.06</td><td>7</td><td>8</td></tr>
</table>

续表

标准条目编号	条目内容
11	冲模的装配必须符合模具装配图、明细表及技术条件的规定
12	凸模、凸凹模等与固定板的配合一般按 H7/m6 或 H7/n6，保证工作稳定可靠
13	在保证使用可靠的前提下，凸模、凹模、导柱、导套等零件的固定可采用性能良好并稳定的粘接材料浇注固定

学习笔记

2. 冲压模具装配的综合具体技术要求

冲模装配技术要求的内容包括模具外观、安装尺寸和总体装配精度。

1）模具外观要求

（1）为保工人装模操作安全，模具外露部分棱边应倒钝、去毛刺。

（2）安装面应光滑、平整，无锈斑、击伤和明显的加工缺陷，如铸件的砂眼、缩孔，锻件的夹层等。

（3）为保证模具上、下安装面的平整，所有螺钉的头部、圆柱销的端面不能露出安装平面，一般应低于安装平面 1 mm 以上。

2）安装尺寸要求

模具的闭合高度、与滑块连接的打料杆位置和孔径、模柄尺寸、下模顶杆位置和孔径、上下模座的外廓尺寸、固定模具用压板螺栓的槽孔位置和尺寸等，都应符合所选用压力机的规格尺寸。模柄圆柱部分应与上模座上平面垂直，其垂直度允差在全长范围内不大于 0.05 mm。

3）安全吊装机构要求

大、中型冲模应设有起吊用吊钩，吊钩应能承受上、下模具的总重量。为便于模具组装、搬运和维修时翻转，上、下模都应设有吊钩。一副模具上、下模各配置 2 个吊钩。

4）各零件间的相对精度要求

装配后的冲模必须保证模具各零件间的相对精度。

（1）凸模与凹模间的间隙要符合图纸设计要求，并且要各向均匀。如冲裁模的间隙分布允差应不大于 20%～30%。

（2）中、小模具的上、下两安装平面要保证一定的平行要求。

（3）所有凸模应垂直于固定板装配基面。

5）运动零件装配要求

模具所有活动部分，应保证位置准确、配合间隙适当、动作可靠、运动平稳。模具装配后，上模座沿导柱上、下移动时，应平稳、无卡滞现象，导柱与导套的配合精度应符合标准规定，且间隙均匀。

6）功能要求

（1）模具的紧固零件应固定得牢固可靠，不得出现松动和脱落。

（2）毛坯定位应准确、可靠、安全。

(3) 模具的出件与排料应通畅无阻。

(4) 装配后的冲模，应符合装配图上除上述要求外的其他技术要求。

五、冲压模具的装配工艺规程

1. 冲压模具装配程序

冲压模具装配是按照冲模的设计图样和装配工艺规程，把各组成冲压模具的各个零件连接并固定起来，以形成符合技术和生产要求的冲压模具。其装配的整个过程称为冲模装配工艺过程，要完成模具的装配须做好如图 7－2－3 所示的几个环节的工作。

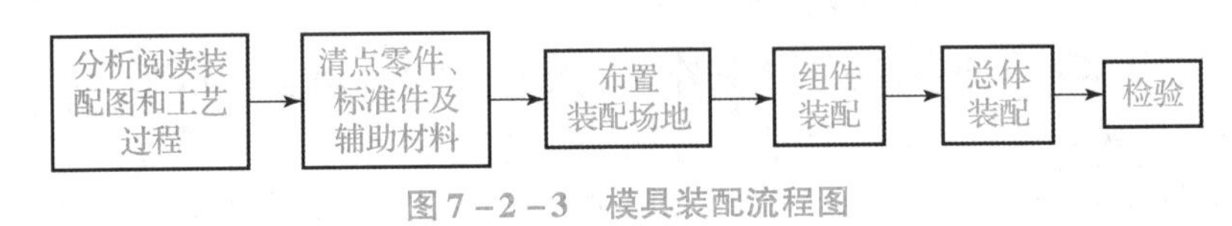

图 7－2－3　模具装配流程图

1) 准备工作

(1) 分析阅读装配图和工艺过程。

通过阅读装配图，了解模具的功能、原理、结构特征及各零件间的连接关系；通过阅读工艺规程了解模具装配工艺过程中的操作方法及验收等内容，从而清晰地知道该模具的装配顺序、装配方法、装配基准、装配精度，为顺利装配模具构思出一个切实可行的装配方案。

(2) 清点零件、标准件及辅助材料。

按照装配图上的零件明细表，首先列出加工零件清单，领出相应的零件等进行清洗整理，特别是对凸、凹模等重要零件应进行仔细检查，以防出现裂纹等缺陷而影响装配；其次列出标准件清单，准备所需的销钉、螺钉、弹簧、垫片及导柱、导套、模板等零件；再列出辅助材料清单，准备好橡胶、环氧树脂、无机黏接剂等。

(3) 布置装配场地。

装配场地是安全文明生产不可缺少的条件，所以将划线平台和钻床等设备清理干净。此外，还需将待用的工具、量具、刀具及夹具等工艺装备准备好。

2) 装配工作

由于模具属于单件小批生产，所以在装配过程中通常集中在一个地点装配，按装配模具的结构内容可分为组件装配和总体装配。

(1) 组件装配。

组件装配是把两个或两个以上的零件按照装配要求使之成为一个组件的局部装配工作，简称组装，如冲模中的凸（凹）模与固定板的组装、顶料装置的组装等。这是根据模具结构复杂的程度和精度要求进行的，对整体模具的装配、减小累积误差起到一定的作用。

(2) 总体装配。

总体装配是把零件和组件通过连接或固定，而成为模具整体的装配工作，简称总装。总装要根据装配工艺规程安排，依照装配顺序和方法进行，以保证装配精度，达到规定技术指标。

学习笔记

3）检验

检验是一项重要不可缺少的工作，它贯穿于整个工艺过程，在单个零件加工之后、组件装配之后以及总装配完工之后，都要按照工艺规程的相应技术要求进行检验，其目的是控制和减小每个环节的误差，最终保证模具整体装配的精度要求。

模具装配完工后经过检验、认定，在质量上没有问题，此时可以安排试模，通过试模发现是否存在设计与加工等技术上的问题，并随之进行相应的调整或修配，直到使制件产品达到质量标准，模具才算合格。

2. 冲压模装配要点

1）选择装配基准件

装配前首先确定装配基准件，根据模具主要零件的相互依赖关系、装配方便和易于保证装配精度要求等来确定装配基准件。模具类型不同，基准件不同。例如，导板模以导板为装配基准件；复合模以凸凹模作为装配基准件；级进模以凹模作为装配基准件；模座有窝槽结构的，以窝槽作为装配基准面。

2）装配顺序的确定

装配零件要有利于后续零件的定位和固定，不得影响后续零件的装配。因此，应根据各个零件与装配基准件的依赖关系和远近程度来确定装配顺序。

3）控制冲裁间隙

装配时应严格控制凸、凹模间的冲裁间隙，保证间隙均匀。

4）活动部件位置尺寸

模具内各活动部件必须保证位置尺寸要求正确，活动配合部位动作灵活可靠。

5）试模

试模是发现问题并解决问题的环节。

任务实施

一、模具结构分析

如图 7-2-1 所示模具为落料、弯曲、冲孔、拉伸复合模。复合模是一种多工序的冲模，是在压力机的一次工作行程中，在模具同一工位同时完成数道分离工序的模具。通过对该复合模的装配，要保证凸模和凹模之间的间隙均匀一致，冲孔和拉伸位置要保证正确，下模中设置的顶出机构应有足够的弹性，并保持工作平稳，保证制件达到精度要求。

二、模具装配形式选择

该模具属于小型模具，零件精度一般，其装配形式适合采用集中装配，在装配工艺上多采用修配法和调整法来保证装配精度，从而实现能用精度不高的组成零件，达到较高的装配精度，降低零件加工要求。

三、装配顺序选择

对于导柱复合模，一般先装上模，然后找正下模中凸凹模的位置，按照冲孔凹模

的孔洞加工出漏料孔。这样既可保证上模中推出装置与模柄中心对正，又可避免漏料孔错位。之后，以凸凹模为基准分别调整冲孔凸模与落料凹模的冲裁间隙，并使之均匀，最后再安装其他辅助零件。

复合模装配分为配作装配法和直接装配法两种方法。考虑经济因素和加工条件，该模具采用使用配作装配法，其主要工艺过程如下：

（1）组件装配，包括模架的组装、模柄的装入、凸模及凸凹模在固定板上的装入等。

（2）总装配，即先装上模，然后以上模为基准装配下模。

（3）调整凸凹模间隙。

（4）安装其他辅助零件，即安装调整卸料板、挡料销及卸料弹簧等辅助零件。

（5）检查、试冲。

四、装配工艺

1. 组件装配

1）组装模柄

采用压入式装配，将模柄压入上模座中，要求模柄与上模座孔的配合为 H7/m6，模柄的轴线必须与上模座的上平面垂直，该步骤已在任务 7.1 完成。

2）组装模架

将导套与导柱分别压入上、下模座，导柱与导套之间要滑动平稳，无阻滞现象，并保证上、下模座之间的平行度要求，如图 7－2－4 所示。

图 7－2－4　组装模架

3）组装凸、凹模

将冲孔凸模、凸模均压入凸模固定板，保证凸模与固定板的垂直，并磨平凸模底面。放上落料凹模，若有必要，需磨平凸模和凹模刃口面。

2. 总装配

1）装配上模

将凸模、凹模、垫板、推件装置等零件装入上模座，找正各零件之间的位置关系后，用螺钉将上模部分连接起来，并检查顶出装置的灵活性，如图 7－2－5 所示。

图 7-2-5　装配上模

2）装配下模

（1）将卸料板套在凸、凹模上，配钻螺钉孔。

（2）合上上模，根据上模找正凸凹模在下模座上的位置，并采用划线、配钻等方式完成下模各零件上螺钉孔和排料孔的加工。

（3）用螺钉和销钉将下模装配完毕，其中，卸料板、导料销和挡料销等部件可在调整凸、凹模间隙后再装配，如图 7-2-6 所示。

图 7-2-6　装配下模

3. 调整凸、凹模间隙

采用垫片控制法找正和检查凸、凹模间隙，在保证间隙均匀后钻铰销钉孔，按照圆柱销定位。在保证各零件位置无问题后，安装调整卸料板、导料销和挡料销等辅助零件。最终装配效果如图 7-2-7 所示。

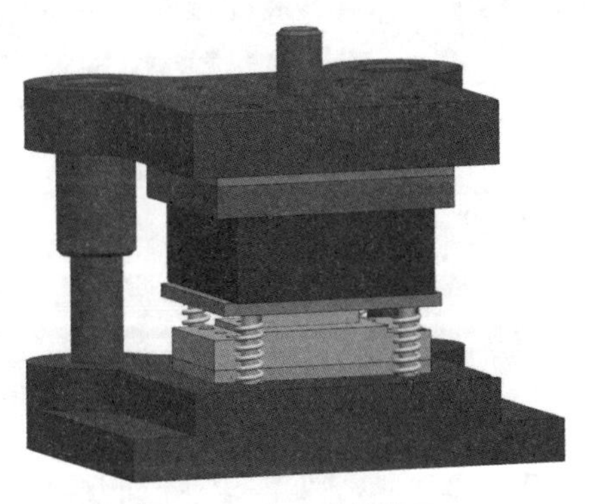

图 7-2-7　整体装配

4. 全面检查

模具装配完毕后，应对模具各个部分做一次全面检查，如模具零件有无错装、漏装，螺钉是否都已拧紧等。同时，应检查一些装配中出现的特殊情况，如卸料板上的导料销与压边圈上的让位孔是否有问题，如图 7－2－8 所示。检查无误后，可将模具安装到冲压机上进行试冲。

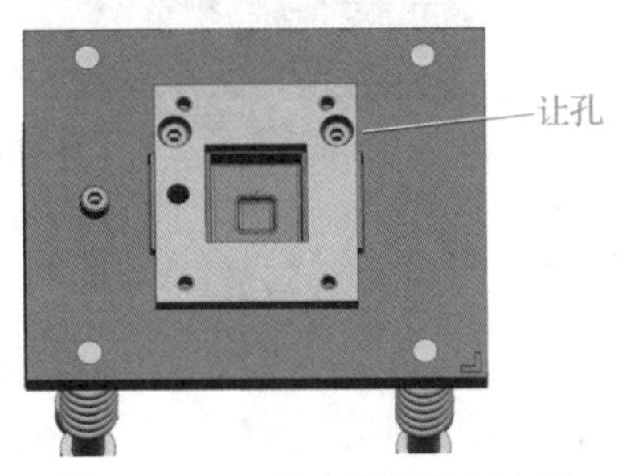

图 7－2－8　检查让孔是否合适

任务评价

评价项目	分值	得分
能够简述 3 种装配形式的特点	30 分	
能够简述装配尺寸链的概念	30 分	
能够简述图 7－2－1 所示模具的装配过程	40 分	

课后思考

（1）精度一般的小型模具通常采用何种装配方法？

（2）导柱复合模为何先装配上模？

拓展任务

针对一套冲压模具，自行拆解，体会其装配过程。

参考文献

［1］柯旭贵，张荣清．冲压工艺与模具设计（第 2 版）［M］．北京：机械工业出版社，2016.
［2］张侠，陈剑鹤，于云程．冷冲压工艺与模具设计（第4 版）［M］．北京：机械工业出版社，2021.
［3］桑玉红．模具制图．模具制图［M］．北京：机械工业出版社，2016.
［4］林胜，麦宙培．模具识图与制图［M］．北京：机械工业出版社，2011.
［5］杨光全，匡宇华．冷冲压工艺与模具设计（第 3 版）［M］．大连：大连理工大学出版社，2012.
［6］范建蓓．冲压模具设计与实践［M］．北京：机械工业出版社，2016.
［7］陈建鹤，叶锋，徐波．模具设计基础（第 3 版）［M］．北京：机械工业出版社，2017.
［8］周树银．冲压模具设计及主要零部件加工（第 4 版）［M］．北京：北京理工大学出版社，2015.
［9］胡兆国．冲压成形工艺与模具设计［M］．北京：机械工业出版社，2018.